自己动手实现Lua
虚拟机、编译器和标准库

张秀宏 著

WRTIE YOUR OWN LUA
VM、COMPILER AND STANDARD LIBRARY

U0218603

机械工业出版社
China Machine Press

图书在版编目（CIP）数据

自己动手实现 Lua：虚拟机、编译器和标准库 / 张秀宏著 . —北京：机械工业出版社，
2018.10（2021.10 重印）
（自己动手系列）

ISBN 978-7-111-61022-9

I.自⋯　II.张⋯　III.游戏程序－程序设计　IV. TP317.6

中国版本图书馆 CIP 数据核字（2018）第 220185 号

自己动手实现 Lua：虚拟机、编译器和标准库

出版发行：机械工业出版社（北京市西城区百万庄大街 22 号　邮政编码：100037）

责任编辑：张锡鹏　　　　　　　　　　　　责任校对：李秋荣

印　　刷：北京捷迅佳彩印刷有限公司　　　版　　次：2021 年 10 月第 1 版第 4 次印刷

开　　本：186mm×240mm　1/16　　　　　印　　张：26.75

书　　号：ISBN 978-7-111-61022-9　　　　定　　价：89.00 元

为什么编写本书

　　Lua 是一门强大、高效、轻量、可嵌入的脚本语言。Lua 语言设计十分精巧，在一个很小的内核上可以支持函数式编程、面向对象编程、元编程等多种编程范式。以本书完稿时的最新版本 Lua 5.3.4 为例，全部代码（包括 Lua 虚拟机、编译器、标准库等）仅有 2 万多行，这其中还包括注释和空行。

　　Lua 语言大约于 1993 年诞生于巴西 PUC-Rio 大学，之后在游戏领域大放异彩，被很多游戏客户端选为脚本语言，比如知名游戏《魔兽世界》《模拟城市 4》《愤怒的小鸟》等。很多流行的游戏引擎也选择 Lua 作为脚本语言，比如 CryENGINE2、Cocos2d-x 及 Corona SDK 等。另外，也有很多游戏服务端采用 C/C++ 搭配 Lua 的开发模式。除了游戏领域，Lua 语言在其他地方也有很多应用，例如被广泛使用的 NoSQL 数据库 Redis 就使用 Lua 作为脚本语言扩展其能力。

　　相信自己动手设计并实现一门编程语言是每个程序员都会有的一个梦想，目前国内也已经出版或引进了一些指导读者自己实现编程语言的书籍。不过这些书籍要么只介绍了语言实现环节中的一小部分，无法纵观全局；要么只讨论某种大幅裁减后的简化语言，离真正的工业语言还有一定距离。例如，我自己的《自己动手写 Java 虚拟机》，只讨论了 Java 虚拟机实现，没有涉及 Java 编译器和 Java 标准库。

　　如上所述，之所以选择 Lua 语言，就是因为它足够小巧，并且有很好的流行度。麻雀虽小，五脏俱全，这使得我们可以在一本书的篇幅范围内覆盖虚拟机、编译器、标准库这三个方面的内容。希望读者可以通过本书完整体验一门编程语言的实现过程，为将来打造属于自己的语言做好准备。这正是本书的与众不同之处。

本书主要内容

本书主要内容可以分为四个部分：第一部分（第 1 章）为准备工作；第二部分（第 2 ～ 13 章）主要讨论 Lua 虚拟机和 Lua API；第三部分（第 14 ～ 17 章）主要讨论 Lua 语法和编译器，第四部分（第 18 ～ 21 章）主要讨论 Lua 标准库。

全书共 21 章，各章内容安排如下：

❑ 第一部分（准备）

- 第 1 章：准备工作。

  准备编程环境，编写"Hello，World！"程序。

❑ 第二部分（Lua 虚拟机和 Lua API）

- 第 2 章：二进制 chunk。

  介绍 Lua 二进制 chuck 文件格式，编写代码解析二进制 chunk 文件。

- 第 3 章：指令集

  介绍 Lua 虚拟机指令集和指令编码格式，编写代码对指令进行解码。

- 第 4 章：Lua API

  初步介绍 Lua API 和 Lua State，实现栈相关 API 方法。

- 第 5 章：Lua 运算符

  介绍 Lua 语言运算符，给 Lua API 添加运算符相关方法。

- 第 6 章：虚拟机雏形

  初步实现 Lua 虚拟机，可以解释执行大约一半的 Lua 虚拟机指令。

- 第 7 章：表

  介绍并实现 Lua 表、表相关 API 方法，以及表相关指令。

- 第 8 章：函数调用

  介绍并实现 Lua 函数调用。

- 第 9 章：Go 函数调用

  介绍如何在 Lua 中调用 Go 语言函数。

- 第 10 章：闭包和 Upvalue

  介绍并实现闭包和 Upvalue，以及 Upvalue 相关指令。

- 第 11 章：元编程

  介绍并实现 Lua 元表、元方法及元编程。

- 第 12 章：迭代器

  介绍并实现 Lua 迭代器。

- 第 13 章：异常和错误处理

  介绍 Lua 异常和错误处理机制。

❑ 第三部分（Lua 语法和编译器）

- 第 14 章：词法分析

  介绍 Lua 语言词法规则，实现词法分析器。

- 第 15 章：抽象语法树

  初步介绍 Lua 语言语法规则，定义抽象语法树。

- 第 16 章：语法分析

  进一步介绍 Lua 语言语法规则，编写语法分析器。

- 第 17 章：代码生成

  编写代码生成器。

❑ 第四部分（Lua 标准库）

- 第 18 章：辅助 API 和基础库

  介绍 Lua 辅助 API 和标准库，实现基础库。

- 第 19 章：工具库

  介绍并实现数学、表、字符串、UTF-8、OS 等标准库。

- 第 20 章：包和模块

  介绍 Lua 包和模块机制，实现 package 标准库。

- 第 21 章：协程

  介绍 Lua 协程，实现 coroutine 标准库。

本书面向的读者

本书假定读者已经了解 Go 语言和 Lua 语言，所以不会对这两种语言的语法进行专门介绍。本书使用 Go 语言实现 Lua 解释器，但并没有用到特别高深的技术，加之 Go 语言语法比较简单，相信有 C 系列语言（比如 C、C++、C#、Java 等）基础的程序员都可以轻松读懂书中的代码。此外，如果读者更加熟悉 Java 语言，本书也提供了 Java 版实现代码。简而言之，本书主要面向以下三类读者：

❑ 对脚本语言实现原理感兴趣的读者。

❑ 对编译原理和高级语言虚拟机感兴趣的读者。

❑ 对 Lua 语言感兴趣，想探究其内部实现的读者。

如何阅读本书

本书内容主要围绕代码对 Lua 虚拟机、编译器和标准库展开讨论。本书代码经过精心安排，除第 1 章外，每一章都建立在前一章的基础之上，但每一章又都可以单独编译和运行。建议读者从第 1 章开始，按顺序阅读本书并学习每一章的代码。但也可以直接跳到感兴趣的章节进行阅读，必要时再阅读其他章节。

参考资料

相比 C/C++、Java、Python 等主流语言，Lua 算是较为小众的语言，因此能够找到的介绍其内部实现原理和细节的资料并不多，这也是本书写作的动机之一。除了 Lua 官方实现的源代码，本书在写作过程中主要参考了下面这些资料：

- 《 Programming in Lua, Fourth Edition 》
- 《 Lua 5.3 Reference Manual 》
- 《 The Evolution of Lua 》
- 《 The Implementation of Lua 5.0》
- 《 A No-Frills Introduction to Lua 5.1 VM Instructions 》
- 《 Lua 5.3 Bytecode Reference 》

除此之外，笔者在本书的写作过程中还查阅了网络上（特别是 StackOverflow 和 Wikipedia）的各种相关资料，这里就不一一罗列了。如果读者需要了解 Go 语法和标准库，请访问 https://golang.google.cn/ 。

获取本书源代码

本书源代码可以从 https://github.com/zxh0/luago-book 获取，代码分为 Go、Java 和 Lua 三部分，总体目录结构如下：

```
https://github.com/zxh0/luago-book/code/
  go/
    ch01/src/luago/
    ch02/src/luago/
    ...
    ch21/src/luago/
  java/
    ch02/
    ...
```

```
    ch18/
  lua/
    ch02/
    ...
    ch21/
```

其中 Go 语言部分是 Lua 解释器实现代码，每章为一个子目录，可以单独编译和运行（详见第 1 章）。Lua 语言部分也是每章一个目录，里面包含每一章的 Lua 示例代码和测试脚本。Java 语言部分是 Lua 解释器的 Java 版实现代码，仅供读者参考。Java 版实现只提供了前 18 章的代码，剩下的 3 章留给读者作为练习。

如果读者对 Git 比较熟悉，希望每次将注意力集中在某一章的代码上，也可以使用 git checkout 命令单独检出某一章的代码。本书为每一章都创建了对应的分支，例如，第 1 章的代码在 ch01 分支里，以此类推。

勘误和支持

受笔者技术水平和表达能力所限，本书并非尽善尽美，如有不合理之处，恳请读者批评指正。由于时间仓促，书中也难免会存在一些疏漏之处，还请读者谅解。

本书的勘误将通过 https://github.com/zxh0/luago-book/blob/master/errata.md 发布和更新。如果读者发现书中的错误、有改进意见，或者有任何问题需要和作者讨论，都可以在本书的 Github 项目上创建 Issue。另外，也可以加入 QQ 群（311942068）和本书作者以及其他读者进行交流。

致谢

首先感谢家人。为了尽快完成这本书，在过去一年多的写作过程中，我不得不在咖啡厅里度过几十个周末。这些时间本应该用来陪伴家人，或者陪孩子玩耍。没有家人的理解和支持，这本书就不可能这么快问世，谢谢你们！

其次要感谢朋友和同事。感谢乐元素 CTO 凌聪的大力帮助，同时也感谢 R 大、窦建伟、田生彩、张飞、王世华、杨兵、蔡晓均等阅读本书初稿并提出宝贵意见。特别感谢武岳为本书每一章绘制可爱的鼹鼠图。此外还有许多人也为我写作本书提供了帮助和鼓励，这里无法一一列出，但同样感谢各位。

最后感谢华章公司的各位编辑，你们的认真负责是本书质量的保证。

目　　录 *Contents*

准　　备

第 1 章　准备工作

子曰：工欲善其事，必先利其器。本书的目标是带领读者从零开始自己动手学会 Lua 语言，所以我们要做的第一件事就是把开发环境准备好。本章主要分为两部分内容：第一部分介绍读者跟随本书编写代码所需的环境和工具；第二部分介绍本书源代码目录结构。

1.1　准备开发环境

读者跟随本书编写代码所需的开发环境非常简单，只需要一台安装着现代操作系统（比如 Windows、Linux、macOS 等）的电脑，以及文本编辑器、Lua 语言编译器和 Go 语言编译器。

1.1.1　操作系统

由于操作系统一般都自带了简单的文本编辑器（比如 Windows 下的记事本），且 Lua 语言和 Go 语言也都是跨平台的，所以读者可以选择自己喜欢的操作系统。不过由于笔者是使用 MacBook 笔记本编写本书代码和文字的，所以书中出现的命令和路径等都是 Unix 形式。下面是一个例子。

```
$ ls /dev/*random
/dev/random /dev/urandom
```

命令行以"$"开头，后跟输出结果；路径分隔符是"/"。如果读者使用 Windows 操作系统进行编写，需要对命令和路径做出相应的调整。另外，虽然任何文本编辑器都可以满足我们的需要，但是最好选择可以对 Lua 语言和 Go 语言进行语法着色的编辑器，这里推荐使用 Sublime Text。

1.1.2　安装 Lua

Lua 虽然是解释型语言，但实际上 Lua 解释器会先把 Lua 脚本编译成字节码，然后在虚拟机中解释执行字节码，这一点和 Java 语言很像。本书的第二部分（第 2 ~ 13 章）主要围绕 Lua 字节码的解释执行展开讨论，并初步实现我们自己的 Lua 虚拟机。在这一部分，我们需要通过官方 Lua 编译器来将 Lua 脚本编译成字节码，因此需要安装 Lua。在本书的第三部分（第 14 ~ 17 章），我们将实现自己的 Lua 编译器。

Lua 的安装比较简单，读者可以从 http://www.lua.org/download.html 下载最新版（本书编写时，Lua 的最新版本是 5.3.4）源代码自行编译，或者直接下载已经编译好的发行版。安装完毕后，在命令行里执行 `luac -v` 命令，如果看到类似下面的输出，就表示安装成功了。

```
$ luac -v
Lua 5.3.4  Copyright (C) 1994-2017 Lua.org, PUC-Rio
```

1.1.3　安装 Go

本书将带领读者使用 Go 语言编写 Lua 虚拟机、Lua 编译器以及 Lua 标准库，因此需要安装 Go。Go 的安装也比较简单，读者可以从 https://golang.google.cn/dl/ 下载最新版（本书编写时，Go 的最新版本是 1.10.2）安装包进行安装。安装完毕后，在命令行里执行 `go version` 命令，如果看到类似下面的输出，就表示安装成功了。

```
$ go version
go version go1.10.2 darwin/amd64
```

1.2　准备目录结构

如果读者跟着本书一起编写代码，那么在每一章的最后，都会提供一份完整的源代码，可以独立编译为可执行程序。除第 1 章之外，每一章的代码都以前一章代码为基础，逐渐添加功能，最终实现一个完整的 Lua 解释器。建议读者跟随本书的每一章，自己输入代码，循序渐进完成 Lua 解释器的开发。当然直接从 GitHub 上下载源代码，只编写自己感兴趣的部分也是完全可以的。

作为开始，我们需要创建一个根目录，然后在里面创建 go 和 lua 子目录。其中 go 目录里存放每一章的 Go 语言源代码，lua 目录里存放每一章的 Lua 语言示例和测试代码。读者可以在任何位置创建根目录，在本书后面的内容里，我们将使用"$LUAGO"来表示这个目录，出现的路径也都是相对于该目录的相对路径。$LUAGO 的目录结构如下所示。

```
$LUAGO/
    go/
        ch01/src/
        ch02/src/
        ...
    lua/
        ch01/
        ch02/
        ...
```

万事开头难。作为一本介绍编程语言实现的书，按照惯例，当然也要从"Hello, World！"程序开始。请读者打开命令行窗口，执行下面的命令。

```
$ cd $LUAGO/go/
$ mkdir -p ch01/src/luago
$ export GOPATH=$PWD/ch01
```

上面的命令创建了本章的目录结构，并且设置好了 GOPATH 环境变量（关于 GOPATH 的介绍，请参考 https://golang.google.cn/doc/code.html ）。请读者在 go/ch01/src/luago 目录下面创建 main.go 文件，现在完整的目录结构如下所示。

```
$LUAGO/
    go/ch01/src/luago/main.go
    lua/
```

打开 main.go 文件，在里面输入如下代码。

```
package main

func main() {
    println("Hello, World!")
}
```

在命令行里执行下面的命令编译"Hello，World！"程序。

```
$ go install luago
```

命令执行完毕，如果没有看到任何输出，那么就表示编译成功了。go/ch01/bin 目录下会出现 luago 可执行文件，直接运行就可以看到"Hello，World！"输出。

```
$ ./ch01/bin/luago
Hello, World!
```

1.3　本章小结

千里之行，始于足下。本章我们准备好了开发环境，包括操作系统、文本编辑器以及 Lua 语言和 Go 语言编译器。我们还创建了代码的目录结构，并且编写和运行了"Hello，World！"程序。从第 2 章开始，我们将正式进入 Lua 语言的学习之旅。

第二部分 *Part 2*

Lua 虚拟机和 Lua API

第 2 章 二进制 chunk

Lua 是一门以高效著称的脚本语言，为了达到较高的执行效率，Lua 从 1.0 版（1993年发布）开始就内置了虚拟机。也就是说，Lua 脚本并不是直接被 Lua 解释器解释执行，而是类似 Java 语言那样，先由 Lua 编译器编译为字节码，然后再交给 Lua 虚拟机去执行。相比较而言，诞生时间比 Lua 稍晚一些的脚本语言 Ruby 在出现以来的很长一段时间里一直是直接解释执行 Ruby 脚本，直到 1.9 版（2007 年底发布）才引入了 YARV 虚拟机。

Lua 字节码需要一个载体，这个载体就是二进制 chunk，对 Java 虚拟机比较熟悉的读者可以把二进制 chunk 看作 Lua 版的 class 文件。本章会首先对二进制 chunk 进行一个简单的介绍，然后详细讨论 Lua 编译器的用法和二进制 chunk 格式，最后编写代码实现二进制 chunk 解析，为后续章节做准备。在继续阅读本章内容之前，请读者执行如下命令，把本章所需的目录结构和编译环境准备好。

```
$ cd $LUAGO/go/
$ cp -r ch01/ ch02
$ mkdir ch02/src/luago/binchunk
$ export GOPATH=$PWD/ch02
$ mkdir $LUAGO/lua/ch02
```

2.1　什么是二进制 chunk

在 Lua 的行话里，一段可以被 Lua 解释器解释执行的代码就叫作 chunk。chunk 可以很小，小到只有一两条语句；也可以很大，大到包含成千上万条语句和复杂的函数定义。前面也提到过，为了获得较高的执行效率，Lua 并不是直接解释执行 chunk，而是先由编译器编译成内部结构（其中包含字节码等信息），然后再由虚拟机执行字节码。这种内部结构在 Lua 里就叫作预编译（Precompiled）chunk，由于采用了二进制格式，所以也叫二进制（Binary）chunk。

我们仍然以 Java 虚拟机作为对照，存放 chunk 的文件（一般以 .lua 为后缀）对应 .java 源文件，二进制 chunk 则对应编译好的 class 文件。Java 的 class 文件里除了字节码外，还有常量池、行号表等信息，类似地，二进制 chunk 里也有这些信息。然而和 Java 不同的是，Lua 程序员一般不需要关心二进制 chunk，因为 Lua 解释器会在内部进行编译，如图 2-1 所示。

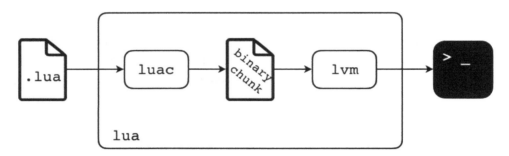

图 2-1　隐式调用 Lua 编译器

Java 提供了命令行工具 javac，用来把 Java 源文件编译成 class 文件，类似地，Lua 也提供了命令行工具 luac，可以把 Lua 源代码编译成二进制 chunk，并且保存成文件（默认文件名为 luac.out）。Lua 解释器可以直接加载并执行二进制 chunk 文件，如图 2-2 所示。

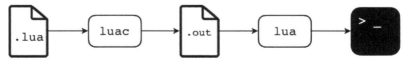

图 2-2　显式调用 Lua 编译器

如前所述，Lua 解释器会在内部编译 Lua 脚本，所以预编译并不会加快脚本执行的速度，但是预编译可以加快脚本加载的速度，并可以在一定程度上保护源代码。另外，luac

还提供了反编译功能，方便我们查看二进制 chunk 内容和 Lua 虚拟机指令。下面详细介绍 luac 的用法。

2.2　luac 命令介绍

luac 命令主要有两个用途：第一，作为编译器，把 Lua 源文件编译成二进制 chunk 文件；第二，作为反编译器，分析二进制 chunk，将信息输出到控制台。这里仍然以 Java 为对照，JDK 提供了单独的命令行工具 javap，用来反编译 class 文件，而 Lua 则是将编译命令和反编译命令整合在了一起。在命令行里直接执行 luac 命令（不带任何参数）可以看到 luac 命令的完整用法。

```
$ luac
luac: no input files given
usage: luac [options] [filenames]
Available options are:
  -l        list (use -l -l for full listing)
  -o name   output to file 'name' (default is "luac.out")
  -p        parse only
  -s        strip debug information
  -v        show version information
  --        stop handling options
  -         stop handling options and process stdin
```

本节主要以"Hello, World!"程序为例讨论 luac 命令的两种用法。请读者在 $LUAGO/lua/ch02/ 目录下创建 hello_world.lua 文件，并且在里面输入如下代码。

```
print("Hello, World!")
```

为了便于讨论，我们暂时将当前路径切换到 $LUAGO/lua/ch02/ 目录。

```
$ cd $LUAGO/lua/ch02
```

2.2.1　编译 Lua 源文件

将一个或者多个文件名作为参数调用 luac 命令就可以编译指定的 Lua 源文件，如果编译成功，在当前目录下会出现 luac.out 文件，里面的内容就是对应的二进制 chunk。如果不想使用默认的输出文件，可以使用"-o"选项对输出文件进行明确指定。编译生成的二进制 chunk 默认包含调试信息（行号、变量名等），可以使用"-s"选项告诉 luac 去掉调试信息。另外，如果仅仅想检查语法是否正确，不想产生输出文件，可以使用 "–p" 选项进行编译。下面是 luac 的一些用法示例。

```
$ luac hello_world.lua               # 生成 luac.out
$ luac -o hw.luac hello_world.lua    # 生成 hw.luac
$ luac -s hello_world.lua            # 不包含调试信息
$ luac -p hello_world.lua            # 只进行语法检查
```

为了方便后面的讨论，本节还会简单介绍一下 Lua 编译器的内部工作原理，本书第三部分（第 14 ～ 17 章）会详细介绍 Lua 编译器的实现细节。

Lua 编译器以函数为单位进行编译，每一个函数都会被 Lua 编译器编译为一个内部结构，这个结构叫作"原型"（Prototype）。原型主要包含 6 部分内容，分别是：函数基本信息（包括参数数量、局部变量数量等）、字节码、常量表、Upvalue 表、调试信息、子函数原型列表。由此可知，函数原型是一种递归结构，并且 Lua 源码中函数的嵌套关系会直接反映在编译后的原型里。

细心的读者一定会想到这样一个问题：前面我们写的 "Hello, World!" 程序里面只有一条打印语句，并没有定义函数，那么 Lua 编译器是怎么编译这个文件的呢？由于 Lua 是脚本语言，如果我们每执行一段脚本都必须要定义一个函数（就像 Java 那样），岂不是很麻烦？所以这个吃力不讨好的工作就由 Lua 编译器代劳了。

Lua 编译器会自动为我们的脚本添加一个 main 函数（后文称其为主函数），并且把整个程序都放进这个函数里，然后再以它为起点进行编译，那么自然就把整个程序都编译出来了。这个主函数不仅是编译的起点，也是未来 Lua 虚拟机解释执行程序时的入口。我们写的 "Hello, World!" 程序被 Lua 编译器加工之后，就变成了下面这个样子。

```
function main(...)
  print("Hello, World!")
  return
end
```

把主函数编译成函数原型后，Lua 编译器会给它再添加一个头部（Header，详见 2.3.3 节），然后一起 dump 成 luac.out 文件，这样，一份热乎的二进制 chunk 文件就新鲜出炉了。综上所述，函数原型和二进制 chunk 的内部结构如图 2-3 所示。

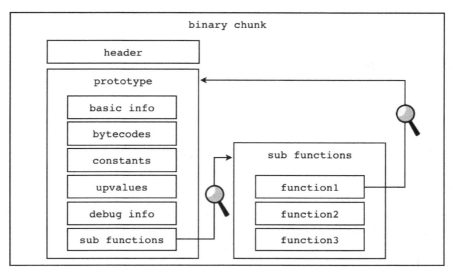

图 2-3　二进制 chunk 内部结构

2.2.2　查看二进制 chunk

二进制 chunk 之所以使用二进制格式，是为了方便虚拟机加载，然而对人类却不够友好，因为其很难直接阅读。如前所述，luac 命令兼具编译和反编译功能，使用"-1"选项可以将 luac 切换到反编译模式。正如 javap 命令是查看 class 文件的利器，luac 命令搭配"-1"选项则是查看二进制 chunk 的利器。本节的目标是学会阅读 luac 的反编译输出。在 2.3 节，我们将深入到二进制 chunk 的内部来研究其格式。

以前面编译出来的 hello_world.luac 文件为例，其反编译输出如下。

```
$ luac -l hello_world.luac

main <hello_world.lua:0,0> (4 instructions at 0x7fb4dbc030f0)
0+ params, 2 slots, 1 upvalue, 0 locals, 2 constants, 0 functions
    1   [1]GETTABUP  0 0 -1 ; _ENV "print"
    2   [1]LOADK     1 -2       ; "Hello, World!"
    3   [1]CALL      0 2 1
    4   [1]RETURN    0 1
```

上面的例子以二进制 chunk 文件为参数，实际上也可以直接以 Lua 源文件为参数，luac 会先编译源文件，生成二进制 chunk 文件，然后再进行反编译，产生输出。由于"Hello, World!"程序只有一条打印语句，所以编译出来的二进制 chunk 里也只有一个主函数原型（没有子函数），因此反编译输出里也只有主函数信息。如果我们的 Lua 程序里有函数定义，那么 luac 反编译器会按顺序依次输出这些函数原型的信息，例如如下的 Lua 程序（请读者将其保存在 \$LUAGO/lua/ch02/foo_bar.lua 文件中）。

```
function foo()
    function bar() end
end
```

反编译输出中会依次包含 main、foo 和 bar 函数的信息，如下所示。

```
$ luac -l foo_bar.lua

main <foo_bar.lua:0,0> (3 instructions at 0x7fc43fc02b20)
0+ params, 2 slots, 1 upvalue, 0 locals, 1 constant, 1 function
    1   [4] CLOSURE    0 0     ; 0x7fc43fc02cc0
    2   [1] SETTABUP   0 -1 0  ; _ENV "foo"
    3   [4] RETURN     0 1

function <foo_bar.lua:1,4> (3 instructions at 0x7fc43fc02cc0)
0 params, 2 slots, 1 upvalue, 0 locals, 1 constant, 1 function
    1   [3] CLOSURE    0 0     ; 0x7fc43fc02e40
    2   [2] SETTABUP   0 -1 0  ; _ENV "bar"
    3   [4] RETURN     0 1

function <foo_bar.lua:2,3> (1 instruction at 0x7fc43fc02e40)
0 params, 2 slots, 0 upvalues, 0 locals, 0 constants, 0 functions
    1   [3] RETURN     0 1
```

反编译打印出的函数信息包含两个部分：前面两行是函数基本信息，后面是指令列表。

第一行如果以 main 开头，说明这是编译器为我们生成的主函数；以 function 开头，说明这是一个普通函数。接着是定义函数的源文件名和函数在文件里的起止行号（对于主函数，起止行号都是 0），然后是指令数量和函数地址。

第二行依次给出函数的固定参数数量（如果有 + 号，表示这是一个 vararg 函数）、运行函数所必要的寄存器数量、upvalue 数量、局部变量数量、常量数量、子函数数量。如果读者看不懂这些信息也没有关系，我们在后面的章节中会陆续介绍这些信息。

指令列表里的每一条指令都包含指令序号、对应行号、操作码和操作数。分号后面是 luac 根据指令操作数生成的注释，以便于我们理解指令。第 3 章会详细介绍 Lua 虚拟机指令。

以上看到的是 luac 反编译器精简模式的输出内容，如果使用两个 "-l" 选项，则可以进入详细模式，这样，luac 会把常量表、局部变量表和 upvalue 表的信息也打印出来。

```
$ luac -l -l hello_world.lua

main <hello_world.lua:0,0> (4 instructions at 0x7fbcb5401c00)
0+ params, 2 slots, 1 upvalue, 0 locals, 2 constants, 0 functions
    1  [1] GETTABUP  0 0 -1 ; _ENV "print"
    2  [1] LOADK     1 -2     ; "Hello, World!"
    3  [1] CALL      0 2 1
    4  [1] RETURN    0 1
constants (2) for 0x7fbcb5401c00:
    1  "print"
    2  "Hello, World!"
locals (0) for 0x7fbcb5401c00:
upvalues (1) for 0x7fbcb5401c00:
    0  _ENV   1   0
```

到这里 luac 命令反编译模式的基本用法和阅读方法就介绍完毕了，如果读者觉得一头雾水也不要担心，暂时只要对二进制 chunk 有一个粗略的认识就可以了，在 2.3 节我们会详细地讨论二进制 chunk 格式。

2.3　二进制 chunk 格式

和 Java 的 class 文件类似，Lua 的二进制 chunk 本质上也是一个字节流。不过 class 文件的格式设计相当紧凑，并且在 Java 虚拟机规范里给出了严格的规定，二进制 chunk 则不然。

1）二进制 chunk 格式（包括 Lua 虚拟机指令）属于 Lua 虚拟机内部实现细节，并没有标准化，也没有任何官方文档对其进行说明，一切以 Lua 官方实现的源代码为准。在写作本书的过程中，笔者参考了一些关于二进制 chunk 格式和 Lua 虚拟机指令的非官方说明文档，具体见本书参考资料。

2）二进制 chunk 格式的设计没有考虑跨平台的需求。对于需要使用超过一个字节表示的数据，必须要考虑大小端（Endianness）问题。Lua 官方实现的做法比较简单：编译 Lua 脚本时，直接按照本机的大小端方式生成二进制 chunk 文件，当加载二进制 chunk 文件时，会探测被加载文件的大小端方式，如果和本机不匹配，就拒绝加载。

3）二进制 chunk 格式的设计也没有考虑不同 Lua 版本之间的兼容问题。和大小端问题一样，Lua 官方实现的做法也比较简单：编译 Lua 脚本时，直接按照当时的 Lua 版本生成二进制 chunk 文件，当加载二进制 chunk 文件时，会检测被加载文件的版本号，如果和当前 Lua 版本不匹配，则拒绝加载。

4）二进制 chunk 格式并没有被刻意设计得很紧凑。在某些情况下，一段 Lua 脚本被编译成二进制 chunk 之后，甚至会比文本形式的源文件还要大。不过如前所述，由于把 Lua 脚本预编译成二进制 chunk 的主要目的是为了获得更快的加载速度，所以这也不是什么大问题。

本节主要讨论二进制 chunk 格式与如何将其编码成 Go 语言结构体。在 2.4 节，我们会进一步编写二进制 chunk 解析代码。

2.3.1 数据类型

前文提到过，二进制 chunk 本质上来说是一个字节流。大家都知道，一个字节能够表示的信息是非常有限的，比如说一个 ASCII 码或者一个很小的整数可以放进一个字节内，但是更复杂的信息就必须通过某种编码方式编码成多个字节。在讨论二进制 chunk 格式时，我们称这种被编码为一个或多个字节的信息单位为**数据类型**。请读者注意，由于 Lua 官方实现是用 C 语言编写的，所以 C 语言的一些**数据类型**（比如 size_t）会直接反映在二进制 chunk 的格式里，千万不要将这两个概念混淆。

二进制 chunk 内部使用的数据类型大致可以分为数字、字符串和列表三种。

1. 数字

数字类型主要包括字节、C 语言整型（后文简称 cint）、C 语言 size_t 类型（简称 size_t）、Lua 整数、Lua 浮点数五种。其中，字节类型用来存放一些比较小的整数值，比如 Lua 版本号、函数的参数个数等；cint 类型主要用来表示列表长度；size_t 则主要用来表示长字符串长度；Lua 整数和 Lua 浮点数则主要在常量表里出现，记录 Lua 脚本中出现的整数和浮点数字面量。

数字类型在二进制 chunk 里都按照固定长度存储。除字节类型外，其余四种数字类型都会占用多个字节，具体占用几个字节则会记录在头部里，详见 2.3.3 节。表 2-1 列出了二进制 chunk 整数类型在 Lua 官方实现（64 位平台）里对应的 C 语言类型、在本书中使用的 Go 语言类型，以及占用的字节数。

表 2-1　二进制 chunk 整数类型

数据类型	C 语言类型	Go 语言类型	占用字节
字节	lu_Byte（unsigned char）	byte	1
C 语言整型	int	uint32	4
C 语言 size_t 类型	size_t	uint64	8
Lua 整型	lua_Integer（long long）	int64	8
Lua 浮点型	lua_Number（double）	float64	8

2. 字符串

字符串在二进制 chunk 里，其实就是一个字节数组。因为字符串长度是不固定的，所以需要把字节数组的长度也记录到二进制 chunk 里。作为优化，字符串类型又可以进一步分为短字符串和长字符串两种，具体有三种情况：

1）对于 NULL 字符串，只用 0x00 表示就可以了。

2）对于长度小于等于 253（0xFD）的字符串，先使用一个字节记录长度 +1，然后是字节数组。

3）对于长度大于等于 254（0xFE）的字符串，第一个字节是 0xFF，后面跟一个 size_t 记录长度 +1，最后是字节数组。

上述三种情况如图 2-4 所示。

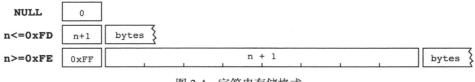

图 2-4　字符串存储格式

3. 列表

在二进制 chunk 内部，指令表、常量表、子函数原型表等信息都是按照列表的方式存储的。具体来说也很简单，先用一个 cint 类型记录列表长度，然后紧接着存储 n 个列表元素，至于列表元素如何存储那就要具体情况具体分析了，我们在 2.3.4 节会详细讨论。

2.3.2　总体结构

总体而言，二进制 chunk 分为头部和主函数原型两部分。请读者在 $LUAGO/go/ch02/

src/luago/binchunk 目录下创建 binary_chunk.go 文件，在里面定义 **binaryChunk** 结构体，代码如下所示。

```
package binchunk

type binaryChunk struct {
    header                      // 头部
    sizeUpvalues byte           // 主函数 upvalue 数量
    mainFunc     *Prototype     // 主函数原型
}
```

可以看到，头部和主函数原型之间，还有一个单字节字段"**sizeUpvalues**"。到这里，读者只要知道二进制 chunk 里有这么一个用于记录主函数 upvalue 数量的字段就可以了，在第 10 章我们会详细讨论闭包和 upvalue。

2.3.3 头部

头部总共占用约 30 个字节（因平台而异），其中包含签名、版本号、格式号、各种整数类型占用的字节数，以及大小端和浮点数格式识别信息等。请读者在 binary_chunk.go 文件里定义 **header** 结构体，代码如下所示。

```
type header struct {
    signature        [4]byte
    version          byte
    format           byte
    luacData         [6]byte
    cintSize         byte
    sizetSize        byte
    instructionSize byte
    luaIntegerSize   byte
    luaNumberSize    byte
    luacInt          int64
    luacNum          float64
}
```

下面详细介绍每一个字段的含义。

1. 签名

很多二进制格式都会以固定的魔数（Magic Number）开始，比如 Java 的 class 文件，魔数是四字节 0xCAFEBABE。Lua 二进制 chunk 的魔数（又叫作签名，Signature）也是四个字节，分别是 ESC、L、u、a 的 ASCII 码。用十六进制表示是 **0x1B4C7561**，写成 Go 语言字符串字面量是 **"\x1bLua"**。

　　魔数主要起快速识别文件格式的作用。如果 Lua 虚拟机试图加载一个"号称"二进制 chunk 的文件，并发现其并非是以 **0x1B4C7561** 开头，就会拒绝加载该文件。用 xxd 命令观察一下 hello_world.luac 文件，可以看到，开头四个字节确实是 **0x1B4C7561**，如下所示。

```
$ xxd -u -g 1 hello_world.luac
00000000: 1B 4C 75 61 53 00 19 93 0D 0A 1A 0A 04 08 04 08  .LuaS...........
00000010: 08 78 56 00 00 00 00 00 00 00 00 00 00 00 28 77  .xV...........(w
00000020: 40 01 11 40 68 65 6C 6C 6F 5F 77 6F 72 6C 64 2E  @..@hello_world.
00000030: 6C 75 61 00 00 00 00 00 00 00 00 00 01 02 04 00  lua.............
00000040: 00 00 06 00 40 00 41 40 00 00 24 40 00 01 26 00  ....@.A@..$@..&.
00000050: 80 00 02 00 00 04 06 70 72 69 6E 74 04 0E 48  .......print..H
00000060: 65 6C 6C 6F 2C 20 57 6F 72 6C 64 21 01 00 00 00  ello, World!....
00000070: 01 00 00 00 00 04 00 00 00 01 00 00 00 01 00  ................
00000080: 00 00 01 00 00 00 01 00 00 00 01 00 00 00 01 00  ................
00000090: 00 00 05 5F 45 4E 56                             ..._ENV
```

2. 版本号

　　签名之后的一个字节，记录二进制 chunk 文件所对应的 Lua 版本号。Lua 语言的版本号由三个部分构成：大版本号（Major Version）、小版本号（Minor Version）、发布号（Release Version）。比如 Lua 的当前版本是 5.3.4，其中大版本号是 5，小版本号是 3，发布号是 4。

　　二进制 chunk 里存放的版本号是根据 Lua 大小版本号算出来的，其值等于大版本号乘以 16 加小版本号，之所以没有考虑发布号是因为发布号的增加仅仅意味着 bug 修复，并不会对二进制 chunk 格式进行任何调整。Lua 虚拟机在加载二进制 chunk 时，会检查其版本号，如果和虚拟机本身的版本号不匹配，就拒绝加载该文件。

　　笔者在前面是用 5.3.4 版 luac 编译 hello_world.lua 文件的，因此二进制 chunk 里的版本号应该是 5×16 + 3 = 83，用十六进制表示正好是 **0x53**，如下所示。

```
00000000: 1B 4C 75 61 53 00 19 93 0D 0A 1A 0A 04 08 04 08  .LuaS..........
```

3. 格式号

　　版本号之后的一个字节记录二进制 chunk 格式号。Lua 虚拟机在加载二进制 chunk 时，会检查其格式号，如果和虚拟机本身的格式号不匹配，就拒绝加载该文件。Lua 官方实现使用的格式号是 0，如下所示。

```
00000000: 1B 4C 75 61 53 00 19 93 0D 0A 1A 0A 04 08 04 08  .LuaS...........
```

4. LUAC_DATA

格式号之后的 6 个字节在 Lua 官方实现里叫作 LUAC_DATA。其中前两个字节是 0x1993，这是 Lua 1.0 发布的年份；后四个字节依次是回车符（0x0D）、换行符（0x0A）、替换符（0x1A）和另一个换行符，写成 Go 语言字面量的话，结果如下所示。

```
"\x19\x93\r\n\x1a\n":
00000000: 1B 4C 75 61 53 00 19 93 0D 0A 1A 0A 04 08 04 08  .LuaS...........
```

这 6 个字节主要起进一步校验的作用。如果 Lua 虚拟机在加载二进制 chunk 时发现这 6 个字节和预期的不一样，就会认为文件已经损坏，拒绝加载。

5. 整数和 Lua 虚拟机指令宽度

接下来的 5 个字节分别记录 cint、size_t、Lua 虚拟机指令、Lua 整数和 Lua 浮点数这 5 种数据类型在二进制 chunk 里占用的字节数。在笔者的机器上，cint 和 Lua 虚拟机指令各占用 4 个字节，size_t、Lua 整数和 Lua 浮点数则各占用 8 个字节，如下所示。

```
00000000: 1B 4C 75 61 53 00 19 93 0D 0A 1A 0A 04 08 04 08  .LuaS...........
00000010: 08 78 56 00 00 00 00 00 00 00 00 00 00 00 28 77  .xV...........(w
```

Lua 虚拟机在加载二进制 chunk 时，会检查上述 5 种数据类型所占用的字节数，如果和期望数值不匹配则拒绝加载。

6. LUAC_INT

接下来的 n 个字节存放 Lua 整数值 0x5678。如前文所述，在笔者的机器上 Lua 整数占 8 个字节，所以这里 n 等于 8。

```
00000000: 1B 4C 75 61 53 00 19 93 0D 0A 1A 0A 04 08 04 08  .LuaS...........
00000010: 08 78 56 00 00 00 00 00 00 00 00 00 00 00 28 77  .xV...........(w
```

存储这个 Lua 整数的目的是为了检测二进制 chunk 的大小端方式。Lua 虚拟机在加载二进制 chunk 时，会利用这个数据检查其大小端方式和本机是否匹配，如果不匹配，则拒绝加载。可以看出，在笔者的机器上（内部是 Intel CPU），二进制 chunk 是小端方式。

7. LUAC_NUM

头部的最后 n 个字节存放 Lua 浮点数 **370.5**。如前文所述，在笔者的机器上 Lua 浮点数占 8 个字节，所以这里 n 等于 8。

```
00000000: 1B 4C 75 61 53 00 19 93 0D 0A 1A 0A 04 08 04 08   .LuaS...........
00000010: 08 78 56 00 00 00 00 00 00 00 00 00 00 00 28 77   .xV...........(w
00000020: 40 01 11 40 68 65 6C 6C 6F 5F 77 6F 72 6C 64 2E   @..@hello_world.
```

存储这个 Lua 浮点数的目的是为了检测二进制 chunk 所使用的浮点数格式。Lua 虚拟机在加载二进制 chunk 时，会利用这个数据检查其浮点数格式和本机是否匹配，如果不匹配，则拒绝加载。目前主流的平台和语言一般都采用 IEEE 754 浮点数格式。

到此为止，二进制 chunk 头部就介绍完毕了，二进制 chunk 的整体格式如图 2-5 所示。

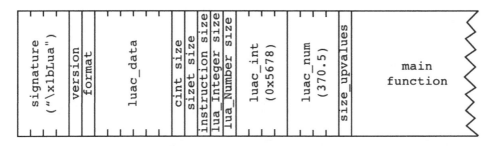

图 2-5　二进制 chunk 存储格式

请读者打开 binary_chunk.go 文件，在里面定义相关常量，代码如下所示。

```
const (
    LUA_SIGNATURE     = "\x1bLua"
    LUAC_VERSION      = 0x53
    LUAC_FORMAT       = 0
    LUAC_DATA         = "\x19\x93\r\n\x1a\n"
    CINT_SIZE         = 4
    CSIZET_SIZE       = 8
    INSTRUCTION_SIZE  = 4
    LUA_INTEGER_SIZE  = 8
    LUA_NUMBER_SIZE   = 8
    LUAC_INT          = 0x5678
    LUAC_NUM          = 370.5
)
```

2.3.4　函数原型

由 2.1 节可知，函数原型主要包含函数基本信息、指令表、常量表、upvalue 表、子函数原型表以及调试信息；基本信息又包括源文件名、起止行号、固定参数个数、是否是 vararg 函数以及运行函数所必要的寄存器数量；调试信息又包括行号表、局部变量表以及 upvalue 名列表。

请读者在 binary_chunk.go 文件里定义 Prototype 结构体，代码如下所示。

```
type Prototype struct {
    Source           string
    LineDefined      uint32
    LastLineDefined  uint32
    NumParams        byte
    IsVararg         byte
    MaxStackSize     byte
    Code             []uint32
    Constants        []interface{}
    Upvalues         []Upvalue
    Protos           []*Prototype
    LineInfo         []uint32
    LocVars          []LocVar
    UpvalueNames     []string
}
```

函数原型的整体格式如图 2-6 所示，接下来将详细介绍每一个字段的含义。

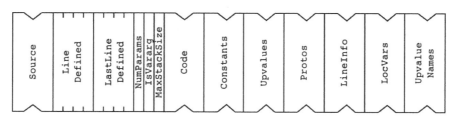

图 2-6　函数原型存储格式

1. 源文件名

函数原型的第一个字段存放源文件名，记录二进制 chunk 是由哪个源文件编译出来的。为了避免重复，只有在主函数原型里，该字段才真正有值，在其他嵌套的函数原型里，该字段存放空字符串。和调试信息一样，源文件名也不是执行函数所必需的信息。如果使用 "-s" 选项编译，源文件名会连同其他调试信息一起被 Lua 编译器从二进制 chunk

里去掉。我们继续观察 hello_world.luac 文件。

```
00000000: 1B 4C 75 61 53 00 19 93 0D 0A 1A 0A 04 08 04 08  .LuaS..........
00000020: 40 01 11 40 68 65 6C 6C 6F 5F 77 6F 72 6C 64 2E  @..@hello_world.
00000030: 6C 75 61 00 00 00 00 00 00 00 00 00 01 02 04 00  lua.............
```

可以看到，由于文件名比较短，所以是以短字符串形式存储的。其长度 +1 占用一个字节，内容是十六进制 0x11，转换成十进制再减去一，结果就是 16。长度之后存放的是 @hello_world.lua，刚好占用 16 个字节。细心的读者会有疑问，文件名里的"@"符号是从哪里来的呢？

实际上，我们前面的描述并不准确。函数原型里存放的源文件名，准确来说应该是指函数的来源，如果来源以"@"开头，说明这个二进制 chunk 的确是从 Lua 源文件编译而来的；去掉"@"符号之后，得到的才是真正的文件名。如果来源以"="开头则有特殊含义，比如"=stdin"说明这个二进制 chunk 是从标准输入编译而来的；若没有"=", 则说明该二进制 chunk 是从程序提供的字符串编译而来的，来源存放的就是该字符串。为了便于描述，在不引起混淆的前提下，我们后面仍将各种类型的来源统称为源文件。

2. 起止行号

跟在源文件名后面的是两个 cint 型整数，用于记录原型对应的函数在源文件中的起止行号。如果是普通的函数，起止行号都应该大于 0；如果是主函数，则起止行号都是 0，如下所示。

```
00000020: 40 01 11 40 68 65 6C 6C 6F 5F 77 6F 72 6C 64 2E  @..@hello_world.
00000030: 6C 75 61 00 00 00 00 00 00 00 00 00 01 02 04 00  lua.............
```

3. 固定参数个数

起止行号之后的一个字节记录了函数固定参数个数。这里的固定参数，是相对于变长参数（Vararg）而言的，我们在第 8 章会详细讨论 Lua 函数调用和变长参数。Lua 编译器为我们生成的主函数没有固定参数，因此这个值是 0，如下所示。

```
00000020: 40 01 11 40 68 65 6C 6C 6F 5F 77 6F 72 6C 64 2E  @..@hello_world.
00000030: 6C 75 61 00 00 00 00 00 00 00 00 00 01 02 04 00  lua.............
```

4. 是否是 Vararg 函数

接下来的一个字节用来记录函数是否为 Vararg 函数，即是否有变长参数（详见第 8

章)。0 代表否,1 代表是。主函数是 Vararg 函数，有变长参数，因此这个值为 1，如下所示。

```
00000020: 40 01 11 40 68 65 6C 6C 6F 5F 77 6F 72 6C 64 2E  @..@hello_world.
00000030: 6C 75 61 00 00 00 00 00 00 00 00 00 00 01 02 04 00  lua............
```

5. 寄存器数量

在记录过函数是否是 Vararg 函数之后的一个字节记录的是寄存器数量。Lua 编译器会为每一个 Lua 函数生成一个指令表，也就是我们常说的字节码。由于 Lua 虚拟机是基于寄存器的虚拟机（详见第 3 章），大部分指令也都会涉及虚拟寄存器操作，那么一个函数在执行期间至少需要用到多少个虚拟寄存器呢？ Lua 编译器会在编译函数时将这个数量计算好，并以字节类型保存在函数原型里。运行"Hello, World!"程序需要 2 个虚拟寄存器，如下所示。

```
00000020: 40 01 11 40 68 65 6C 6C 6F 5F 77 6F 72 6C 64 2E  @..@hello_world.
00000030: 6C 75 61 00 00 00 00 00 00 00 00 00 01 02 04 00  lua............
```

这个字段也被叫作 `MaxStackSize`，为什么这样叫呢？ 这是因为 Lua 虚拟机在执行函数时，真正使用的其实是一种栈结构，这种栈结构除了可以进行常规地推入和弹出操作以外，还可以按索引访问，所以可以用来模拟寄存器。我们在第 4 章会详细讨论这种栈结构。

6. 指令表

函数基本信息之后是指令表。本章我们只要知道每条指令占 4 个字节就可以了，第 3 章会详细介绍 Lua 虚拟机指令格式。"Hello, World!"程序主函数有 4 条指令，如下所示。

```
00000020: 40 01 11 40 68 65 6C 6C 6F 5F 77 6F 72 6C 64 2E  @..@hello_world.
00000030: 6C 75 61 00 00 00 00 00 00 00 00 00 01 02 04 00  lua............
00000040: 00 00 06 00 40 00 41 40 00 00 24 40 00 01 26 00  ....@.A@..$@..&.
00000050: 80 00 02 00 04 06 70 72 69 6E 74 04 0E 48  ......print..H
```

7. 常量表

指令表之后是常量表。常量表用于存放 Lua 代码里出现的字面量，包括 nil、布尔值、整数、浮点数和字符串五种。每个常量都以 1 字节 tag 开头，用来标识后续存储的是哪种类型的常量值。常量 tag 值、Lua 字面量类型以及常量值存储类型之间的对应关系见表 2-2。

表 2-2　二进制 chunk 常量 tag 值

tag	Lua 字面量类型	存储类型	tag	Lua 字面量类型	存储类型
0x00	nil	不存储	0x13	integer	Lua 整数
0x01	boolean	字节（0、1）	0x04	string	短字符串
0x03	number	Lua 浮点数	0x14	string	长字符串

"Hello, World!"程序主函数常量表里有 2 个字符串常量，如下所示。

```
00000040: 00 00 06 00 40 00 41 40 00 00 24 40 00 01 26 00   ....@.A@..$@..&.
00000050: 80 00 02 00 00 00 04 06 70 72 69 6E 74 04 0E 48   ........print..H
00000060: 65 6C 6C 6F 2C 20 57 6F 72 6C 64 21 01 00 00 00   ello, World!....
```

请读者在 binary_chunk.go 文件里定义 tag 值常量，代码如下所示。

```
const (
    TAG_NIL       = 0x00
    TAG_BOOLEAN   = 0x01
    TAG_NUMBER    = 0x03
    TAG_INTEGER   = 0x13
    TAG_SHORT_STR = 0x04
    TAG_LONG_STR  = 0x14
)
```

在 C 语言里，可以使用联合体（Union）把不同的数据类型统一起来。Go 语言不支持联合体，但是使用空接口可以达到同样的目的，这一技巧会在本书中多次使用。当某个变量（或者结构体字段、数组元素等）需要容纳不同类型的值时，我们就把它定义为空接口类型。

8. Upvalue 表

常量表之后是 Upvalue 表。在本章我们只要了解该表的每个元素占用 2 个字节就可以了，第 10 章会详细介绍闭包和 Upvalue。请读者在 binary_chunk.go 文件里定义 **Upvalue** 结构体，代码如下所示。

```
type Upvalue struct {
    Instack byte
    Idx     byte
}
```

"Hello, World!"程序主函数有一个 Upvalue，如下所示。

```
00000050: 80 00 02 00 00 00 04 06 70 72 69 6E 74 04 0E 48   ........print..H
00000060: 65 6C 6C 6F 2C 20 57 6F 72 6C 64 21 01 00 00 00   ello, World!....
00000070: 01 00 00 00 00 04 00 00 00 01 00 00 00 01 00   ...............
```

9. 子函数原型表

Upvalue 表之后是子函数原型表。"Hello, World!"程序只有一条打印语句，没有定义函数，所以主函数原型的子函数原型表长度为 0，如下所示。

```
00000060: 65 6C 6C 6F 2C 20 57 6F 72 6C 64 21 01 00 00 00  ello, World!....
00000070: 01 00 00 00 00 00 04 00 00 00 01 00 00 00 01 00  ................
```

10. 行号表

子函数原型表之后是行号表，其中行号按 cint 类型存储。行号表中的行号和指令表中的指令一一对应，分别记录每条指令在源代码中对应的行号。由前文可知，"Hello, World!"程序主函数一共有 4 条指令，这 4 条指令对应的行号都是 1，如下所示。

```
00000060: 65 6C 6C 6F 2C 20 57 6F 72 6C 64 21 01 00 00 00  ello, World!....
00000070: 01 00 00 00 00 00 04 00 00 00 01 00 00 00 01 00  ................
00000080: 00 00 01 00 00 00 01 00 00 00 00 00 00 00 01 00  ................
```

11. 局部变量表

行号表之后是局部变量表，用于记录局部变量名，表中每个元素都包含变量名（按字符串类型存储）和起止指令索引（按 cint 类型存储）。请读者在 binary_chunk.go 文件里定义 LocVar 结构体，代码如下所示。

```
type LocVar struct {
    VarName string
    StartPC uint32
    EndPC   uint32
}
```

"Hello, World!"程序没有使用局部变量，所以主函数原型局部变量表长度为 0，如下所示。

```
00000070: 01 00 00 00 00 00 04 00 00 00 01 00 00 00 01 00  ................
00000080: 00 00 01 00 00 00 01 00 00 00 00 00 00 00 01 00  ................
```

12. Upvalue 名列表

函数原型的最后一部分内容是 Upvalue 名列表。该列表中的元素（按字符串类型存储）和前面 Upvalue 表中的元素一一对应，分别记录每个 Upvalue 在源代码中的名字。"Hello, World!"程序主函数使用了一个 Upvalue，名为"_ENV"，如下所示。

```
00000080: 00 00 01 00 00 00 01 00 00 00 00 00 00 00 01 00   ...............
00000090: 00 00 05 5F 45 4E 56                              ..._ENV
```

这个名为"_ENV"的神秘 Upvalue 到底是什么来头呢？请读者耐心阅读本书，到了第 10 章一切就会真相大白。行号表、局部变量表和 Upvalue 名列表，这三个表里存储的都是调试信息，对于程序的执行并不必要。如果在编译 Lua 脚本时指定了"-s"选项，Lua 编译器就会在二进制 chunk 中把这三个表清空。

13. Undump() 函数

到此为止，整个二进制 chunk 格式就都已经介绍完毕了，我们也定义好了 Prototype 等结构体以及头部和常量表相关的常量。在本节的最后，请读者在 binary_chunk.go 文件末尾加一个 Undump() 函数，用于解析二进制 chunk，代码如下所示。

```
func Undump(data []byte) *Prototype {
    reader := &reader{data}
    reader.checkHeader()          // 校验头部
    reader.readByte()             // 跳过 Upvalue 数量
    return reader.readProto("")   // 读取函数原型
}
```

可以看出，Undump() 函数把具体的解析工作交给了 reader 结构体。由于头部在后续的函数执行中并没有太大用处，所以我们只是利用它对二进制 chunk 格式进行校验。主函数 Upvalue 数量从主函数原型里也是可以拿到的，所以暂时先跳过这个字段。接下来我们讨论 reader 结构体和它的方法。

2.4　解析二进制 chunk

如前所述，具体的二进制 chunk 解析工作由 reader 结构体来完成。请读者在 binchunk 目录下面创建 reader.go 文件，在里面定义 reader 结构体，代码如下所示。

```
package binchunk

import "encoding/binary"
import "math"

type reader struct {
    data []byte
}
```

reader 结构体只有一个 data 字段，存放将要被解析的二进制 chunk 数据。下面我们来看看由 reader 结构体解析二进制 chunk 都有哪些方法。

2.4.1 读取基本数据类型

读取基本数据类型的方法一共有 7 种，其他方法通过调用这 7 种方法来从二进制 chunk 里提取数据。最简单的是"**readByte()**"方法，即从字节流里读取一个字节，代码如下所示。

```
func (self *reader) readByte() byte {
    b := self.data[0]
    self.data = self.data[1:]
    return b
}
```

readUint32() 方法使用小端方式从字节流里读取一个 cint 存储类型（占 4 个字节，映射为 Go 语言 uint32 类型）的整数，代码如下所示。

```
func (self *reader) readUint32() uint32 {
    i := binary.LittleEndian.Uint32(self.data)
    self.data = self.data[4:]
    return i
}
```

readUint64() 方法使用小端方式从字节流里读取一个 size_t 存储类型（占 8 个字节，映射为 Go 语言 uint64 类型）的整数，代码如下所示。

```
func (self *reader) readUint64() uint64 {
    i := binary.LittleEndian.Uint64(self.data)
    self.data = self.data[8:]
    return i
}
```

readLuaInteger() 方法借助 **readUint64()** 方法从字节流里读取一个 Lua 整数（占 8 个字节，映射为 Go 语言 int64 类型），代码如下所示。

```
func (self *reader) readLuaInteger() int64 {
    return int64(self.readUint64())
}
```

readLuaNumber() 方法借助 **readUint64()** 方法从字节流里读取一个 Lua 浮点数（占 8 个字节，映射为 Go 语言 float64 类型），代码如下所示。

```go
func (self *reader) readLuaNumber() float64 {
    return math.Float64frombits(self.readUint64())
}
```

`readString()` 方法从字节流里读取字符串（映射为 Go 语言 string 类型），代码如下所示：

```go
func (self *reader) readString() string {
    size := uint(self.readByte())      // 短字符串?
    if size == 0 { // NULL 字符串
        return ""
    }
    if size == 0xFF { // 长字符串
        size = uint(self.readUint64())
    }
    bytes := self.readBytes(size - 1)
    return string(bytes)
}
```

`readBytes()` 方法从字节流里读取 n 个字节，代码如下所示。

```go
func (self *reader) readBytes(n uint) []byte {
    bytes := self.data[:n]
    self.data = self.data[n:]
    return bytes
}
```

2.4.2　检查头部

`checkHeader()` 方法从字节流里读取并检查二进制 chunk 头部的各个字段，如果发现某个字段和期望不符，则调用 panic 函数终止加载，代码如下所示。

```go
func (self *reader) checkHeader() {
    if string(self.readBytes(4)) != LUA_SIGNATURE {
        panic("not a precompiled chunk!")
    } else if self.readByte() != LUAC_VERSION {
        panic("version mismatch!")
    } else if self.readByte() != LUAC_FORMAT {
        panic("format mismatch!")
    } else if string(self.readBytes(6)) != LUAC_DATA {
        panic("corrupted!")
    } else if self.readByte() != CINT_SIZE {
        panic("int size mismatch!")
    } else if self.readByte() != CSIZET_SIZE {
        panic("size_t size mismatch!")
    } else if self.readByte() != INSTRUCTION_SIZE {
```

```
        panic("instruction size mismatch!")
    } else if self.readByte() != LUA_INTEGER_SIZE {
        panic("lua_Integer size mismatch!")
    } else if self.readByte() != LUA_NUMBER_SIZE {
        panic("lua_Number size mismatch!")
    } else if self.readLuaInteger() != LUAC_INT {
        panic("endianness mismatch!")
    } else if self.readLuaNumber() != LUAC_NUM {
        panic("float format mismatch!")
    }
}
```

2.4.3 读取函数原型

`readProto()` 方法从字节流里读取函数原型，代码如下所示。

```
func (self *reader) readProto(parentSource string) *Prototype {
    source := self.readString()
    if source == "" { source = parentSource }
    return &Prototype{
        Source:          source,
        LineDefined:     self.readUint32(),
        LastLineDefined: self.readUint32(),
        NumParams:       self.readByte(),
        IsVararg:        self.readByte(),
        MaxStackSize:    self.readByte(),
        Code:            self.readCode(),
        Constants:       self.readConstants(),
        Upvalues:        self.readUpvalues(),
        Protos:          self.readProtos(source),
        LineInfo:        self.readLineInfo(),
        LocVars:         self.readLocVars(),
        UpvalueNames:    self.readUpvalueNames(),
    }
}
```

读取函数基本信息的部分比较简单，只有 Source 字段的处理稍微有点麻烦，这是因为 Lua 编译器只给主函数设置了源文件名以减少冗余数据，所以子函数原型需要从自己的父函数原型那里获取源文件名。下面我们来看一下指令表等列表的读取方法。

`readCode()` 方法从字节流里读取指令表，代码如下所示。

```
func (self *reader) readCode() []uint32 {
    code := make([]uint32, self.readUint32())
    for i := range code {
```

```
        code[i] = self.readUint32()
    }
    return code
}
```

readConstants() 方法从字节流里读取常量表，代码如下所示。

```
func (self *reader) readConstants() []interface{} {
    constants := make([]interface{}, self.readUint32())
    for i := range constants {
        constants[i] = self.readConstant()
    }
    return constants
}
```

readConstant() 方法从字节流里读取一个常量，代码如下所示。

```
func (self *reader) readConstant() interface{} {
    switch self.readByte() { // tag
    case TAG_NIL:        return nil
    case TAG_BOOLEAN:    return self.readByte() != 0
    case TAG_INTEGER:    return self.readLuaInteger()
    case TAG_NUMBER:     return self.readLuaNumber()
    case TAG_SHORT_STR:  return self.readString()
    case TAG_LONG_STR:   return self.readString()
    default:             panic("corrupted!")
    }
}
```

readUpvalues() 方法从字节流里读取 Upvalue 表，代码如下所示。

```
func (self *reader) readUpvalues() []Upvalue {
    upvalues := make([]Upvalue, self.readUint32())
    for i := range upvalues {
        upvalues[i] = Upvalue{
            Instack: self.readByte(),
            Idx:     self.readByte(),
        }
    }
    return upvalues
}
```

由于函数原型本身就是递归数据结构，所以 readProto() 方法也会递归调用自己去读取子函数原型。

readProtos() 方法从字节流里读取子函数原型表，代码如下所示。

```go
func (self *reader) readProtos(parentSource string) []*Prototype {
    protos := make([]*Prototype, self.readUint32())
    for i := range protos {
        protos[i] = self.readProto(parentSource)
    }
    return protos
}
```

readLineInfo() 方法从字节流里读取行号表，代码如下所示。

```go
func (self *reader) readLineInfo() []uint32 {
    lineInfo := make([]uint32, self.readUint32())
    for i := range lineInfo {
        lineInfo[i] = self.readUint32()
    }
    return lineInfo
}
```

readLocVars() 方法从字节流里读取局部变量表，代码如下所示。

```go
func (self *reader) readLocVars() []LocVar {
    locVars := make([]LocVar, self.readUint32())
    for i := range locVars {
        locVars[i] = LocVar{
            VarName: self.readString(),
            StartPC: self.readUint32(),
            EndPC:   self.readUint32(),
        }
    }
    return locVars
}
```

readUpvalueNames() 方法从字节流里读取 Upvalue 名列表，代码如下所示。

```go
func (self *reader) readUpvalueNames() []string {
    names := make([]string, self.readUint32())
    for i := range names {
        names[i] = self.readString()
    }
    return names
}
```

到此为止，二进制 chunk 解析代码也都介绍完毕了。在 2.5 节，我们会实现一个简化版的 Lua 反编译器。

2.5　测试本章代码

前面我们详细讨论了二进制 chunk 格式，定义了函数原型相关的结构体，并且完成了解析代码。本节我们将通过实现一个简化版的 Lua 反编译器来进一步加深读者对二进制 chunk 格式的认识。请读者打开 $LUAGO/go/ch02/src/luago/main.go 文件（这个文件是从第 1 章复制过来的），把里面的代码改成如下代码。

```
package main

import "fmt"
import "io/ioutil"
import "os"
import "luago/binchunk"

func main() {
    if len(os.Args) > 1 {
        data, err := ioutil.ReadFile(os.Args[1])
        if err != nil { panic(err) }
        proto := binchunk.Undump(data)
        list(proto)
    }
}
```

我们通过命令行参数把需要反编译的二进制 chunk 文件传递给 main() 函数，然后用 main() 函数读取该文件数据，调用 Undump() 函数把它解析为函数原型，最后通过 list() 函数把函数原型的信息打印到控制台。下面是 list() 函数的代码。

```
func list(f *binchunk.Prototype) {
    printHeader(f)
    printCode(f)
    printDetail(f)
    for _, p := range f.Protos {
        list(p)
    }
}
```

list() 函数先打印出函数的基本信息，然后打印指令表和其他详细信息，最后递归调用自己把子函数信息打印出来。printHeader() 函数的代码如下所示。

```
func printHeader(f *binchunk.Prototype) {
    funcType := "main"
    if f.LineDefined > 0 { funcType = "function" }

    varargFlag := ""
```

```
    if f.IsVararg > 0 { varargFlag = "+" }

    fmt.Printf("\n%s <%s:%d,%d> (%d instructions)\n", funcType,
        f.Source, f.LineDefined, f.LastLineDefined, len(f.Code))

    fmt.Printf("%d%s params, %d slots, %d upvalues, ",
        f.NumParams, varargFlag, f.MaxStackSize, len(f.Upvalues))

    fmt.Printf("%d locals, %d constants, %d functions\n",
        len(f.LocVars), len(f.Constants), len(f.Protos))
}
```

我们在第 3 章会详细讨论 Lua 虚拟机指令格式，这里 **printCode()** 函数只打印出指令的序号、行号和十六进制表示，代码如下所示。

```
func printCode(f *binchunk.Prototype) {
    for pc, c := range f.Code {
        line := "-"
        if len(f.LineInfo) > 0 {
            line = fmt.Sprintf("%d", f.LineInfo[pc])
        }
        fmt.Printf("\t%d\t[%s]\t0x%08X\n", pc+1, line, c)
    }
}
```

printDetail() 函数打印常量表、局部变量表和 Upvalue 表，代码如下所示。

```
func printDetail(f *binchunk.Prototype) {
    fmt.Printf("constants (%d):\n", len(f.Constants))
    for i, k := range f.Constants {
        fmt.Printf("\t%d\t%s\n", i+1, constantToString(k))
    }

    fmt.Printf("locals (%d):\n", len(f.LocVars))
    for i, locVar := range f.LocVars {
        fmt.Printf("\t%d\t%s\t%d\t%d\n",
            i, locVar.VarName, locVar.StartPC+1, locVar.EndPC+1)
    }

    fmt.Printf("upvalues (%d):\n", len(f.Upvalues))
    for i, upval := range f.Upvalues {
        fmt.Printf("\t%d\t%s\t%d\t%d\n",
            i, upvalName(f, i), upval.Instack, upval.Idx)
    }
}
```

constantToString() 函数把常量表里的常量转换成字符串，代码如下所示。

```go
func constantToString(k interface{}) string {
    switch k.(type) {
    case nil:      return "nil"
    case bool:     return fmt.Sprintf("%t", k)
    case float64:  return fmt.Sprintf("%g", k)
    case int64:    return fmt.Sprintf("%d", k)
    case string:   return fmt.Sprintf("%q", k)
    default:       return "?"
    }
}
```

upvalName() 函数根据 Upvalue 索引从调试信息里找出 Upvalue 的名字，代码如下所示。

```go
func upvalName(f *binchunk.Prototype, idx int) string {
    if len(f.UpvalueNames) > 0 {
        return f.UpvalueNames[idx]
    }
    return "-"
}
```

现在一切准备就绪，请读者在命令行里执行如下命令，编译本章测试代码。

```
$ cd $LUAGO/go/
$ export GOPATH=$PWD/ch02
$ go install luago
```

如果没有任何输出，那就表示编译成功了，在 ch02/bin 目录下会出现可执行文件 luago。再编译一下 "Hello, World!" 程序，把输出文件当作参数传递给 luago，反编译输出如下。

```
$ luac ../lua/ch02/hello_world.lua
$ ./ch02/bin/luago luac.out

main <@../lua/ch02/hello_world.lua:0,0> (4 instructions)
0+ params, 2 slots, 1 upvalues, 0 locals, 2 constants, 0 functions
    1    [1]    0x00400006
    2    [1]    0x00004041
    3    [1]    0x01004024
    4    [1]    0x00800026
constants (2):
    1       "print"
    2       "Hello, World!"
locals (0):
upvalues (1):
    0      _ENV    1        0
```

这样就算完成了，看起来还挺像模像样的。

2.6　本章小结

Lua 虽然是解释型脚本语言，但 Lua 解释器的内部执行方式实际上和 Java 类似：先把脚本编译成字节码，然后交给虚拟机执行。本章首先介绍了 Lua 编译器的两种用法（编译和反编译），然后详细介绍了二进制 chunk 格式，并且编写了二进制 chunk 解析代码，最后实现了一个简单的反编译器。在下一章，我们将深入到指令表内部，对 Lua 虚拟机指令一探究竟。

第3章 指 令 集

第 2 章详细介绍了 Lua 的二进制 chunk 格式，但是其中最为重要的指令表却只是一带而过，本章将展开讨论 Lua 虚拟机指令集和指令编码格式。在阅读本章内容之前，请读者执行下面的命令，把本章所需的目录结构和编译环境准备好。

```
$ cd $LUAGO/go/
$ cp -r ch02/ ch03
$ mkdir ch03/src/luago/vm
$ export GOPATH=$PWD/ch03
```

3.1 指令集介绍

高级编程语言虚拟机是对真实计算机的模拟和抽象。按照实现方式，虚拟机大致可以分为两类：基于栈（Stack Based）和基于寄存器（Register Based）。Java 虚拟机、.NET CLR、Python 虚拟机，以及在第 2 章中提到过的 Ruby YARV 虚拟机都是基于栈的虚拟机；安卓操作系统早期使用的 Dalvik 虚拟机，以及本书讨论的 Lua 虚拟机则是基于寄存器的虚拟机（实际上 Lua 在 5.0 版之前使用的也是基于栈的虚拟机，不过从 5.0 版开始改成了基于寄存器的虚拟机）。

就如同真实机器有一套指令集（Instruction Set）一样，虚拟机也有自己的指令集：基于栈的虚拟机需要使用 PUSH 类指令往栈顶推入值，使用 POP 类指令从栈顶弹出值，其他指令则是对栈顶值进行操作，因此指令集相对比较大，但是指令的平均长度比较短；基于寄存器的虚拟机由于可以直接对寄存器进行寻址，所以不需要 PUSH 或者 POP 类指令，指令集相对较小，但是由于需要把寄存器地址编码进指令里，所以指令的平均长度比较长。

基于栈和基于寄存器这两种实现方式各有利弊，对于二者的比较超出了本书的讨论范围。读者读完本书第二部分之后，应该会对基于寄存器的虚拟机有一个比较翔实的认识。如果想要进一步了解基于栈的虚拟机实现，可以阅读笔者的另外一本书——《自己动手写 Java 虚拟机》。

按照指令长度是否固定，指令集可以分为定长（Fixed-width）指令集和变长（Variable-width）指令集两种。比如 Java 虚拟机使用的是变长指令集，指令长度从 1 到多个字节不等；Lua 虚拟机采用的则是定长指令集，每条指令占 4 个字节（共 32 比特），其中 6 比特用于操作码（Opcode），其余 26 比特用于操作数（Operand）。我们在 3.2 节会详细讨论 Lua 虚拟机指令编码格式。

Lua 5.3 一共定义了 47 条指令，按照作用，这些指令大致可以分为常量加载指令、运算符相关指令、循环和跳转指令、函数调用相关指令、表操作指令以及 Upvalue 操作指令 6 大类。本书从第 6 章开始，一直到第 12 章，将陆续实现这些指令。

3.2　指令编码格式

本节我们从编码模式、操作数、操作码三个角度详细讨论 Lua 虚拟机指令编码格式。

3.2.1　编码模式

如前所述，每条 Lua 虚拟机指令占用 4 个字节，共 32 个比特（可以用 Go 语言 uint32 类型表示），其中低 6 个比特用于操作码，高 26 个比特用于操作数。按照高 26 个比特的分配（以及解释）方式，Lua 虚拟机指令可以分为四类，分别对应四种编码模式（Mode）：iABC、iABx、iAsBx、iAx。

iABC 模式的指令可以携带 A、B、C 三个操作数，分别占用 8、9、9 个比特；iABx 模式的指令可以携带 A 和 Bx 两个操作数，分别占用 8 和 18 个比特；iAsBx 模式的指令可以携带 A 和 sBx 两个操作数，分别占用 8 和 18 个比特；iAx 模式的指令只携带一个操作数，占用全部的 26 个比特。在 4 种模式中，只有 iAsBx 模式下的 sBx 操作数会被解释成有符号整数，其他情况下操作数均被解释为无符号整数。

Lua 虚拟机指令以 iABC 模式居多，在总计 47 条指令中，有 39 条使用 iABC 模式。其余 8 条指令中，有 3 条使用 iABx 指令，4 条使用 iAsBx 模式，1 条使用 iAx 格式（实际上这条指令并不是真正的指令，只是用来扩展其他指令操作数的，详见第 6 章和第 7 章）。指令的 4 种编码模式如图 3-1 所示。

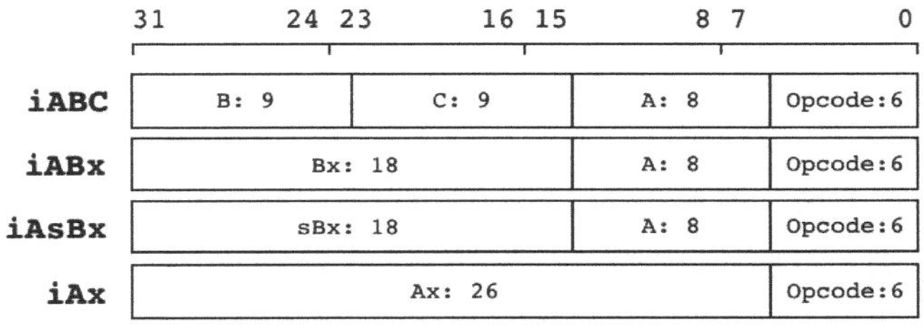

图 3-1　Lua 虚拟机指令编码模式

请读者在 $LUAGO/go/ch03/src/luago/vm 目录下创建 opcodes.go 文件，然后在里面定义用于表示指令编码模式的常量，代码如下所示。

```go
package vm

const (
    IABC = iota
    IABx
    IAsBx
    IAx
)
```

3.2.2　操作码

操作码用于识别指令。由于 Lua 虚拟机指令使用 6 个比特表示操作码，所以最多只能有 64 条指令。Lua 5.3 一共定义了 47 条指令，操作码从 0 开始，到 46 截止。请读者在 opcodes.go 文件里定义操作码常量，代码如下所示（为了节约篇幅，对代码格式进行了调整）。

```go
const (
    OP_MOVE = iota; OP_LOADK;    OP_LOADKX;    OP_LOADBOOL;
    OP_LOADNIL;     OP_GETUPVAL; OP_GETTABUP;  OP_GETTABLE;
    OP_SETTABUP;    OP_SETUPVAL; OP_SETTABLE;  OP_NEWTABLE;
```

```
    OP_SELF;        OP_ADD;         OP_SUB;         OP_MUL;
    OP_MOD;         OP_POW;         OP_DIV;         OP_IDIV;
    OP_BAND;        OP_BOR;         OP_BXOR;        OP_SHL;
    OP_SHR;         OP_UNM;         OP_BNOT;        OP_NOT;
    OP_LEN;         OP_CONCAT;      OP_JMP;         OP_EQ;
    OP_LT;          OP_LE;          OP_TEST;        OP_TESTSET;
    OP_CALL;        OP_TAILCALL;    OP_RETURN;      OP_FORLOOP;
    OP_FORPREP;     OP_TFORCALL;    OP_TFORLOOP;    OP_SETLIST;
    OP_CLOSURE;     OP_VARARG;      OP_EXTRAARG;
)
```

3.2.3 操作数

操作数是指令的参数，每条指令（因编码模式而异）可以携带 1 到 3 个操作数。其中操作数 A 主要用来表示目标寄存器索引，其他操作数按照其表示的信息，可以粗略分为四种类型：OpArgN、OpArgU、OpArgR、OpArgK。

OpArgN 类型的操作数不表示任何信息，也就是说不会被使用。比如 MOVE 指令（iABC 模式）只使用 A 和 B 操作数，不使用 C 操作数（OpArgN 类型）。

OpArgR 类型的操作数在 iABC 模式下表示寄存器索引，在 iAsBx 模式下表示跳转偏移。仍以 MOVE 指令为例，该指令用于将一个寄存器中的值移动到另一个寄存器中，其 A 操作数表示目标寄存器索引，B 操作数（OpArgR 类型）表示源寄存器索引。如果用 R(N) 表示寄存器访问，则 MOVE 指令可以表示为伪代码 R(A) := R(B)。

OpArgK 类型的操作数表示常量表索引或者寄存器索引，具体可以分为两种情况。第一种情况是 LOADK 指令（iABx 模式，用于将常量表中的常量加载到寄存器中），该指令的 Bx 操作数表示常量表索引，如果用 Kst(N) 表示常量表访问，则 LOADK 指令可以表示为伪代码 R(A) := Kst(Bx)；第二种情况是部分 iABC 模式指令，这些指令的 B 或 C 操作数既可以表示常量表索引也可以表示寄存器索引，以加法指令 ADD 为例，如果用 RK(N) 表示常量表或者寄存器访问，则该指令可以表示为伪代码 R(A):= RK(B) + RK(C)。

对于上面的第二种情况，既然操作数既可以表示寄存器索引，也可以表示常量表索引，那么如何知道其究竟表示的是哪种索引呢？在 iABC 模式下，B 和 C 操作数各占 9 个比特，如果 B 或 C 操作数属于 OpArgK 类型，那么就只能使用 9 个比特中的低 8 位，最高位的那个比特如果是 1，则操作数表示常量表索引，否则表示寄存器索引。

　　除了上面介绍的这几种情况，操作数也可能表示布尔值、整数值、upvalue 索引、子函数索引等，这些情况都可以归到 OpArgU 类型里，我们会在后面的章节中进行详细的讨论，这里就不举例说明这些情况了。请读者在 opcodes.go 文件里定义用于表示操作数类型的常量，代码如下所示。

```
const (
    OpArgN = iota // argument is not used
    OpArgU        // argument is used
    OpArgR        // argument is a register or a jump offset
    OpArgK        // argument is a constant or register/constant
)
```

3.2.4　指令表

　　为了便于在代码中使用，Lua 官方实现把每一条指令的基本信息（包括编码模式、是否设置寄存器 A、操作数 B 和 C 的使用类型等）都编码成了一个字节。我们也对其进行模仿，只不过把字节换成结构体，并且把操作码的名称也记录进来。请读者在 opcodes.go 文件里定义 opcode 结构体，代码如下所示。

```
type opcode struct {
    testFlag byte // operator is a test (next instruction must be a jump)
    setAFlag byte // instruction set register A
    argBMode byte // B arg mode
    argCMode byte // C arg mode
    opMode   byte // op mode
    name     string
}
```

　　继续编辑 opcodes.go 文件，把完整的指令表定义在 opcodes 数组里，代码如下所示。

```
var opcodes = []opcode{
    /*     T  A   B      C     mode     name    */
    opcode{0, 1, OpArgR, OpArgN, IABC,  "MOVE    "},
    opcode{0, 1, OpArgK, OpArgN, IABx,  "LOADK   "},
    opcode{0, 1, OpArgN, OpArgN, IABx,  "LOADKX  "},
    opcode{0, 1, OpArgU, OpArgU, IABC,  "LOADBOOL"},
    opcode{0, 1, OpArgU, OpArgN, IABC,  "LOADNIL "},
    opcode{0, 1, OpArgU, OpArgN, IABC,  "GETUPVAL"},
    opcode{0, 1, OpArgU, OpArgK, IABC,  "GETTABUP"},
    opcode{0, 1, OpArgR, OpArgK, IABC,  "GETTABLE"},
    opcode{0, 0, OpArgK, OpArgK, IABC,  "SETTABUP"},
```

```
        opcode{0, 0, OpArgU, OpArgN, IABC,  "SETUPVAL"},
        opcode{0, 0, OpArgK, OpArgK, IABC,  "SETTABLE"},
        opcode{0, 1, OpArgU, OpArgU, IABC,  "NEWTABLE"},
        opcode{0, 1, OpArgR, OpArgK, IABC,  "SELF    "},
        opcode{0, 1, OpArgK, OpArgK, IABC,  "ADD     "},
        opcode{0, 1, OpArgK, OpArgK, IABC,  "SUB     "},
        opcode{0, 1, OpArgK, OpArgK, IABC,  "MUL     "},
        opcode{0, 1, OpArgK, OpArgK, IABC,  "MOD     "},
        opcode{0, 1, OpArgK, OpArgK, IABC,  "POW     "},
        opcode{0, 1, OpArgK, OpArgK, IABC,  "DIV     "},
        opcode{0, 1, OpArgK, OpArgK, IABC,  "IDIV    "},
        opcode{0, 1, OpArgK, OpArgK, IABC,  "BAND    "},
        opcode{0, 1, OpArgK, OpArgK, IABC,  "BOR     "},
        opcode{0, 1, OpArgK, OpArgK, IABC,  "BXOR    "},
        opcode{0, 1, OpArgK, OpArgK, IABC,  "SHL     "},
        opcode{0, 1, OpArgK, OpArgK, IABC,  "SHR     "},
        opcode{0, 1, OpArgR, OpArgN, IABC,  "UNM     "},
        opcode{0, 1, OpArgR, OpArgN, IABC,  "BNOT    "},
        opcode{0, 1, OpArgR, OpArgN, IABC,  "NOT     "},
        opcode{0, 1, OpArgR, OpArgN, IABC,  "LEN     "},
        opcode{0, 1, OpArgR, OpArgR, IABC,  "CONCAT  "},
        opcode{0, 0, OpArgR, OpArgN, IAsBx, "JMP     "},
        opcode{1, 0, OpArgK, OpArgK, IABC,  "EQ      "},
        opcode{1, 0, OpArgK, OpArgK, IABC,  "LT      "},
        opcode{1, 0, OpArgK, OpArgK, IABC,  "LE      "},
        opcode{1, 0, OpArgN, OpArgU, IABC,  "TEST    "},
        opcode{1, 1, OpArgR, OpArgU, IABC,  "TESTSET "},
        opcode{0, 1, OpArgU, OpArgU, IABC,  "CALL    "},
        opcode{0, 1, OpArgU, OpArgU, IABC,  "TAILCALL"},
        opcode{0, 0, OpArgU, OpArgN, IABC,  "RETURN  "},
        opcode{0, 1, OpArgR, OpArgN, IAsBx, "FORLOOP "},
        opcode{0, 1, OpArgR, OpArgN, IAsBx, "FORPREP "},
        opcode{0, 0, OpArgN, OpArgU, IABC,  "TFORCALL"},
        opcode{0, 1, OpArgR, OpArgN, IAsBx, "TFORLOOP"},
        opcode{0, 0, OpArgU, OpArgU, IABC,  "SETLIST "},
        opcode{0, 1, OpArgU, OpArgN, IABx,  "CLOSURE "},
        opcode{0, 1, OpArgU, OpArgN, IABC,  "VARARG  "},
        opcode{0, 0, OpArgU, OpArgU, IAx,   "EXTRAARG"},
}
```

3.3 指令解码

在第 2 章，我们使用 uint32 类型来表示存储在二进制 chunk 里的指令，为了便于操作，这一节我们给指令定义一个专门的类型。请读者在 $LUAGO/go/ch03/src/luago/vm 目录下创建 instruction.go 文件，然后在里面定义 Instruction 类型，代码如下所示。

```
package vm

type Instruction uint32
```

接下来我们给 Instruction 类型定义 5 个方法，用于解码指令。Opcode() 方法从指令中提取操作码，代码如下所示。

```
func (self Instruction) Opcode() int {
    return int(self & 0x3F)
}
```

ABC() 方法从 iABC 模式指令中提取参数，代码如下所示。

```
func (self Instruction) ABC() (a, b, c int) {
    a = int(self >> 6 & 0xFF)
    c = int(self >> 14 & 0x1FF)
    b = int(self >> 23 & 0x1FF)
    return
}
```

ABx() 方法从 iABx 模式指令中提取参数，代码如下所示。

```
func (self Instruction) ABx() (a, bx int) {
    a = int(self >> 6 & 0xFF)
    bx = int(self >> 14)
    return
}
```

AsBx() 方法从 iAsBx 模式指令中提取参数，代码如下所示。

```
func (self Instruction) AsBx() (a, sbx int) {
    a, bx := self.ABx()
    return a, bx - MAXARG_sBx
}
```

Ax() 方法从 iAx 模式指令中提取参数，代码如下所示。

```
func (self Instruction) Ax() int {
    return int(self >> 6)
}
```

Opcode()、ABC()、ABx()、Ax() 这 4 个方法比较简单，只使用位移和逻辑与运算符从指令中提取信息，这里就不多解释了。AsBx() 方法稍微复杂一些，需要进一步说明。

我们已经知道，sBx 操作数（共 18 个比特）表示的是有符号整数。有很多种方式可以把有符号整数编码成比特序列，比如 2 的补码（Two's Complement）等。Lua 虚拟机这里采用了一种叫作偏移二进制码（Offset Binary，也叫作 Excess-K）的编码模式。具体来说，如果把 sBx 解释成无符号整数时它的值是 x，那么解释成有符号整数时它的值就是 x−K。那么 K 是什么呢？ K 取 sBx 所能表示的最大无符号整数值的一半，也就是上面代码中的 **MAXARG_sBx**。我们在 instruction.go 文件里补上 **MAXARG_sBx** 常量的定义，代码如下所示。

```
const MAXARG_Bx = 1<<18 - 1       // 2^18 - 1 = 262143
const MAXARG_sBx = MAXARG_Bx >> 1 // 262143 / 2 = 131071
```

Bx 和 sBx 操作数能够表示的整数范围如图 3-2 所示。

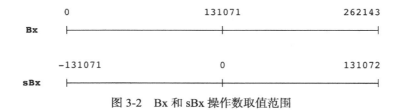

图 3-2　Bx 和 sBx 操作数取值范围

请读者继续编辑 instruction.go 文件，在里面添加 4 个方法，代码如下所示。

```
func (self Instruction) OpName() string {
    return opcodes[self.Opcode()].name
}

func (self Instruction) OpMode() byte {
    return opcodes[self.Opcode()].opMode
}

func (self Instruction) BMode() byte {
    return opcodes[self.Opcode()].argBMode
}

func (self Instruction) CMode() byte {
    return opcodes[self.Opcode()].argCMode
}
```

这 4 个方法分别返回指令的操作码名字、编码模式、操作数 B 的使用模式以及操作数 C 的使用模式。这些方法都比较简单，就不在这里一一解释了。

3.4　测试本章代码

在第 2 章的末尾，我们编写了一个简易版的二进制 chunk 反编译器，可以打印出函

数的基本信息和常量表等，但是由于还没有讨论指令格式，所以只是以十六进制形式打印
出了每条指令。这一节我们进一步来完善这个反编译器，把指令的操作码和操作数也打印
出来。

请读者打开 $LUAGO/go/ch03/src/luago/main.go 文件，在里面添加一条 import 语
句，代码如下所示。

```
import . "luago/vm"
```

其他函数不变，但需要修改 printCode() 函数，改动如下所示。

```
func printCode(f *binchunk.Prototype) {
    for pc, c := range f.Code {
        line := "-"
        if len(f.LineInfo) > 0 {
            line = fmt.Sprintf("%d", f.LineInfo[pc])
        }
        // 下面是主要的变化
        i := Instruction(c)
        fmt.Printf("\t%d\t[%s]\t%s \t", pc+1, line, i.OpName())
        printOperands(i)
        fmt.Printf("\n")
    }
}
```

我们把指令从 uint32 类型转换成自定义的 Instruction 类型，这样就可以很方便地
拿到指令的操作数。printOperands() 是新增加的函数，用于打印指令的操作数。由于
这个函数稍微有点长，所以分开来介绍。下面是第一部分代码。

```
func printOperands(i Instruction) {
    switch i.OpMode() {
    case IABC:
        a, b, c := i.ABC()
        fmt.Printf("%d", a)
        if i.BMode() != OpArgN {
            if b > 0xFF {
                fmt.Printf(" %d", -1-b&0xFF)
            } else {
                fmt.Printf(" %d", b)
            }
        }
        if i.CMode() != OpArgN {
            if c > 0xFF {
                fmt.Printf(" %d", -1-c&0xFF)
            } else {
```

```
                    fmt.Printf(" %d", c)
                }
            }
        ... // 其他代码省略
    }
```

对于 iABC 模式的指令，首先打印出操作数 A，而操作数 B 或 C 在某些指令里可能未被使用，所以并不一定会打印。另外，如果操作数 B 或 C 的最高位是 1 就认为它表示常量表索引，按负数输出。下面是第二部分代码。

```
func printOperands(i Instruction) {
    switch i.OpMode() {
    case IABC: ... // 代码省略
    case IABx:
        a, bx := i.ABx()
        fmt.Printf("%d", a)
        if i.BMode() == OpArgK {
            fmt.Printf(" %d", -1-bx)
        } else if i.BMode() == OpArgU {
            fmt.Printf(" %d", bx)
        }
    ... // 其他代码省略
}
```

对于 iABx 模式的指令，也是先打印出操作数 A，然后再打印出操作数 Bx。如果操作数 Bx 表示常量表索引，同样也是按负数形式输出。下面是剩余的代码。

```
func printOperands(i Instruction) {
    switch i.OpMode() {
    case IABC: ... // 代码省略
    case IABx: ... // 代码省略
    case IAsBx:
        a, sbx := i.AsBx()
        fmt.Printf("%d %d", a, sbx)
    case IAx:
        ax := i.Ax()
        fmt.Printf("%d", -1-ax)
    }
}
```

对于 iAsBx 模式的指令，先后打印出操作数 A 和 sBx；对于 iAx 模式的指令，只打印出操作数 Ax 就可以了。四种编码模式的指令都处理完毕之后，我们的反编译器也就改造完毕了。请读者执行下面的命令编译本章代码。

```
$ cd $LUAGO/go/
```

```
$ export GOPATH=$PWD/ch03
$ go install luago
```

如果没有任何输出，那么就表示编译成功了，在 **ch03/bin** 目录下会出现可执行文件
luago。继续编译第 2 章的"Hello, World!"程序，把输出文件当作参数传递给 luago，看
看反编译输出。

```
$ luac ../lua/ch02/hello_world.lua
$ ./ch03/bin/luago luac.out

main <@../lua/ch02/hello_world.lua:0,0> (4 instructions)
0+ params, 2 slots, 1 upvalues, 0 locals, 2 constants, 0 functions
    1    [1] GETTABUP   0 0 -1
    2    [1] LOADK      1 -2
    3    [1] CALL       0 2 1
    4    [1] RETURN     0 1
    ... 其他输出省略
```

四条指令的操作数像预期的一样在命令行输出出现，这也意味着我们对 Lua 虚拟机指
令的了解更加深入了。

3.5　本章小结

Lua 使用了基于寄存器的虚拟机，并且采用了定长指令集，每条指令占用 4 个字节。
本章我们详细讨论了 Lua 虚拟机指令格式，编写了指令解码代码，并且完善了第 2 章编写
的反编译器。讲到这里，我们对二进制 chunk 的讨论也就结束了。在第 4 章，我们会把讨
论的重点转移到 Lua API 上面。等到第 6 章的时候，我们编写的二进制 chunk 和指令解码
代码将会真正派上用场。

第 4 章　Lua API

前面两章主要是围绕二进制 chunk 展开讨论，从本章开始直到第 13 章，我们将围绕 Lua API 进行详细讨论。在继续阅读本章内容之前，请读者执行下面的命令，把本章所需的目录结构和编译环境准备好。

```
$ cd $LUAGO/go/
$ cp -r ch03/ ch04
$ mkdir ch04/src/luago/api
$ mkdir ch04/src/luago/state
$ export GOPATH=$PWD/ch04
```

4.1　Lua API 介绍

Lua 将自己定位为一门强大、高效、轻量级的**可嵌入**（Embeddable）脚本（Scripting）语言。为了很方便地嵌入到其他宿主（Host）环境中，Lua 核心是以库（Library）的形式被实现的，其他应用程序只需要链接 Lua 库就可以使用 Lua 提供的 API 轻松获得脚本执行能力。作为例子，Lua 发布版包含的两个命令行程序，也就是我们已经很熟悉的 lua 和 luac，实际上就是 Lua 库的两个特殊的宿主程序。

为了便于移植，官方 Lua 使用 Clean C（其语法是 C 和 C++ 语言的子集）编写，Lua

API 主要是指一系列以"lua_"开头的 C 语言函数（也可能是宏定义，后文统称为函数）。最开始 Lua 解释器的状态是完全隐藏在 API 后面的，散落在各种全局变量里。由于某些宿主环境（比如 Web 服务器）需要同时使用多个 Lua 解释器实例，Lua 3.1 引入了 lua_State 结构体，对解释器状态进行了封装，从而使得用户可以在多个解释器实例之间切换。Lua 4.0 对 API 进行了重新设计，引入了虚拟栈的概念，并且让 lua_State 结构体从幕后走到了前台。虽然如此，lua_State 结构体仍属于实现细节，用户使用 lua_newstate() 函数创建 lua_State 实例，其他函数则用于操作 lua_State 实例。

下面是从 Lua 5.3.4 源代码中节选的 lua_State 类型和少数几个 API 函数声明的 C 语言源代码，仅供读者参考。

```
// lua.h
typedef struct lua_State lua_State;
LUA_API lua_State *(lua_newstate) (lua_Alloc f, void *ud);
LUA_API void  (lua_pushvalue) (lua_State *L, int idx);
LUA_API void  (lua_settop) (lua_State *L, int idx);
#define lua_pop(L,n)  lua_settop(L, -(n)-1)
```

Lua API、Lua State 以及宿主程序之间的关系如图 4-1 所示。

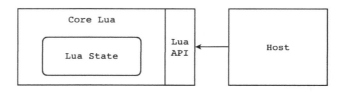

图 4-1　Lua API、Lua State 和宿主程序之间的关系

可见，Lua State 是 Lua API 非常核心的一个概念，在本章，我们暂时先把 Lua State 理解成一个不那么纯粹的栈（Stack），之所以不够纯粹，是因为这个栈也可以通过索引直接进行访问（4.2 节会详细介绍）。在第 5 章，我们会把 Lua State 打造成一个算术计算器；在第 6 章我们会把 Lua State 当成虚拟寄存器，用它来执行 Lua 虚拟机指令，在第 8 章，我们会给 Lua State 添加函数调用能力，把它变成一个函数调用栈，到第四部分（第 18 ～ 21 章）介绍 Lua 标准库时，我们还会给 Lua State 添加协程执行能力。

Lua API 一共定义了一百多个函数，其中协程和调试相关的函数留到本书第四部分讨论，其余大部分函数会在本书第二部分（第 2 ～ 13 章）进行讨论。除了上述以 lua_ 开头的基本函数以外，Lua 还提供了约 60 个以 luaL_ 开头的辅助函数。辅助函数完全是在基本函数之上实现的，目的在于提供一些便利的操作。辅助 API 同样留到第四部分进行讨论。

4.2　Lua 栈

如前文所述，Lua State 是 Lua API 非常核心的概念，全部的 API 函数都是围绕 Lua State 进行操作，而 Lua State 内部封装的最为基础的一个状态就是虚拟栈（后面我们称其为 Lua 栈）。Lua 栈是宿主语言（对于官方 Lua 来说是 C 语言，对于本书来说是 Go 语言）和 Lua 语言进行沟通的桥梁，Lua API 函数有很大一部分是专门用来操作 Lua 栈的。宿主语言、Lua 语言、Lua 栈之间的关系如图 4-2 所示。

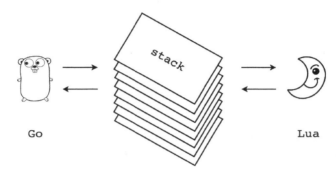

图 4-2　宿主语言、Lua 语言、Lua 栈之间的关系

鉴于 Lua 栈的重要性，我们在深入讨论 Lua State 之前，先对它进行讨论。本节首先介绍 Lua 栈里能够存放哪些值，然后介绍如何（打破常规）按照索引来存取这些值，最后编写代码实现 Lua 栈。

4.2.1　Lua 数据类型和值

由于 Lua 栈里存放的是 Lua 值，我们先来了解一下 Lua 数据类型和值。Lua 是动态类型语言，在 Lua 代码里，变量是不携带类型信息的，变量的值才携带类型信息。换句话说，任何一个 Lua 变量都可以被赋予任意类型的值，如下所示。

```lua
local a, b, c
c = false     -- boolean
c = {1, 2, 3} -- table
c = "hello"   -- string
a = 3.14      -- number
b = a
```

变量、值、类型之间的关系如图 4-3 所示。

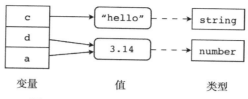

图 4-3 变量、值、类型之间的关系

在语言层面，Lua 一共支持 8 种数据类型，分别是 nil、布尔（boolean）、数字（number）、字符串（string）、表（table）、函数（function）、线程（thread）和用户数据（userdata）。Lua 语言提供了 **type()** 函数，可以获取变量的类型，如下所示。

```
print(type(nil))                      --> nil
print(type(true))                     --> boolean
print(type(3.14))                     --> number
print(type("Hello world"))            --> string
print(type({}))                       --> table
print(type(print))                    --> function
print(type(coroutine.create(print))) --> thread
print(type(io.stdin))                 --> userdata
```

这 8 种类型里，又以 nil、布尔、数字和字符串最为基础。其中 nil 类型只有一个 nil 值，相当于 Java 语言里的 null，表示什么都没有；布尔类型是 Lua 5.0 引入的，包含 true 和 false 两个值。在此之前，nil 值表示 false，其他一切值都表示 true。在 Lua 5.3 之前，数字类型只有浮点数一种。从 Lua 5.3 开始，数字类型被进一步分为了浮点数和整数。不过整数类型更多是为了优化而加入到 Lua 虚拟机层面的，在 Lua 语言层面并没有体现。字符串就是简单的字节数组。

由于上述 5 种基础数据类型（数字算 2 种）可以直接映射成 Go 语言里的数据类型，所以本章先以这 5 种数据类型为基础讨论 Lua 栈和 Lua API。表是 Lua 语言里非常重要（实际上也是唯一）的数据结构，我们会在第 7 章进行详细讨论。函数类型主要在第 8 章和第 9 章进行讨论，线程在第 21 章讨论。由于篇幅的限制，本书不讨论用户数据，感兴趣的读者可以参考 Lua 官方实现源代码。在后面我们将要编写的代码里，上述 5 种 Lua 基础类型在 Go 语言里的对应类型如表 4-1 所示。

Lua 官方实现给每种 Lua 数据类型都

表 4-1 Lua 基础类型和 Go 语言类型对应关系

Lua 类型	Go 语言类型
nil	nil
boolean	bool
integer	int64
float	float64
string	string

定义了一个常量值，我们需要把这些宏定义转换成 Go 语言常量以供后面使用。请读者在
$LUAGO/go/ch04/src/luago/api 目录下创建 consts.go 文件，在里面定义这些常量，代码如
下所示。

```
package api

const (
    LUA_TNONE = iota - 1 // -1
    LUA_TNIL
    LUA_TBOOLEAN
    LUA_TLIGHTUSERDATA
    LUA_TNUMBER
    LUA_TSTRING
    LUA_TTABLE
    LUA_TFUNCTION
    LUA_TUSERDATA
    LUA_TTHREAD
)
```

上面介绍了 Lua 语言层面的 8 种数据类型（暂时忽略用户数据），那么这个多出来的
LUA_TNONE 到底代表什么类型呢？如前所述，Lua 栈也可以按索引存取值，如果我们提
供给 Lua API 一个无效索引，那么这个索引对应的值的类型就是 **LUA_TNONE**，这一点在
后面会进一步说明。

接下来我们在 $LUAGO/go/ch04/src/luago/state 目录下创建 lua_value.go 文件，在里面
定义用于表示 Lua 值的 **luaValue** 类型，代码如下所示。

```
package state

type luaValue interface{}
```

在第 2 章我们使用空接口来表示常量表中的各种常量，在这里我们仍然使用它来表示
各种不同类型的 Lua 值。继续编辑 lua_value.go 文件，在里面定义 **typeOf()** 函数，根据
变量值返回其类型，代码如下所示。

```
func typeOf(val luaValue) LuaType {
    switch val.(type) {
    case nil:      return LUA_TNIL
    case bool:     return LUA_TBOOLEAN
    case int64:    return LUA_TNUMBER
    case float64:  return LUA_TNUMBER
    case string:   return LUA_TSTRING
    default:       panic("todo!")
    }
}
```

Lua 数据类型和值暂时先介绍到这里，下面我们来讨论 Lua 栈索引。

4.2.2 栈索引

Lua API 里的栈相关函数，除了一小部分执行推入和弹出操作外，其他大部分都涉及索引操作。再加上 Lua 栈索引的一些特殊之处，所以有必要专门花一些篇幅来讨论一下索引。

1）在大部分编程语言里，数组或列表索引都是从 0 开始的。虽然这一点和人类计数习惯不符，但是久而久之也就习惯了。然而在 Lua API 里，栈索引是从 1 开始的，我们在第 7 章会讨论 Lua 表，届时会了解到当把表作为数组使用时，索引也是从 1 开始的。

2）为了便于用户使用，索引可以是负数。正数索引叫作绝对索引，从 1（栈底）开始递增，负数索引叫作相对索引，从 -1（栈顶）开始递减。Lua API 函数会在内部把相对索引转换为绝对索引。

3）假设 Lua 栈的容量是 n，栈顶索引是 top（0 < top <= n）。我们称位于 [1, top] 闭区间内的索引为有效（Valid）索引，位于 [1, n] 闭区间内的索引为可接受（Acceptable）索引。如果要往栈里写入值，必须给 Lua API 提供**有效索引**，否则可能会导致错误甚至程序崩溃。如果仅仅是从栈里面读取值，则可以提供可接受索引；对于无效的可接受索引，其行为差不多相当于该索引处存放的是 nil 值。

栈容量、栈顶索引、绝对索引、相对索引、有效索引、无效索引、可接受索引的概念如图 4-4 所示。

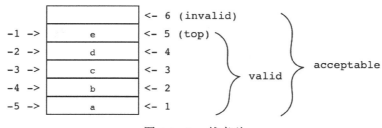

图 4-4　Lua 栈索引

4.2.3 定义 luaStack 结构体

前面定义好了 `luaValue` 类型，接下来请读者在 $LUAGO/go/ch04/src/luago/state 目录下面创建 lua_stack.go 文件，在里面定义 `luaStack` 结构体，代码如下所示。

```
package state

type luaStack struct {
    slots []luaValue
    top   int
}
```

luaStack 结构体暂时只有两个字段：slots 用来存放值，top 记录栈顶索引。在后面的章节中，我们还会给它添加其他字段。继续编辑 lua_stack.go 文件，定义 newLuaStack() 函数，用于创建指定容量的栈，代码如下所示。

```
func newLuaStack(size int) *luaStack {
    return &luaStack{
        slots: make([]luaValue, size),
        top:   0,
    }
}
```

我们继续编辑 lua_stack.go 文件，给 luaStack 结构体定义一些方法。check() 方法检查栈的空闲空间是否还可以容纳（推入）至少 n 个值，如果不满足这个条件，则调用 Go 语言内置的 append() 函数进行扩容，代码如下所示。

```
func (self *luaStack) check(n int) {
    free := len(self.slots) - self.top
    for i := free; i < n; i++ {
        self.slots = append(self.slots, nil)
    }
}
```

push() 方法将值推入栈顶，如果溢出，则暂时先调用内置的 panic() 函数终止程序。

```
func (self *luaStack) push(val luaValue) {
    if self.top == len(self.slots) {
        panic("stack overflow!")
    }
    self.slots[self.top] = val
    self.top++
}
```

pop() 方法从栈顶弹出一个值，如果栈是空的，则调用 panic() 函数终止程序。

```
func (self *luaStack) pop() luaValue {
    if self.top < 1 {
```

```
        panic("stack underflow!")
    }
    self.top--
    val := self.slots[self.top]
    self.slots[self.top] = nil
    return val
}
```

absIndex() 方法把索引转换成绝对索引（并没有考虑索引是否有效）。

```go
func (self *luaStack) absIndex(idx int) int {
    if idx >= 0 {
        return idx
    }
    return idx + self.top + 1
}
```

isValid() 方法判断索引是否有效。

```go
func (self *luaStack) isValid(idx int) bool {
    absIdx := self.absIndex(idx)
    return absIdx > 0 && absIdx <= self.top
}
```

get() 方法根据索引从栈里取值，如果索引无效则返回 **nil** 值。

```go
func (self *luaStack) get(idx int) luaValue {
    absIdx := self.absIndex(idx)
    if absIdx > 0 && absIdx <= self.top {
        return self.slots[absIdx-1]
    }
    return nil
}
```

set() 方法根据索引往栈里写入值，如果索引无效，则调用 **panic()** 函数终止程序。

```go
func (self *luaStack) set(idx int, val luaValue) {
    absIdx := self.absIndex(idx)
    if absIdx > 0 && absIdx <= self.top {
        self.slots[absIdx-1] = val
        return
    }
    panic("invalid index!")
}
```

以上定义了 **luaStack** 结构体和基本操作，有了这些代码我们就可以进一步实现 Lua State 和 Lua API 了。

4.3 Lua State

由前文可知，Lua State 封装了整个 Lua 解释器状态。不过一口气吃不成一个胖子，本章我们暂时先认为 Lua State 内部只有一个 Lua 栈，到后面再循序渐进逐步完善它。

4.3.1 定义 LuaState 接口

由于 Lua 官方实现用 C 语言编写，所以 Lua API 体现为一系列操作 `lua_State` 结构体的函数（和宏定义）。Go 语言支持接口，所以我们可以把这些函数收集到一个接口里。Lua API 包含众多函数，本节仅仅定义和实现其中最基本的一些栈相关函数，这些函数大致可以分为基础栈操纵方法、栈访问方法、压栈方法三类。

请读者在 $LUAGO/go/ch04/src/luago/api 目录下创建 lua_state.go 文件，在里面定义 `LuaState` 接口，代码如下所示。

```
package api

type LuaType = int

type LuaState interface {
    /* basic stack manipulation */
    GetTop() int
    AbsIndex(idx int) int
    CheckStack(n int) bool
    Pop(n int)
    Copy(fromIdx, toIdx int)
    PushValue(idx int)
    Replace(idx int)
    Insert(idx int)
    Remove(idx int)
    Rotate(idx, n int)
    SetTop(idx int)
    /* access functions (stack -> Go) */
    TypeName(tp LuaType) string
    Type(idx int) LuaType
    IsNone(idx int) bool
    IsNil(idx int) bool
    IsNoneOrNil(idx int) bool
    IsBoolean(idx int) bool
    IsInteger(idx int) bool
    IsNumber(idx int) bool
    IsString(idx int) bool
    ToBoolean(idx int) bool
    ToInteger(idx int) int64
```

```
    ToIntegerX(idx int) (int64, bool)
    ToNumber(idx int) float64
    ToNumberX(idx int) (float64, bool)
    ToString(idx int) string
    ToStringX(idx int) (string, bool)
    /* push functions (Go -> stack) */
    PushNil()
    PushBoolean(b bool)
    PushInteger(n int64)
    PushNumber(n float64)
    PushString(s string)
}
```

我们把 API 函数名改成了大写的驼峰式，以符合 Go 语言命名风格。在后面的章节中，我们会给 LuaState 接口添加更多的方法。

4.3.2　定义 luaState 结构体

上文定义了 LuaState 接口，下面还需要定义一个结构体来实现这个接口。请读者在 $LUAGO/go/ch04/src/luago/state 目录下创建 lua_state.go 文件，在里面定义 luaState 结构体，代码如下所示。

```
package state

type luaState struct {
    stack *luaStack
}
```

Go 语言并不强制要求我们显式实现接口，只要一个结构体实现了某个接口的全部方法，它就隐式实现了该接口。luaState 结构体暂时比较简单，只有一个 stack 字段，在后面的章节中，我们会逐步给它添加其他字段。接下来请读者继续编辑 lua_state.go 文件，在里面添加 New() 方法，用于创建 luaState 实例，代码如下所示。

```
func New() *luaState {
    return &luaState{
        stack: newLuaStack(20),
    }
}
```

暂时先把 Lua 栈的初始容量设置成 20，到后面再进行调整。需要写在 lua_state.go 文件里的代码暂时就这么多了，在下面的小节中我们会继续实现 LuaState 接口里定义的方法。为了避免单个源文件变得过于庞大，我们把不同类型的方法实现在不同的文件里。

4.3.3 基础栈操纵方法

基础栈操纵方法包括 `GetTop()`、`CheckStack()`、`Pop()` 等 11 个方法，我们把这些方法实现在 api_stack.go 文件里。请读者在 $LUAGO/go/ch04/src/luago/state 目录下创建该文件。

```
// api_stack.go
package state
```

1. GetTop()

`GetTop()` 方法返回栈顶索引，代码很简单。

```
func (self *luaState) GetTop() int {
    return self.stack.top
}
```

2. AbsIndex()

`AbsIndex()` 方法把索引转换为绝对索引，具体的索引转换逻辑前面已经在 `luaStack` 结构体上实现，这里简单调用对应方法即可。

```
func (self *luaState) AbsIndex(idx int) int {
    return self.stack.absIndex(idx)
}
```

3. CheckStack()

Lua 栈的容量并不会自动增长，API 使用者必须在必要的时候调用 `CheckStack()` 方法检查栈剩余空间，看是否还可以推入 n 个值而不会导致溢出。如果剩余空间足够或者扩容成功则返回 true，否则返回 false。以图 4-5 为例（左边是执行操作前栈的状态，右边是执行操作后栈的状态），栈里已经推入 3 个值，还有 1 个剩余空间。执行 `CheckStack(3)` 之后，栈应该有至少 3 个剩余空间。

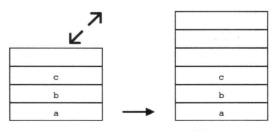

图 4-5 CheckStack() 示意图

扩容逻辑也已经在 `luaStack` 结构体上实现，这里简单调用对应方法即可（暂时忽略扩容失败的情况）。

```
func (self *luaState) CheckStack(n int) bool {
    self.stack.check(n)
    return true // never fails
}
```

4. Pop()

`Pop()` 方法从栈顶弹出 n 个值。以图 4-6 为例（实线箭头表示起点处的值已经被弹出或移动），栈里原有 5 个值，执行 `Pop(2)` 之后，栈顶 2 个值被弹出，这样栈里还剩下 3 个值。

弹出 1 个值的逻辑已经在 `luaState` 结构体上实现，这里循环调用对应方法即可。

```
func (self *luaState) Pop(n int) {
    for i := 0; i < n; i++ {
        self.stack.pop()
    }
}
```

5. Copy()

`Copy()` 方法把值从一个位置复制到另一个位置。以图 4-7 为例（虚线箭头表示起点处的值还在原地），栈里有 5 个值，执行 `Copy(2, 4)` 之后，位于索引 2 处的值被复制到了索引 4 处。

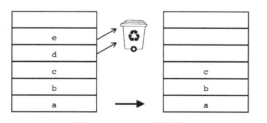

图 4-6　Pop() 示意图

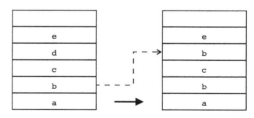

图 4-7　Copy() 示意图

`Copy()` 方法的代码如下所示。

```
func (self *luaState) Copy(fromIdx, toIdx int) {
    val := self.stack.get(fromIdx)
    self.stack.set(toIdx, val)
}
```

6. PushValue()

`PushValue()` 方法把指定索引处的值推入栈顶。以图 4-8 为例，栈里原有 4 个值，执行 `PushValue(2)` 之后，位于索引 2 处的值被推入栈顶。

`PushValue()` 方法的代码如下所示。

```go
func (self *luaState) PushValue(idx int) {
    val := self.stack.get(idx)
    self.stack.push(val)
}
```

7. Replace()

`Replace()` 是 `PushValue()` 的反操作：将栈顶值弹出，然后写入指定位置。以图 4-9 为例，栈里原有 5 个元素，执行 `Replace(2)` 之后，栈顶值被弹出并且写入了索引 2 处。

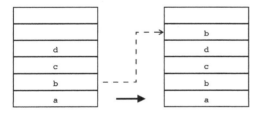
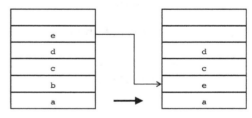

图 4-8　PushValue() 示意图　　　　图 4-9　Replace() 示意图

`Replace()` 方法的代码如下所示。

```go
func (self *luaState) Replace(idx int) {
    val := self.stack.pop()
    self.stack.set(idx, val)
}
```

8. Insert()

`Insert()` 方法将栈顶值弹出，然后插入指定位置。以图 4-10 为例，栈里有 5 个元素，执行 `Insert(2)` 之后，栈顶值被弹出并插入到索引 2 处，原来位于索引 2、3、4 处的值则分别上移了一个位置。

插入操作只是旋转操作（详见后文）的一种特例（朝栈顶旋转一个位置），所以 `Insert()` 方法可以使用 `Rotate()` 方法实现，代码如下所示。

```
func (self *luaState) Insert(idx int) {
    self.Rotate(idx, 1)
}
```

9. Remove()

Remove() 方法删除指定索引处的值，然后将该值上面的值全部下移一个位置。以图 4-11 为例，栈里原有 5 个值，执行 **Remove(2)** 之后，位于索引 2 处的值被删除，原来位于索引 3、4、5 处的值分别下移一个位置。

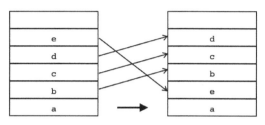

图 4-10　Insert() 示意图

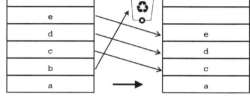

图 4-11　Remove() 示意图

Remove() 方法可以利用 **Rotate()** 和 **Pop()** 方法实现，代码如下所示。

```
func (self *luaState) Remove(idx int) {
    self.Rotate(idx, -1)
    self.Pop(1)
}
```

10. Rotate()

Rotate() 方法将 [idx, top] 索引区间内的值朝栈顶方向旋转 n 个位置。如果 n 是负数，那么实际效果就是朝栈底方向旋转。以图 4-12 为例，执行 **Rotate(2, 1)** 会将索引 2、3、4、5 处的 4 个值朝栈顶方向旋转 1 个位置。

如果执行 **Rotate(2, -1)**，则会将索引 2、3、4、5 处的 4 个值朝栈底方向旋转 1 个位置，如图 4-13 所示。

这里参考 Lua 官方实现，使用三次反转操作来实现 **Rotate()** 方法，代码如下所示。

```
func (self *luaState) Rotate(idx, n int) {
    t := self.stack.top - 1
    p := self.stack.absIndex(idx) - 1
    var m int
```

```
        if n >= 0 {
            m = t - n
        } else {
            m = p - n - 1
        }
        self.stack.reverse(p, m)
        self.stack.reverse(m+1, t)
        self.stack.reverse(p, t)
}
```

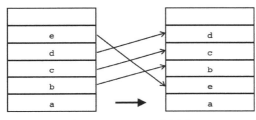

图 4-12　Rotate() 示意图 1

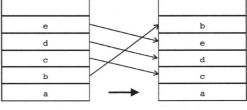

图 4-13　Rotate() 示意图 2

luaStack 结构体的 **reverse()** 方法在前面没有介绍，其代码（位于 lua_stack.go 文件）如下所示。

```
func (self *luaStack) reverse(from, to int) {
    slots := self.slots
    for from < to {
        slots[from], slots[to] = slots[to], slots[from]
        from++
        to--
    }
}
```

11. SetTop()

SetTop() 方法将栈顶索引设置为指定值。如果指定值小于当前栈顶索引，效果则相当于弹出操作（指定值为 0 相当于清空栈）。以图 4-14 为例，原栈顶索引是 5，执行 **SetTop(3)** 之后，栈顶 2 个值被弹出，栈顶索引变为 3。

如果指定值大于当前栈顶索引，则效果相当于推入多个 **nil** 值。以图 4-15 为例，原栈顶索引是 3，执行 **SetTop(5)** 之后，推入 2 个 **nil** 值，栈顶索引变为 5。

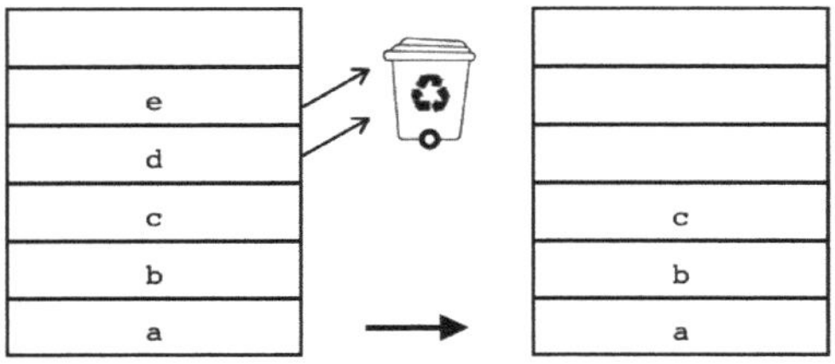

图 4-14　SetTop() 示意图 1 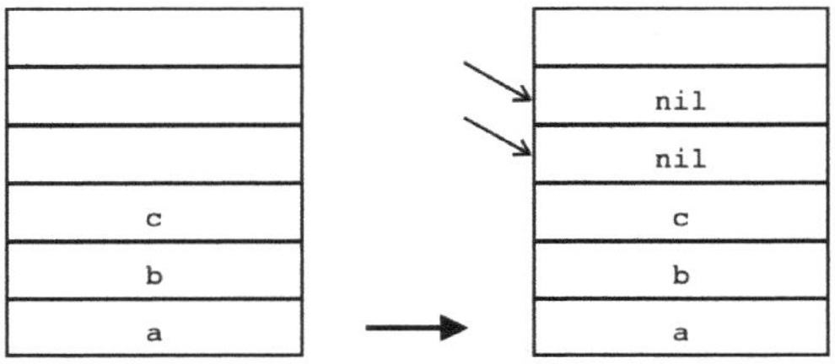　　　　　　图 4-15　SetTop() 示意图 2

SetTop() 方法根据情况执行弹出或推入操作，代码如下所示。

```go
func (self *luaState) SetTop(idx int) {
    newTop := self.stack.absIndex(idx)
    if newTop < 0 {
        panic("stack underflow!")
    }

    n := self.stack.top - newTop
    if n > 0 {
        for i := 0; i < n; i++ {
            self.stack.pop()
        }
    } else if n < 0 {
        for i := 0; i > n; i-- {
            self.stack.push(nil)
        }
    }
}
```

前面介绍的 **Pop()** 方法其实只是 **SetTop()** 方法的特例而已，所以我们完全可以用 **SetTop()** 方法来实现 **Pop()** 方法，代码如下所示。

```go
func (self *luaState) Pop(n int) {
    self.SetTop(-n-1)
}
```

4.3.4　Push 方法

前文介绍的方法是对栈本身进行操作，而 push 系列方法用于将 Lua 值从外部推入栈顶。本章先实现 5 个 push 方法，分别将 5 种基础类型的值推入栈顶，后面的章节还会补充其他方法。请读者在 state 目录下创建 api_push.go 文件，在里面实现这 5 个方法，代码如下所示。

```
package state

func (self *luaState) PushNil()            { self.stack.push(nil) }
func (self *luaState) PushBoolean(b bool)   { self.stack.push(b)   }
func (self *luaState) PushInteger(n int64)  { self.stack.push(n)   }
func (self *luaState) PushNumber(n float64) { self.stack.push(n)   }
func (self *luaState) PushString(s string)  { self.stack.push(s)   }
```

为了节约篇幅，对代码格式进行了调整。这些方法都很简单，本节就不详细解释了。

4.3.5　Access 方法

和 push 系列方法相反，access 系列方法用于从栈里获取信息。Access 系列方法基本上仅使用索引访问栈里存储的信息，不会改变栈的状态。请读者在 state 目录下创建 api_access.go 文件，在里面输入如下代码。

```
package state

import "fmt"
import . "luago/api"
```

1. TypeName()

TypeName() 方法不需要读取任何栈数据，只是把给定 Lua 类型转换成对应的字符串表示，代码如下所示。

```
func (self *luaState) TypeName(tp LuaType) string {
    switch tp {
    case LUA_TNONE:     return "no value"
    case LUA_TNIL:      return "nil"
    case LUA_TBOOLEAN:  return "boolean"
    case LUA_TNUMBER:   return "number"
    case LUA_TSTRING:   return "string"
    case LUA_TTABLE:    return "table"
    case LUA_TFUNCTION: return "function"
    case LUA_TTHREAD:   return "thread"
    default:            return "userdata"
    }
}
```

2. Type()

Type() 方法根据索引返回值的类型，如果索引无效，则返回 **LUA_TNONE**，代码如下所示。

```
func (self *luaState) Type(idx int) LuaType {
    if self.stack.isValid(idx) {
        val := self.stack.get(idx)
        return typeOf(val)
    }
    return LUA_TNONE
}
```

3. IsType()

`IsNone()`、`IsNil()`、`IsNoneOrNil()`、`IsBoolean()` 这 4 个方法判断给定索引处的值是否属于特定类型。这 4 个方法可以简单使用 `Type()` 方法实现，代码如下所示。

```
func (self *luaState) IsNone(idx int) bool {
    return self.Type(idx) == LUA_TNONE
}

func (self *luaState) IsNil(idx int) bool {
    return self.Type(idx) == LUA_TNIL
}

func (self *luaState) IsNoneOrNil(idx int) bool {
    return self.Type(idx) <= LUA_TNIL
}

func (self *luaState) IsBoolean(idx int) bool {
    return self.Type(idx) == LUA_TBOOLEAN
}
```

`IsString()` 方法判断给定索引处的值是否是字符串（或是数字，详见第 5 章对于 Lua 类型转换的讨论），代码如下所示。

```
func (self *luaState) IsString(idx int) bool {
    t := self.Type(idx)
    return t == LUA_TSTRING || t == LUA_TNUMBER
}
```

`IsNumber()` 方法判断给定索引处的值是否是（或者可以转换为）数字类型。`IsNumber()` 方法可以使用下文介绍的 `ToNumberX()` 方法实现，代码如下所示。

```
func (self *luaState) IsNumber(idx int) bool {
    _, ok := self.ToNumberX(idx)
```

```
        return ok
    }
```

IsInteger() 方法判断给定索引处的值是否是整数类型，代码如下所示。

```
func (self *luaState) IsInteger(idx int) bool {
    val := self.stack.get(idx)
    _, ok := val.(int64)
    return ok
}
```

4. ToBoolean()

ToBoolean() 方法从指定索引处取出一个布尔值，如果值不是布尔类型，则需要进行类型转换，代码如下所示。

```
func (self *luaState) ToBoolean(idx int) bool {
    val := self.stack.get(idx)
    return convertToBoolean(val)
}
```

在 Lua 里，只有 **false** 和 **nil** 表示假，其他一切值都表示真。我们把 **convertToBoolean()** 函数写在 lua_value.go 文件里，代码如下所示。

```
func convertToBoolean(val luaValue) bool {
    switch x := val.(type) {
    case nil:  return false
    case bool: return x
    default:   return true
    }
}
```

5. ToNumber() 和 ToNumberX()

ToNumber() 和 **ToNumberX()** 方法从指定索引处取出一个数字，如果值不是数字类型，则需要进行类型转换。这两个方法的区别是：如果值不是数字类型并且也没办法转换成数字类型，前者只是简单地返回 0，后者则会报告转换是否成功。**ToNumber()** 方法可以使用 **ToNumberX()** 方法实现，代码如下所示。

```
func (self *luaState) ToNumber(idx int) float64 {
    n, _ := self.ToNumberX(idx)
    return n
}
```

在 C 语言里，可以通过返回值搭配指针类型的参数来模拟多返回值。Go 语言本身就支持多返回值，所以通常不需要借助指针。`ToNumberX()` 方法的代码如下所示。

```go
func (self *luaState) ToNumberX(idx int) (float64, bool) {
    val := self.stack.get(idx)
    switch x := val.(type) {
    case float64: return x, true
    case int64:   return float64(x), true
    default:      return 0, false
    }
}
```

我们暂时先进行简单的类型转换，在第 5 章会进一步完善这个方法。

6. ToInteger() 和 ToIntegerX()

`ToInteger()` 和 `ToIntegerX()` 方法从指定索引处取出一个整数值，如果值不是整数类型，则需要进行类型转换。这两个方法的区别和转换成数字类型时的情况类似，下面是 `ToInteger()` 方法的实现代码。

```go
func (self *luaState) ToInteger(idx int) int64 {
    i, _ := self.ToIntegerX(idx)
    return i
}
```

`ToIntegerX()` 方法暂时先只进行类型判断，类型转换留到第 5 章讨论。

```go
func (self *luaState) ToIntegerX(idx int) (int64, bool) {
    val := self.stack.get(idx)
    i, ok := val.(int64)
    return i, ok
}
```

7. ToString() 和 ToStringX()

`ToString()` 方法从指定索引处取出一个值，如果值是字符串，则返回该字符串。如果值是数字，则将值转换为字符串（注意会修改栈），然后返回字符串。否则，返回空字符串。在 C API 里，该函数只有一个返回值，如果返回 NULL 则表示指定索引处的值不是字符串或者数字；由于 Go 语言字符串类型没有对应的 `nil` 值，所以我们参照 `ToIntegerX()` 和 `ToNumberX()` 的做法，增加一个 `ToStringX()` 方法，其中的第二个参数是布尔类型，表示转换是否成功。下面是 `ToStringX()` 方法的代码。

```go
func (self *luaState) ToStringX(idx int) (string, bool) {
    val := self.stack.get(idx)
    switch x := val.(type) {
    case string:
        return x, true
    case int64, float64:
        s := fmt.Sprintf("%v", x)
        self.stack.set(idx, s) // 注意这里会修改栈!
        return s, true
    default:
        return "", false
    }
}
```

ToString() 方法调用 **ToStringX()** 方法并忽略第二个返回值即可，代码如下所示。

```go
func (self *luaState) ToString(idx int) string {
    s, _ := self.ToStringX(idx)
    return s
}
```

4.4　测试本章代码

既然已经有了一个简易版的 Lua State，可以执行各种栈操作，那为何不马上尝试一下呢？请读者打开本章的 main.go 文件，把里面的内容替换为下面的测试代码。

```go
package main

import "fmt"
import . "luago/api"
import "luago/state"

func main() {
    ls := state.New()
    ls.PushBoolean(true);    printStack(ls)
    ls.PushInteger(10);      printStack(ls)
    ls.PushNil();            printStack(ls)
    ls.PushString("hello");  printStack(ls)
    ls.PushValue(-4);        printStack(ls)
    ls.Replace(3);           printStack(ls)
    ls.SetTop(6);            printStack(ls)
    ls.Remove(-3);           printStack(ls)
    ls.SetTop(-5);           printStack(ls)
}
```

我们在 **main()** 函数里创建了一个 **luaState** 实例，然后对它执行各种栈操作。在每一步操作之后，都调用 **printStack()** 函数把栈的内容打印出来。下面是 **printStack()** 函数的代码。

```
func printStack(ls LuaState) {
    top := ls.GetTop()
    for i := 1; i <= top; i++ {
        t := ls.Type(i)
        switch t {
        case LUA_TBOOLEAN: fmt.Printf("[%t]", ls.ToBoolean(i))
        case LUA_TNUMBER:  fmt.Printf("[%g]", ls.ToNumber(i))
        case LUA_TSTRING:  fmt.Printf("[%q]", ls.ToString(i))
        default:           fmt.Printf("[%s]", ls.TypeName(t))
        }
    }
    fmt.Println()
}
```

请读者执行下面的命令来编译本章代码。

```
$ cd $LUAGO/go/
$ export GOPATH=$PWD/ch04
$ go install luago
```

如果没有任何输出，那么就表示编译成功了，在 ch04/bin 目录下会出现可执行文件 luago。执行 luago，看看我们的努力会产生怎样的输出。

```
$ ./ch04/bin/luago
[true]
[true][10]
[true][10][nil]
[true][10][nil]["hello"]
[true][10][nil]["hello"][true]
[true][10][true]["hello"]
[true][10][true]["hello"][nil][nil]
[true][10][true][nil][nil]
[true]
```

4.5 本章小结

Lua State 是对 Lua 解释器状态的封装，Lua API 提供了一整套方法创建和操作 Lua State。虽然 Lua 语言本身比较简洁，但是 Lua 解释器内部仍然十分复杂。本章从 Lua 栈入手，对 Lua State 和 Lua API 进行了初步讨论。我们编写代码实现了 Lua 栈，定义了 LuaState 接口，并且实现了栈操作相关的 API 方法。第 5 章会进一步扩展 LuaState 接口，为其添加算术运算和比较运算等方法。

第 5 章　Lua 运算符

第 4 章简要介绍了 Lua API，并且以 Lua 栈为切入点对 Lua 解释器内部状态和 API 方法进行了讨论。本章将首先介绍 Lua 运算符和隐式类型的转换规则，然后对第 4 章定义的 **LuaState** 接口进行扩展，为其添加运算符相关方法和实现。在继续阅读本章内容之前，请读者执行下面的命令，把本章所需的目录结构和编译环境准备好。

```
$ cd $LUAGO/go/
$ cp -r ch04/ ch05
$ mkdir ch05/src/luago/number
$ export GOPATH=$PWD/ch05
```

5.1　Lua 运算符介绍

Lua 语言层面一共有 25 个运算符，按类别可以分为算术（Arithmetic）运算符、按位（Bitwise）运算符、比较（Comparison）运算符、逻辑（Logical）运算符、长度运算符和字符串拼接运算符。下面按类别对这些运算符进行简单介绍。

1. 算术运算符

算术运算符共 8 个，分别是：+（加）、-（减、一元取反）、*（乘）、/（除）、//（整除）、%（取模）、^（乘方）。算术运算符在任何编程语言里都是最基本的运算符，下面我们将对一些要点进行简要说明。

1）除法运算符和乘方（Exponentiation 或 Power）运算符会先把操作数转换为浮点数然后再进行计算，计算结果也一定是浮点数。其他 6 个算术运算符则会先判断操作数是否都是整数，如果是则进行整数计算，结果也一定是整数（虽然可能会溢出）；若不是整数则把操作数转换成浮点数然后进行计算，结果为浮点数。

2）整除（Floor Division）运算符会将除法结果向下（负无穷方向）取整，下面是一些例子。

```
print(5 // 3)       --> 1
print(-5 // 3)      --> -2
print(5 // -3.0)    --> -2.0
print(-5.0 // -3.0) --> 1.0
```

在 Java 和 Go 语言里，整除（Truncated Division）运算只是将除法结果截断（向 0 取整），请读者注意二者的区别。

3）取模（Modulo）运算，也叫取余（Remainder）运算，可以使用整除运算进行定义。

```
a % b == a - ((a // b) * b)
```

下面是取模运算符的一些例子。

```
print(5 % 3)       --> 2
print(-5 % 3)      --> 1
print(5 % -3.0)    --> -1.0
print(-5.0 % -3.0) --> -2.0
```

4）乘方运算符和后面将要介绍的字符串拼接运算符具有右结合性（Right Associative），其他二元运算符则具有左结合性（Left Associative）。

```
print(100 / 10 / 2) -- (100/10)/2 == 5.0
print(4 ^ 3 ^ 2)    -- 4^(3^2) == 262144.0
```

5）加、减、乘、除和取反运算符可以直接映射为 Go 语言里相应的运算符，但是乘方运算符（Go 语言里没有乘方运算符）、整除运算符（Go 语言整除运算仅适用于整数，并且是直接截断结果而非向下取整）和取模运算符（原因和整除运算符类似）却不能直接映射。

请读者在 $LUAGO/go/ch05/luago/number 目录下面创建 math.go 文件，在里面定义整除和取模函数，为后续代码做准备。整除函数如下所示。

```
package number

import "math"

func IFloorDiv(a, b int64) int64 {
    if a > 0 && b > 0 || a < 0 && b < 0 || a%b == 0 {
        return a / b
    } else {
        return a/b - 1
    }
}

func FFloorDiv(a, b float64) float64 {
    return math.Floor(a / b)
}
```

取模函数可以用整除函数实现，代码如下所示。

```
func IMod(a, b int64) int64 {
    return a - IFloorDiv(a, b)*b
}

func FMod(a, b float64) float64 {
    return a - math.Floor(a/b)*b
}
```

2. 按位运算符

按位运算符共 6 个，分别是 &（按位与）、|（按位或）、~（二元异或、一元按位取反）、<<（左移）和 >>（右移）。由于按位运算符在其他编程语言里也比较常见，下面我们只对一些要点进行说明。

1）按位运算符会先把操作数转换为整数再进行计算，计算结果也一定是整数。

2）右移运算符是无符号右移，空出来的比特只是简单地补 0。

3）移动 -n 个比特相当于向相反的方向移动 n 个比特。下面是按位运算符的一些例子。

```
print(-1 >> 63)   --> 1
print(2 << -1)    --> 1
print("1" << 1.0) --> 2
```

4）按位与、按位或、异或、按位取反运算符可以直接映射为 Go 语言里相应的运算符，但是位移运算需要稍微处理一下。请读者在前面创建的 math.go 文件里添加左移函数，代码如下所示。

```go
func ShiftLeft(a, n int64) int64 {
    if n >= 0 {
        return a << uint64(n)
    } else {
        return ShiftRight(a, -n)
    }
}
```

由于在 Go 语言里位移运算符右边的操作数只能是无符号整数，所以我们在第一个分支里对位移位数进行了类型转换。如果要移动的位数小于 0，则将左移操作转换为右移操作。下面是右移函数的代码。

```go
func ShiftRight(a, n int64) int64 {
    if n >= 0 {
        return int64(uint64(a) >> uint64(n))
    } else {
        return ShiftLeft(a, -n)
    }
}
```

在 Go 语言里，如果右移运算符的左操作数是有符号整数，那么进行的是有符号右移（空缺补 1）。但是我们期望的是无符号右移（空缺补 0），所以在第一个分支里需要先将左操作数转换成无符号整数再执行右移操作，然后再将结果转换回有符号整数。如果要移动的位数小于 0，则将右移操作转换为左移操作。

3. 比较运算符

比较运算符又叫关系（Relational）运算符，一共有 6 个，分别是 ==（等于）、~=（不等于）、>（大于）、>=（大于等于）、<（小于）、<=（小于等于）。在实现层面，只要实现 ==、<、<= 这三个运算符就可以了。`a ~= b` 可以转换为 `not (a == b)`，`a > b` 可以转换为 `b < a`，`a >= b` 则可以转换为 `b <= a`。

4. 逻辑运算符

逻辑运算符有 3 个，分别是：and（逻辑与）、or（逻辑或）、not（逻辑非）。Lua 语言没有给逻辑运算符分配专门的符号，而是给它们分配了三个关键字。

Lua 会对逻辑与和逻辑或表达式进行短路（Short-circuit）求值。以逻辑与表达式为例，先对左表达式求值，如果值可以转换为 false，那么整个表达式的结果就是该值，不会再对右表达式进行求值。请读者注意，逻辑与和逻辑或运算符的结果就是操作数之一，并不会转换为布尔值，这一点经常被用于简化变量初始值设置代码（这一技巧在 JavaScript 里也很常见）。下面是一个简单的例子。

```
function f(t)
    t = t or {} -- if not t then t = {} end
end
```

或者模拟 C 和 Java 等语言里的三目运算符（?:），比如下面这个例子。

```
max = a > b and a or b -- a > b ? a : b
```

逻辑非运算符会先把操作数转换为布尔值，然后取非，所以结果也一定是布尔值。我们在第 4 章已经知道，在 Lua 里只有 `false` 和 `nil` 值会被转换为 `false`，其他值都会被转换为 `true`。

5. 长度运算符

长度运算符是一元运算符，用于提取字符串或表（准确来说是序列，详见第 7 章）的长度。下面是一些例子。

```
print(#"hello")   --> 5
print(#{7, 8, 9}) --> 3
```

6. 字符串拼接运算符

字符串拼接运算符用于拼接字符串（和数字，详见 5.2.1 节），下面是一些例子。

```
print("a" .. "b" .. "c") --> abc
print(1 .. 2 .. 3)       --> 123
```

5.2　自动类型转换

由 5.1 节可知，Lua 运算符会在适当的情况下对操作数进行自动类型转换。这一节我们先介绍自动类型转换规则，然后编写各种类型之间的转换代码。

1. 转换规则

除了各种类型都可以转换为布尔值以外（转换规则已经在前面讨论过），自动类型转换主要发生在数字和字符串之间。下面对这些情况做一个总结。

- ❑ 算术运算符
  - ● 除法和乘方运算符

    1）如果操作数是整数，则提升为浮点数。

    2）如果操作数是字符串，且可以解析为浮点数，则解析为浮点数。

    3）然后进行浮点数运算，结果也是浮点数。

  - ● 其他算术运算符

    1）如果操作数全部是整数，则进行整数运算，结果也是整数。

    2）否则将操作数转换为浮点数，规则同除法和乘方运算符。

    3）然后进行浮点数运算，结果也是浮点数。

- ❑ 按位运算符

  1）如果操作数都是整数，则无须转换。

  2）如果操作数是浮点数，但实际表示的是整数值（比如 100.0）且没有超出整数取值范围，则转换为整数。

  3）如果操作数是字符串，且可以解析为整数值（比如 "100"），则解析为整数。

  4）如果操作数是字符串但无法解析为整数值，然而可以解析为浮点数（比如 "100.0"），且浮点数可以按上面的规则转换为整数，则解析为浮点数然后再转换为整数。

  5）然后进行整数运算，结果也是整数。

- ❑ 字符串拼接运算符

  1）如果操作数是字符串，则无需转换。

  2）如果操作数是数字（整数或浮点数），则转换成字符串。

  3）然后进行字符串拼接，结果为字符串。

如果 Lua 无法将操作数转换为运算符期望的类型，则会导致脚本运行错误，示例如下。

```
$ lua -e 'print(3.14 >> 2)'
lua: (command line):1: number has no integer representation
stack traceback:
    (command line):1: in main chunk
    [C]: in ?
```

2. 浮点数转换为整数

浮点数转换为整数的方式比较简单。如果浮点数的小数部分为 0，且整数部分没有超出 Lua 整数能够表示的范围，则转换成功，否则转换失败。请读者在前面创建的 math.go 文件里面添加 FloatToInteger() 函数，代码如下所示。

```go
func FloatToInteger(f float64) (int64, bool) {
    i := int64(f)
    return i, float64(i) == f
}
```

3. 字符串解析为数字

请读者在 $LUAGO/go/ch05/luago/number 目录下创建 parser.go 文件，在里面定义两个函数，用于将字符串解析为整数和浮点数，代码如下所示。

```go
package number

import "strconv"

func ParseInteger(str string) (int64, bool) {
    i, err := strconv.ParseInt(str, 10, 64)
    return i, err == nil
}

func ParseFloat(str string) (float64, bool) {
    f, err := strconv.ParseFloat(str, 64)
    return f, err == nil
}
```

这两个函数也都有两个返回值，其中第一个返回值是解析后的数，第二个返回值说明解析是否成功。由于本章的重点是讨论 Lua 运算符，为了节约篇幅，上面的代码经过了大量简化，直接调用了 Go 语言 strconv 库提供的解析方法。读者可以从本章随书源代码中找到上面两个方法的完整代码，我们在本书第三部分（第 14 ～ 17 章）实现 Lua 词法分析器时会进一步讨论数字类型的词法规则。

4. 任意值转换为浮点数

请读者打开 $LUAGO/go/ch05/luago/state/lua_value.go 文件，在里面定义 convert-ToFloat() 函数，代码如下所示。

```go
func convertToFloat(val luaValue) (float64, bool) {
```

```
    switch x := val.(type) {
    case float64:   return x, true
    case int64:     return float64(x), true
    case string:    return number.ParseFloat(x)
    default:        return 0, false
    }
}
```

整数可以直接提升为浮点数，字符串可以调用前面定义的 `ParseFloat()` 函数解析为浮点数，其他类型的值不能转换为浮点数。我们使用 `convertToFloat()` 函数就可以完善第 4 章遗留的 `ToNumberX()` 方法了，请读者打开 $LUAGO/go/ch05/luago/state/api_access.go 文件，修改 `ToNumberX()` 方法，代码如下所示。

```
func (self *luaState) ToNumberX(idx int) (float64, bool) {
    val := self.stack.get(idx)
    return convertToFloat(val)
}
```

5. 任意值转换为整数

我们继续编辑 lua_value.go 文件，在里面添加 `convertToInteger()` 函数，代码如下所示。

```
func convertToInteger(val luaValue) (int64, bool) {
    switch x := val.(type) {
    case int64:     return x, true
    case float64:   return number.FloatToInteger(x)
    case string:    return _stringToInteger(x)
    default:        return 0, false
    }
}
```

对于浮点数，可以调用前面定义的 `FloatToInteger()` 函数将其转换为整数。对于字符串，可以先看看能否直接解析为整数，如果不能，再尝试将其解析为浮点数然后转换为整数。`_stringToInteger()` 函数的代码如下所示。

```
func _stringToInteger(s string) (int64, bool) {
    if i, ok := number.ParseInteger(s); ok {
        return i, true
    }
    if f, ok := number.ParseFloat(s); ok {
        return number.FloatToInteger(f)
    }
}
```

```
        return 0, false
    }
```

同样，我们可以使用 `convertToInteger()` 函数完善第 4 章遗留的 `ToIntegerX()` 方法。请读者编辑 api_access.go 文件，修改 `ToIntegerX()` 方法，代码如下所示。

```
func (self *luaState) ToIntegerX(idx int) (int64, bool) {
    val := self.stack.get(idx)
    return convertToInteger(val)
}
```

5.3　扩展 LuaState 接口

前文主要从 Lua 语言角度对 Lua 运算符和运算时可能会进行的自动类型转换进行了介绍。在 API 层面，有 4 个方法专门用来支持 Lua 运算符。请读者打开 $LUAGO/go/ch05/src/luago/api/lua_state.go 文件，在 `LuaState` 接口里面添加这些方法，代码如下所示。

```
package api

type LuaType = int
type ArithOp = int   // 新增的类型别名
type CompareOp = int // 新增的类型别名

type LuaState interface {
    ... // 其他方法省略，下面是本节新增的 4 个方法
    Arith(op ArithOp)
    Compare(idx1, idx2 int, op CompareOp) bool
    Len(idx int)
    Concat(n int)
}
```

在本节新增的 4 个方法中，`Arith()` 方法用于执行算术和按位运算，`Compare()` 方法用于执行比较运算，`Len()` 方法用于执行取长度运算，`Concat()` 方法用于执行字符串拼接运算。这 4 个方法覆盖了除逻辑运算符之外的所有 Lua 运算符，细节会在后文详细讨论。对于 `Arith()` 方法，为了区分具体执行的运算，Lua API 给每个算术和按位运算符都分配了一个运算码。请读者在 $LUAGO/go/ch05/src/luago/api/consts.go 文件里定义这些运算码常量，代码如下所示。

```
const (
    LUA_OPADD  = iota // +
```

```
    LUA_OPSUB          // -
    LUA_OPMUL          // *
    LUA_OPMOD          // %
    LUA_OPPOW          // ^
    LUA_OPDIV          // /
    LUA_OPIDIV         // //
    LUA_OPBAND         // &
    LUA_OPBOR          // |
    LUA_OPBXOR         // ~
    LUA_OPSHL          // <<
    LUA_OPSHR          // >>
    LUA_OPUNM          // - (unary minus)
    LUA_OPBNOT         // ~
)
```

对于 **Compare()** 方法，Lua API 只给等于、小于和小于等于分配了运算码。如前文所述，不等于运算可以基于等于运算实现，大于运算可以基于小于运算实现，大于等于运算则可以基于小于等于运算实现。我们也把这三个运算码常量定义在 consts.go 文件里，代码如下所示。

```
const (
    LUA_OPEQ = iota // ==
    LUA_OPLT        // <
    LUA_OPLE        // <=
)
```

下面我们就来实现这 4 个方法。

5.3.1　Arith() 方法

如前所述，**Arith()** 方法可以执行算术和按位运算，具体的运算由参数指定，操作数则从栈顶弹出。对于二元运算，该方法会从栈顶弹出两个值进行计算，然后将结果推入栈顶。以加法运算为例，运算前后 Lua 栈的状态如图 5-1 所示。

对于一元运算，该方法从栈顶弹出一个值进行计算，然后把结果推入栈顶。以按位取反为例，运算前后 Lua 栈的状态如图 5-2 所示。

Arith() 方法是 Lua 运算符在 API 层面的映射，也需要遵守前面讨论的自动类型转换规则。为了减少重复代码，我们先要把算术和位移运算符统一映射为 Go 语言运算符或者前面预先定义好的函数。请读者在 $LUAGO/go/ch05/src/luago/state 目录下创建 api_arith.go 文件，在里面定义一系列（函数类型的）变量，代码如下所示。

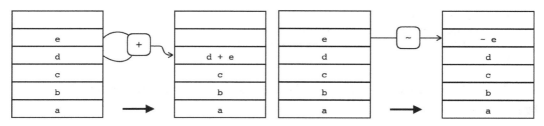

图 5-1　Arith() 示意图 1　　　　　　　　图 5-2　Arith() 示意图 2

```go
package state

import "math"
import . "luago/api"
import "luago/number"

var (
    iadd  = func(a, b int64)   int64   { return a + b }
    fadd  = func(a, b float64) float64 { return a + b }
    isub  = func(a, b int64)   int64   { return a - b }
    fsub  = func(a, b float64) float64 { return a - b }
    imul  = func(a, b int64)   int64   { return a * b }
    fmul  = func(a, b float64) float64 { return a * b }
    imod  = number.IMod
    fmod  = number.FMod
    pow   = math.Pow
    div   = func(a, b float64) float64 { return a / b }
    iidiv = number.IFloorDiv
    fidiv = number.FFloorDiv
    band  = func(a, b int64) int64 { return a & b }
    bor   = func(a, b int64) int64 { return a | b }
    bxor  = func(a, b int64) int64 { return a ^ b }
    shl   = number.ShiftLeft
    shr   = number.ShiftRight
    iunm  = func(a, _ int64)   int64   { return -a }
    funm  = func(a, _ float64) float64 { return -a }
    bnot  = func(a, _ int64)   int64   { return ^a }
)
```

　　我们使用接收两个参数且返回一个值的函数来统一表示 Lua 运算符，一元运算符简单忽略第二个参数就可以了。执行整除、取模和位移运算的函数在 5.1 节就已经定义好了，乘方运算可以使用 Go 语言数学库里的 Pow 函数实现，其他运算符则可以直接映射为 Go 语言运算符。我们还需要一个结构体来容纳整数和浮点数类型的运算。请读者在 api_arith. go 文件里定义 operator 结构体，代码如下所示。

```go
type operator struct {
    integerFunc func(int64, int64) int64
    floatFunc   func(float64, float64) float64
}
```

然后定义一个 slice，里面是各种运算（注意要和前面定义的 Lua 运算码常量顺序一致），代码如下所示。

```go
var operators = []operator{
    operator{iadd, fadd },
    operator{isub, fsub },
    operator{imul, fmul },
    operator{imod, fmod },
    operator{nil,  pow  },
    operator{nil,  div  },
    operator{iidiv,fidiv},
    operator{band, nil  },
    operator{bor,  nil  },
    operator{bxor, nil  },
    operator{shl,  nil  },
    operator{shr,  nil  },
    operator{iunm, funm },
    operator{bnot, nil  },
}
```

一切准备就绪之后，我们就要在 api_arith.go 文件里定义 Arith() 方法了，代码如下所示。

```go
func (self *luaState) Arith(op ArithOp) {
    var a, b luaValue // operands
    b = self.stack.pop()
    if op != LUA_OPUNM && op != LUA_OPBNOT {
        a = self.stack.pop()
    } else {
        a = b
    }

    operator := operators[op]
    if result := _arith(a, b, operator); result != nil {
        self.stack.push(result)
    } else {
        panic("arithmetic error!")
    }
}
```

Arith() 方法先根据情况从 Lua 栈里弹出一到两个操作数，然后按索引取出相应的

operator 实例，最后调用 _arith() 函数执行计算。如果计算结果不是 nil 值，则表明操作数符合（或者可以转换为）运算符规定的类型，将计算结果推入 Lua 栈即可，否则调用 panic() 函数终止程序执行。下面是 _arith() 函数的代码。

```
func _arith(a, b luaValue, op operator) luaValue {
    if op.floatFunc == nil { // bitwise
        if x, ok := convertToInteger(a); ok {
            if y, ok := convertToInteger(b); ok {
                return op.integerFunc(x, y)
            }
        }
    } else { // arith
        if op.integerFunc != nil { // add,sub,mul,mod,idiv,unm
            if x, ok := a.(int64); ok {
                if y, ok := b.(int64); ok {
                    return op.integerFunc(x, y)
                }
            }
        }
        if x, ok := convertToFloat(a); ok {
            if y, ok := convertToFloat(b); ok {
                return op.floatFunc(x, y)
            }
        }
    }
    return nil
}
```

按位运算期望操作数都是（或者可以转换为）整数，运算结果也是整数。加、减、乘、除、整除、取反运算会在两个操作数都是整数时进行整数运算，结果也是整数。对于其他情况，则尝试将操作数转换为浮点数再执行运算，运算结果也是浮点数。

5.3.2　Compare() 方法

Compare() 方法对指定索引处的两个值进行比较，返回结果。该方法不改变栈的状态。以图 5-3 为例，栈里有 5 个值，Compare(2, 4, LUA_OPLT) 判断索引 2 处的值是否小于索引 4 处的值。

请读者在 $LUAGO/go/ch05/src/luago/state 目录下面创建 api_compare.go 文件，

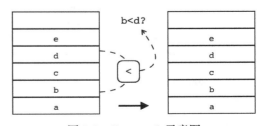

图 5-3　Compare() 示意图

在里面实现 Compare() 方法，代码如下所示。

```go
package state

import . "luago/api"

func (self *luaState) Compare(idx1, idx2 int, op CompareOp) bool {
    a := self.stack.get(idx1)
    b := self.stack.get(idx2)
    switch op {
    case LUA_OPEQ: return _eq(a, b)
    case LUA_OPLT: return _lt(a, b)
    case LUA_OPLE: return _le(a, b)
    default: panic("invalid compare op!")
    }
}
```

Compare() 方法先按索引取出两个操作数，然后根据操作码调用 _eq()、_lt() 或 _le() 函数进行比较。_eq() 函数用于比较两个值是否相等，代码如下所示。

```go
func _eq(a, b luaValue) bool {
    switch x := a.(type) {
    case nil:
        return b == nil
    case bool:
        y, ok := b.(bool)
        return ok && x == y
    case string:
        y, ok := b.(string)
        return ok && x == y
    case int64:
        switch y := b.(type) {
        case int64:   return x == y
        case float64: return float64(x) == y
        default:      return false
        }
    case float64:
        switch y := b.(type) {
        case float64: return x == y
        case int64:   return x == float64(y)
        default:      return false
        }
    default:
        return a == b
    }
}
```

只有当两个操作数在 Lua 语言层面具有相同类型时，等于运算才有可能返回 true。nil、布尔和字符串类型的等于操作比较简单，这里就不多解释了。整数和浮点数仅仅在 Lua 实现层面有差别，在 Lua 语言层面统一表现为数字类型，因此需要相互转换。其他类型的值暂时先按引用进行比较，在后面的章节中会进一步讨论。下面来看一下 _lt 函数的代码。

```
func _lt(a, b luaValue) bool {
    switch x := a.(type) {
    case string:
        if y, ok := b.(string); ok {
    return x < y
        }
    case int64:
        switch y := b.(type) {
        case int64:    return x < y
        case float64:  return float64(x) < y
        }
    case float64:
        switch y := b.(type) {
        case float64:  return x < y
        case int64:    return x < float64(y)
        }
    }
    panic("comparison error!")
}
```

小于操作仅对数字和字符串类型有意义，其他情况会在后面的章节中进一步讨论，这里暂时先调用 panic() 函数终止程序。_le() 函数的实现和 _lt() 函数几乎一样，只是把代码中出现的小于号替换成了小于等于号。读者也许会问，是否可以用小于操作实现小于等于操作呢？或者说，是否可以把 a <= b 转换为 not (b < a)？答案是否定的。就像是对数字进行比较时，如果任何一个值是 NaN，前面的转换就不能成立。

5.3.3　Len() 方法

Len() 方法访问指定索引处的值，取其长度，然后推入栈顶。以图 5-4 为例，栈里原有 4 个值，执行 Len(2) 之后，位于索引 2 处的值的长度被推入栈顶。

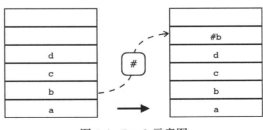

图 5-4　Len() 示意图

请读者在 $LUAGO/go/ch05/src/luago/state 目录下面创建 api_misc.go 文件，在里面实现 Len() 方法，代码如下所示。

```
package state

func (self *luaState) Len(idx int) {
    val := self.stack.get(idx)
    if s, ok := val.(string); ok {
        self.stack.push(int64(len(s)))
    } else {
        panic("length error!")
    }
}
```

Len() 方法的实现相对比较简单，我们暂时只考虑字符串的长度，对于其他情况则调用 panic() 函数终止程序。在后面的章节中，我们会进一步完善这个方法。

5.3.4　Concat() 方法

Concat() 方法从栈顶弹出 n 个值，对这些值进行拼接，然后把结果推入栈顶。以图 5-5 为例，栈里原有 5 个值，执行 Concat(3) 之后，栈顶的 3 个值被弹出并进行拼接，所得的结果被推入栈顶。

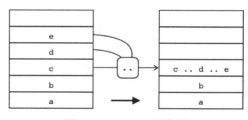

图 5-5　Concat() 示意图

请读者在前面创建好的 api_misc.go 文件里添加 Concat() 方法，代码如下所示。

```
func (self *luaState) Concat(n int) {
    if n == 0 {
        self.stack.push("")
    } else if n >= 2 {
        for i := 1; i < n; i++ {
            if self.IsString(-1) && self.IsString(-2) {
                s2 := self.ToString(-1)
                s1 := self.ToString(-2)
                self.stack.pop()
                self.stack.pop()
                self.stack.push(s1 + s2)
                continue
            }
            panic("concatenation error!")
        }
```

```
    }
    // n == 1, do nothing
}
```

　　如果 n 是 0，不弹出任何值，直接往栈顶推入一个空字符串即可；否则，将栈顶的两个值弹出，进行拼接，然后将结果推入栈顶。这个过程一直进行，直到 n 个值都处理完毕为止。在弹出栈顶值之前，需要先调用第 4 章实现的 **ToString()** 方法将其转换为字符串。如果转换失败，暂时先调用 **panic()** 函数去终止程序。在第 11 章讨论 Lua 元编程时，我们会进一步完善这个方法。

5.4　测试本章代码

　　完成 **Arith()** 等 4 个 API 方法的实现后，我们已经在 Lua 栈的基础上打造了一个功能强大的计算器。下面我们修改一下第 4 章的测试代码，对这个崭新的计算器进行测试。请读者打开本章的 main.go 文件，其他代码不变，重新编写 **main()** 函数，代码如下所示。

```go
func main() {
    ls := state.New()
    ls.PushInteger(1)
    ls.PushString("2.0")
    ls.PushString("3.0")
    ls.PushNumber(4.0)
    printStack(ls)

    ls.Arith(LUA_OPADD);  printStack(ls)
    ls.Arith(LUA_OPBNOT); printStack(ls)
    ls.Len(2);            printStack(ls)
    ls.Concat(3);         printStack(ls)
    ls.PushBoolean(ls.Compare(1, 2, LUA_OPEQ))
    printStack(ls)
}
```

　　我们先创建了一个 **luaState** 实例，然后给它推入了几个值，最后进行各种运算并把整个栈打印出来以便于观察结果。请读者执行下面的命令来编译本章代码。

```
$ cd $LUAGO/go/
$ export GOPATH=$PWD/ch05
$ go install luago
```

　　如果没有任何输出，那么就表示编译成功了，在 ch05/bin 目录下会出现可执行文件

luago。执行 luago，看看我们的计算器是否按预期工作。

```
$ ./ch05/bin/luago
[1]["2.0"]["3.0"][4]
[1]["2.0"][7]
[1]["2.0"][-8]
[1]["2.0"][-8][3]
[1]["2.0-83"]
[1]["2.0-83"][false]
```

5.5　本章小结

　　虽然 Lua 语言提供了丰富的运算符，但其在 API 层面只有 4 个对应方法。本章首先介绍了 Lua 运算符和自动类型转换规则，然后实现了对应的 API 方法。有这些方法在手，我们就相当于拥有了一个功能强大的计算器，足以应对各种运算。不过这个计算器暂时有点低端，使用起来也很无趣，还得自己把操作数推入栈顶，然后才能进行计算，最后还需要再把结果从栈顶取出来。在下一章，我们会给这个计算器添加指令执行能力，让它脱胎换骨成为一个高大上的解释器。让我们拭目以待！

第 6 章　虚拟机雏形

虚拟机的核心任务就是执行指令。到目前为止，我们已经能够解析二进制 chunk，并且可以解码 Lua 虚拟机指令。我们还实现了一部分 Lua API 函数，可以进行基本的栈操作和各种运算。在这些基础上，本章将实现一台我们期待已久的 Lua 虚拟机，而 Lua 栈会在上面扮演一个十分重要的角色：虚拟寄存器。

当然，这台虚拟机还只是个雏形，只能执行 Lua 虚拟机指令集中的一部分指令。在后面的章节中，我们会逐步完善这台虚拟机。

从本章开始，我们把讨论的重点从 Lua API 转移到 Lua 虚拟机指令集上面。在继续阅读本章内容之前，请读者执行下面的命令，把本章所需的目录结构和编译环境准备好。

```
$ cd $LUAGO/go/
$ cp -r ch05/ ch06
$ export GOPATH=$PWD/ch06
```

6.1　添加 LuaVM 接口

我们在读一本书的时候，往往无法一口气读完，如果中间累了，或者需要停下来思考问题，或者有其他事情需要处理，就暂时把当前页数记下来，合上书，然后休息、思考或者处理问题，然后再回来继续阅读。我们也经常会跳到之前已经读过的某一页，去回顾一些内容，或者翻到后面还没有读到的某一页，去预览一些内容，然后再回到当前页继续阅读。

就如同人类需要使用大脑（或者书签）去记录正在阅读的书籍的页数一样，计算机也需要一个程序计数器（Program Counter，简称 PC）来记录正在执行的指令。与人类不同的是，计算机不需要休息和思考，也没有烦恼的事情需要处理（但需要等待 IO），一旦接通电源就会不知疲倦地计算 PC、取出当前指令、执行指令，如此往复直到指令全部处理完毕或者断电为止。

我们已经知道（详见第 2 章），Lua 解释器在执行一段 Lua 脚本之前，会先把它包在一个主函数里编译成 Lua 虚拟机指令序列，然后连同其他信息一起，打包成一个二进制 chunk，然后 Lua 虚拟机会接管二进制 chunk，执行里面的指令。和真实的机器一样，Lua 虚拟机也需要使用程序计数器。如果暂时忽略函数调用等细节，可以使用如下伪代码来描述 Lua 虚拟机的内部循环。

```
loop {
    1. 计算 PC
    2. 取出当前指令
    3. 执行当前指令
}
```

由于 Lua 虚拟机采用的是定长指令集（详见第 3 章），每条指令固定占用 4 个字节，所以上面循环里的前两个步骤会比较简单。至于第 3 步，则可以根据指令的操作码写成一个大大的 switch-case 语句，如下面的伪代码所示。

```
switch opcode {
    case OP_MOVE: 执行移动操作
    case OP_LOADK: 加载常量
    ...
}
```

虽然 Lua 虚拟机目前只有 47 条指令，但若是把所有实现细节都写在一个 switch-case 里也会导致代码太长而难以阅读和维护。基于这个原因，我们会把每条指令都单独实现成一个函数。这样的话，上面的伪代码就会变成下面这个样子。

```
switch opcode {
    case OP_MOVE: move(instruction)
    case OP_LOADK: loadk(instruction)
    ...
}
```

那么对于每条指令所对应的函数来说，仅仅有指令这一个参数就够了吗？显然是不够的。由第 3 章可知，Lua 虚拟机是基于寄存器的虚拟机，所以 Lua 虚拟机指令集中的大部分指令都会涉及寄存器操作也就不足为奇了。也就是说，我们至少要给指令提供寄存器以供其进行操作。

第 4 章介绍了 Lua API 和 Lua State，特别是对栈操作相关的函数进行了详细讨论。由于 Lua API 也允许我们使用索引来操作隐藏在 Lua State 内部的 Lua 栈，所以正好可以用 Lua State 来模拟寄存器。在第 5 章我们讨论了 Lua 运算符，给 Lua State 增加了运算符相关函数。由于大部分 Lua 运算符在 Lua 虚拟机指令集里也有相对应的指令，所以利用 Lua State 也可以很容易地实现运算符相关指令。因此，把 Lua State 作为第二个参数传递给指令函数是个不错的选择。以 MOVE 指令为例，其对应的实现函数看起来如下所示。

```
func move(i Instruction, ls LuaState) {
    a, b, _ := i.ABC() // 操作数 C 没用
    ls.Copy(b, a)
}
```

不过要想完整实现 Lua 虚拟机指令集，仅仅依赖 Lua API 还不够。比如说 LOADK 指令就需要查看二进制 chunk 常量表，从中取出某个常量，放到指定寄存器中。但 Lua API 并没有将常量表这种函数内部细节暴露给用户，所以也无法通过 API 方法来操作常量表。由于我们不想给 Lua API 私自添加任何方法，所以这一节将引入一个新的 **LuaVM** 接口，让其扩展现有的 **LuaState** 接口，然后添加几个必要的方法以满足指令实现函数的需要。

6.1.1　定义 LuaVM 接口

请读者在 $LUAGO/go/ch06/src/luago/api 目录下面创建 lua_vm.go 文件，在里面定义 **LuaVM** 接口，代码如下所示。

```
package api

type LuaVM interface {
    LuaState
    PC() int              // 返回当前 PC（仅测试用）
    AddPC(n int)          // 修改 PC（用于实现跳转指令）
    Fetch() uint32        // 取出当前指令；将 PC 指向下一条指令
    GetConst(idx int)     // 将指定常量推入栈顶
    GetRK(rk int)         // 将指定常量或栈值推入栈顶
}
```

LuaVM 接口扩展了 **LuaState** 接口，并增加了 5 个方法。其中 **AddPC()** 用于修改

当前 PC，这个方法是实现跳转指令所必需的。**Fetch()** 用于取出当前指令，同时递增 PC，让其指向下一条指令。这个方法主要是前面提到的虚拟机循环会用，但是 LOADKX 等少数几个指令也会用到它。**GetConst()** 用于从常量表里取出指定常量并推入栈顶，LOADK 和 LOADKX 这两个指令需要使用这个方法。**GetRK()** 根据情况从常量表里提取常量或者从栈里提取值，然后推入栈顶。这个方法并不是必需的，把它放在这里是为了方便指令的实现。**PC()** 用于返回当前 PC，这个方法也不是必需的，我们仅在测试中使用它。

下面我们来改造 **luaState** 结构体，让它实现 **LuaVM** 接口。

6.1.2　改造 luaState 结构体

请读者打开 $LUAGO/go/ch06/src/luago/state/lua_state.go 文件，添加一条 **import** 语句，然后修改 **luaState** 结构体，给它添加两个字段，改动如下所示。

```
package state

import "luago/binchunk"

type luaState struct {
    stack *luaStack
    // 下面是新添加的字段
    proto *binchunk.Prototype
    pc    int
}
```

pc 字段自然是用来充当程序计数器，**proto** 字段则是保存函数原型，这样就可以从中提取指令或者常量。给 **luaState** 结构体增加字段后，原先的 **New()** 函数也需要跟着调整一下，它的最新代码如下。

```
func New(stackSize int, proto *binchunk.Prototype) *luaState {
    return &luaState{
        stack: newLuaStack(stackSize),
        proto: proto,
        pc:    0,
    }
}
```

我们给 **New()** 函数添加了两个参数。第一个参数用于指定 Lua 栈初始容量，第二个参数传入函数原型以初始化 **proto** 字段。由于虚拟机肯定是从第 1 条指令开始执行，所以 **pc** 字段初始化成 0 就可以了。

6.1.3 实现 LuaVM 接口

有了增强版的 luaState 结构体，那么实现 LuaVM 接口就是水到渠成了。为了便于阅读和修改，我们把 LuaVM 接口定义的 5 个方法实现在 api_vm.go 文件里，请读者在 ch06/src/luago/state 目录下面创建这个文件。这 5 个方法都非常简单。下面先给出 PC() 和 AddPC() 方法的代码。

```
package state

func (self *luaState) PC() int {
    return self.pc
}

func (self *luaState) AddPC(n int) {
    self.pc += n
}
```

Fetch() 方法根据 PC 索引从函数原型的指令表里取出当前指令，然后把 PC 加 1，这样下次再调用该方法取出的就是下一条指令。它的代码如下所示。

```
func (self *luaState) Fetch() uint32 {
    i := self.proto.Code[self.pc]
    self.pc++
    return i
}
```

GetConst() 方法根据索引从函数原型的常量表里取出一个常量值，然后把它推入栈顶，代码如下所示。

```
func (self *luaState) GetConst(idx int) {
    c := self.proto.Constants[idx]
    self.stack.push(c)
}
```

GetRK() 方法根据情况调用 GetConst() 方法把某个常量推入栈顶，或者调用 PushValue() 方法把某个索引处的栈值推入栈顶，代码如下所示。

```
func (self *luaState) GetRK(rk int) {
    if rk > 0xFF { // constant
        self.GetConst(rk & 0xFF)
    } else { // register
        self.PushValue(rk + 1)
    }
}
```

我们马上就会看到，传递给 `GetRK()` 方法的参数实际上是 iABC 模式指令里的 OpArgK 类型参数。由第 3 章可知，这种类型的参数一共占 9 个比特。如果最高位是 1，那么参数里存放的是常量表索引，把最高位去掉就可以得到索引值；否则最高位是 0，参数里存放的就是寄存器索引值。但是请读者留意，Lua 虚拟机指令操作数里携带的寄存器索引是从 0 开始的，而 Lua API 里的栈索引是从 1 开始的，所以当需要把寄存器索引当成栈索引使用时，要对寄存器索引加 1。

6.2 实现 Lua 虚拟机指令

由第 3 章可知，Lua 虚拟机指令集一共定义了 47 条指令。其中 EXTRAARG 指令实际上只能用来扩展其他指令的操作数（详见本章对于 LOADKX 指令和第 7 章对于 SETLIST 指令的介绍），并不能单独执行，所以真正的指令只有 46 条。本节将介绍并实现其中的 30 条指令，剩下的 16 条指令在第二部分剩余章节里陆续介绍。

我们把这 30 条指令大致分成四类，实现在四个文件里，放在 $LUAGO/go/ch06/src/luago/vm 目录下面。其中运算符相关指令有 22 条，放在 inst_operators.go 文件里；加载类指令有 4 条，放在 inst_load.go 文件里；for 循环相关指令有 2 条，放在 inst_for.go 文件里；还剩下 2 条指令是 MOVE 和 JMP，归为其他类型，放在 inst_misc.go 文件里。请读者预先在 vm 目录下面创建这四个文件，初始代码如下所示。

```
package vm

import . "luago/api"
```

6.2.1 移动和跳转指令

移动和跳转指令最为简单，所以我们从这两条指令开始讨论。

1. MOVE

MOVE 指令（iABC 模式）把源寄存器（索引由操作数 B 指定）里的值移动到目标寄存器（索引由操作数 A 指定）里。如果用 `R(N)` 表示寄存器 N，那么 MOVE 指令可以用如下伪代码表示。

```
R(A) := R(B)
```

MOVE 指令常用于局部变量赋值和参数传递，以局部变量赋值为例（luac 命令可以从标准输入读取脚本，按 Ctrl+D 结束输入）。

```
$ luac -l -
local a,b,c,d,e; d = b
^D
main <stdin:0,0> (3 instructions at 0x7fde78600040)
0+ params, 5 slots, 1 upvalue, 5 locals, 0 constants, 0 functions
    1  [1] LOADNIL   0 4
    2  [1] MOVE      3 1
    3  [1] RETURN    0 1
```

上面例子里的 MOVE 指令如图 6-1 所示（粗箭头左边是指令执行前寄存器的状态，右边是指令执行后寄存器的状态，寄存器中的值沿虚线箭头移动）。

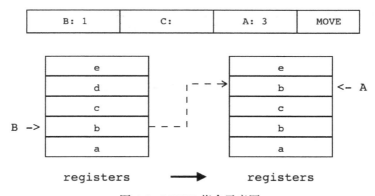

图 6-1　MOVE 指令示意图

虽然说是 MOVE 指令，但实际上叫作 COPY 指令可能更合适一些，因为源寄存器的值还原封不动待在原地。请读者在 inst_misc.go 文件里实现 MOVE 指令，代码如下所示。

```
func move(i Instruction, vm LuaVM) {
    a, b, _ := i.ABC()
    a += 1;    b += 1
    vm.Copy(b, a)
}
```

我们先解码指令，得到目标寄存器和源寄存器索引，然后把它们转换成栈索引，最后调用 Lua API 提供的 `Copy()` 方法拷贝栈值。如前文所述，寄存器索引加 1 才是相应的栈索引，后面不再赘述。

通过 MOVE 指令我们还可以看到，Lua 代码里的局部变量实际就存在寄存器里。由于

MOVE 等指令使用操作数 A（占 8 个比特）来表示目标寄存器索引，所以 Lua 函数使用的局部变量不能超过 255 个。实际上 Lua 编译器把函数的局部变量数限制在了 200 个以内，如果超过这个数量，函数就无法编译。

2. JMP

JMP 指令（iAsBx 模式）执行无条件跳转。该指令往往和后面要介绍的 TEST 等指令配合使用，但是也可能会单独出现，比如 Lua 也支持标签和 goto 语句（虽然强烈不建议使用）。下面这段 Lua 脚本会进入一个死循环，仅用来演示 JMP 指令。

```
$ luac -l -
::LOOP::
goto LOOP
^D
main <stdin:0,0> (2 instructions at 0x7f9b48600040)
0+ params, 2 slots, 1 upvalue, 0 locals, 0 constants, 0 functions
    1    [1]    JMP         0 -1   ; to 1
    2    [2]    RETURN      0 1
```

由于 JMP 指令不改变寄存器状态，这里就不画图解释了。请读者在 inst_misc.go 文件里实现 JMP 指令，代码如下所示。

```
func jmp(i Instruction, vm LuaVM) {
    a, sBx := i.AsBx()
    vm.AddPC(sBx)
    if a != 0 {
        panic("todo!")
    }
}
```

JMP 指令的操作数 A 和 Upvalue 有关，具体作用推迟到第 10 章再进行说明。

6.2.2 加载指令

加载指令用于把 nil 值、布尔值或者常量表里的常量值加载到寄存器里。

1. LOADNIL

LOADNIL 指令（iABC 模式）用于给连续 n 个寄存器放置 nil 值。寄存器的起始索引由操作数 A 指定，寄存器数量则由操作数 B 指定，操作数 C 没有用。LOADNIL 指令可以用如下伪代码表示。

```
R(A), R(A+1), ..., R(A+B) := nil
```

在 Lua 代码里，局部变量的默认初始值是 nil。LOADNIL 指令常用于给连续 n 个局部变量设置初始值，下面是一个例子。

```
$ luac -l -
local a,b,c,d,e
^D
main <stdin:0,0> (2 instructions at 0x7fd024d00070)
0+ params, 5 slots, 1 upvalue, 5 locals, 0 constants, 0 functions
    1    [1]    LOADNIL        0 4
    2    [1]    RETURN         0 1
```

上例中的 LOADNIL 指令如图 6-2 所示。

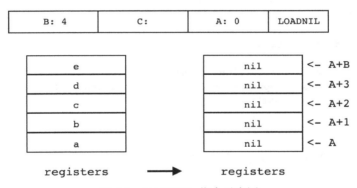

图 6-2　LOADNIL 指令示意图

请读者在 inst_load.go 文件里实现 LOADNIL 指令，代码如下所示。

```
func loadNil(i Instruction, vm LuaVM) {
    a, b, _ := i.ABC()
    a += 1

    vm.PushNil()
    for i := a; i <= a+b; i++ {
        vm.Copy(-1, i)
    }
    vm.Pop(1)
}
```

由第 3 章可知，Lua 编译器在编译函数生成指令表时，会把指令执行阶段所需要的寄存器数量预先算好，保存在函数原型里。这里假定虚拟机在执行第一条指令前，已经根据这一信息调用 SetTop() 方法保留了必要数量的栈空间。有了这个假设，我们就可以先

调用 `PushNil()` 方法往栈顶推入一个 nil 值，然后连续调用 `Copy()` 方法将 nil 值复制到指定寄存器中，最后调用 `Pop()` 方法把一开始推入栈顶的那个 nil 值弹出，让栈顶指针恢复原状。

2. LOADBOOL

LOADBOOL 指令（iABC 模式）给单个寄存器设置布尔值。寄存器索引由操作数 A 指定，布尔值由寄存器 B 指定（0 代表 false，非 0 代表 true），如果寄存器 C 非 0 则跳过下一条指令。LOADBOOL 指令可以用如下伪代码表示。

```
R(A) := (bool)B; if (C) pc++
```

LOADBOOL 指令可以单独使用，例如。

```
$ luac -l -
local a,b,c,d,e; c = true
^D
main <stdin:0,0> (3 instructions at 0x7ff6fe500070)
0+ params, 5 slots, 1 upvalue, 5 locals, 0 constants, 0 functions
    1    [1]    LOADNIL        0 4
    2    [1]    LOADBOOL       2 1 0
    3    [1]    RETURN         0 1
```

LOADBOOL 也常和后面要介绍的比较指令等结合使用。

```
$ luac -l -
local a,b,c,d,e; c = a > b
^D
main <stdin:0,0> (6 instructions at 0x7fac7dd00070)
0+ params, 5 slots, 1 upvalue, 5 locals, 0 constants, 0 functions
    1    [1]    LOADNIL        0 4
    2    [1]    LT             1 1 0
    3    [1]    JMP            0 1      ; to 5
    4    [1]    LOADBOOL       2 0 1
    5    [1]    LOADBOOL       2 1 0
    6    [1]    RETURN         0 1
```

上例中的第一条 LOADBOOL 指令如图 6-3 所示。

请读者在 inst_load.go 文件里实现 LOADBOOL 指令，代码如下所示。

```go
func loadBool(i Instruction, vm LuaVM) {
    a, b, c := i.ABC()
    a += 1
```

```
        vm.PushBoolean(b != 0)
        vm.Replace(a)
        if c != 0 {
            vm.AddPC(1)
        }
    }
```

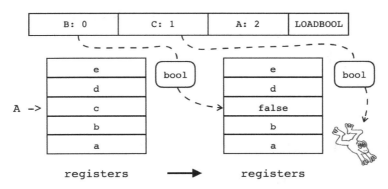

图 6-3　LOADBOOL 指令示意图

3. LOADK 和 LOADKX

LOADK 指令（iABx 模式）将常量表里的某个常量加载到指定寄存器，寄存器索引由操作数 A 指定，常量表索引由操作数 Bx 指定。如果用 `Kst(N)` 表示常量表中的第 N 个常量，那么 LOADK 指令可以用以下伪代码表示。

```
R(A) := Kst(Bx)
```

在 Lua 函数里出现的字面量（主要是数字和字符串）会被 Lua 编译器收集起来，放进常量表里。以下面的局部变量赋值语句为例。

```
$ luac -l -
local a,b,c,d,e = nil,1,2,2,"foo"
^D
main <stdin:0,0> (6 instructions at 0x7f9f1cd00070)
0+ params, 5 slots, 1 upvalue, 5 locals, 3 constants, 0 functions
    1    [1]    LOADNIL      0 0
    2    [1]    LOADK        1 -1    ; 1
    3    [1]    LOADK        2 -2    ; 2
    4    [1]    LOADK        3 -2    ; 2
    5    [1]    LOADK        4 -3    ; "foo"
    6    [1]    RETURN       0 1
```

上面例子里的最后一条 LOADK 指令如图 6-4 所示（虚线箭头左边是常量表）。

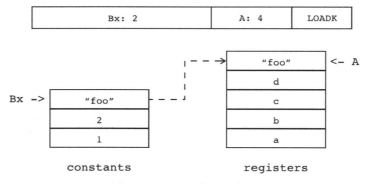

图 6-4 LOADK 指令示意图

请读者在 inst_load.go 文件里实现 LOADK 指令，代码如下所示。

```go
func loadK(i Instruction, vm LuaVM) {
    a, bx := i.ABx()
    a += 1

    vm.GetConst(bx)
    vm.Replace(a)
}
```

我们先调用前面准备好的 GetConst() 方法把指定常量推入栈顶，然后调用
Replace() 方法把它移动到指定索引处。我们知道操作数 Bx 占 18 个比特，能表示的最
大无符号整数是 262143，大部分 Lua 函数的常量表大小都不会超过这个数，所以这个限
制通常不是什么问题。不过 Lua 也经常被当作数据描述语言使用，所以常量表大小可能超
过这个限制也并不稀奇。为了应对这种情况，Lua 还提供了一条 LOADKX 指令。

LOADKX 指令（也是 iABx 模式）需要和 EXTRAARG 指令（iAx 模式）搭配使用，用
后者的 Ax 操作数来指定常量索引。Ax 操作数占 26 个比特，可以表达的最大无符号整数
是 67108864，可以满足大部分情况了。请读者在 inst_load.go 文件里实现 LOADKX 指令，
代码如下所示。

```go
func loadKx(i Instruction, vm LuaVM) {
    a, _ := i.ABx()
    a += 1
    ax := Instruction(vm.Fetch()).Ax()

    vm.GetConst(ax)
```

```
    vm.Replace(a)
}
```

到这里加载指令就介绍完毕了。在接下来的四节里，我们会讨论并实现 Lua 运算符相关指令。

6.2.3 算术运算指令

Lua 语言里的 8 个算术运算符和 6 个按位运算符分别和 Lua 虚拟机指令集里的 14 条指令一一对应，为了简化讨论，我们把这些指令统称为算术运算指令。

1. 二元算术运算指令

二元算术运算指令（iABC 模式），对两个寄存器或常量值（索引由操作数 B 和 C 指定）进行运算，将结果放入另一个寄存器（索引由操作数 A 指定）。如果用 **RK(N)** 表示寄存器或者常量值，那么二元算术运算指令可以用如下伪代码表示。

```
R(A) := RK(B) op RK(C)
```

以加法运算符为例。

```
$ luac -l -
local a,b,c,d,e; e = b + 100
^D
main <stdin:0,0> (3 instructions at 0x7fdf27c03050)
0+ params, 5 slots, 1 upvalue, 5 locals, 1 constant, 0 functions
    1    [1]    LOADNIL    0 4
    2    [1]    ADD        4 1 -1 ; - 100
    3    [1]    RETURN     0 1
```

上面例子中的 ADD 指令如图 6-5 所示。

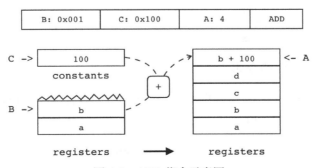

图 6-5　ADD 指令示意图

请读者在 inst_operators.go 文件里定义 **_binaryArith()** 函数（后面会用它来实现二元算术运算指令），代码如下所示。

```go
func _binaryArith(i Instruction, vm LuaVM, op ArithOp) {
    a, b, c := i.ABC()
    a += 1

    vm.GetRK(b)
    vm.GetRK(c)
    vm.Arith(op)
    vm.Replace(a)
}
```

我们先调用前面准备好的 **GetRK()** 方法把两个操作数推入栈顶，然后调用 **Arith()** 方法进行算术运算。算术运算完毕之后，操作数已经从栈顶弹出，取而代之的是运算结果，我们调用 **Replace()** 方法把它移动到指定寄存器即可。

2. 一元算术运算指令

一元算术运算指令（iABC 模式），对操作数 B 所指定的寄存器里的值进行运算，然后把结果放入操作数 A 所指定的寄存器中，操作数 C 没用。一元算术指令可以用如下伪代码表示。

```
R(A) := op R(B)
```

以按位取反运算符为例。

```
$ luac -l -
local a,b,c,d,e; d = ~b
^D
main <stdin:0,0> (3 instructions at 0x7fc3dfd00070)
0+ params, 5 slots, 1 upvalue, 5 locals, 0 constants, 0 functions
    1    [1]    LOADNIL    0 4
    2    [1]    BNOT       3 1
    3    [1]    RETURN     0 1
```

上面例子中的 BNOT 指令如图 6-6 所示。

请读者在 inst_operators.go 文件里定义 **_unaryArith()** 函数（后面会用它来实现一元算术运算指令），代码如下所示。

```go
func _unaryArith(i Instruction, vm LuaVM, op ArithOp) {
    a, b, _ := i.ABC()
```

```
    a += 1; b += 1

    vm.PushValue(b)
    vm.Arith(op)
    vm.Replace(a)
}
```

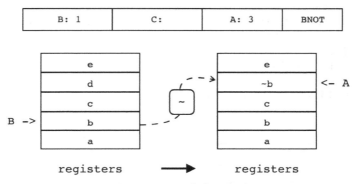

图 6-6　BNOT 指令示意图

有了 **_binaryArith()** 和 **_unaryArith()** 函数，实现算术运算指令就易如反掌了。请读者在 inst_operators.go 文件里实现这 14 条指令，代码如下所示。

```
func add (i Instruction, vm LuaVM) { _binaryArith(i, vm, LUA_OPADD)  } // +
func sub (i Instruction, vm LuaVM) { _binaryArith(i, vm, LUA_OPSUB)  } // -
func mul (i Instruction, vm LuaVM) { _binaryArith(i, vm, LUA_OPMUL)  } // *
func mod (i Instruction, vm LuaVM) { _binaryArith(i, vm, LUA_OPMOD)  } // %
func pow (i Instruction, vm LuaVM) { _binaryArith(i, vm, LUA_OPPOW)  } // ^
func div (i Instruction, vm LuaVM) { _binaryArith(i, vm, LUA_OPDIV)  } // /
func idiv(i Instruction, vm LuaVM) { _binaryArith(i, vm, LUA_OPIDIV) } // //
func band(i Instruction, vm LuaVM) { _binaryArith(i, vm, LUA_OPBAND) } // &
func bor (i Instruction, vm LuaVM) { _binaryArith(i, vm, LUA_OPBOR)  } // |
func bxor(i Instruction, vm LuaVM) { _binaryArith(i, vm, LUA_OPBXOR) } // ~
func shl (i Instruction, vm LuaVM) { _binaryArith(i, vm, LUA_OPSHL)  } // <<
func shr (i Instruction, vm LuaVM) { _binaryArith(i, vm, LUA_OPSHR)  } // >>
func unm (i Instruction, vm LuaVM) { _unaryArith( i, vm, LUA_OPUNM)  } // -
func bnot(i Instruction, vm LuaVM) { _unaryArith( i, vm, LUA_OPBNOT) } // ~
```

6.2.4　长度和拼接指令

1. LEN

LEN 指令（iABC 模式）进行的操作和一元算术运算指令类似，可以用伪代码表示为：

```
R(A) := length of R(B)
```

LEN 指令对应 Lua 语言里的长度运算符，如下所示。

```
$ luac -l -
local a,b,c,d,e; d = #b
^D
main <stdin:0,0> (3 instructions at 0x7f7f75e00040)
0+ params, 5 slots, 1 upvalue, 5 locals, 0 constants, 0 functions
    1   [1]  LOADNIL     0 4
    2   [1]  LEN         3 1
    3   [1]  RETURN      0 1
```

上面例子中的 LEN 指令如图 6-7 所示。

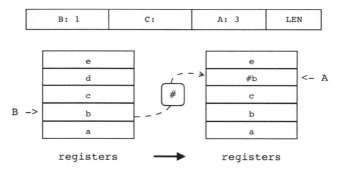

图 6-7　LEN 指令示意图

请读者在 inst_operators.go 文件里实现 LEN 指令，代码如下所示。

```
func _length(i Instruction, vm LuaVM) {
    a, b, _ := i.ABC()
    a += 1; b += 1

    vm.Len(b)
    vm.Replace(a)
}
```

2. CONCAT

CONCAT 指令（iABC 模式），将连续 n 个寄存器（起止索引分别由操作数 B 和 C 指定）里的值拼接，将结果放入另一个寄存器（索引由操作数 A 指定）。CONCAT 指令可以用如下伪代码表示。

```
R(A) := R(B).. ... ..R(C)
```

CONCAT 指令对应 Lua 语言里的拼接运算符，如下所示。

```
$ luac -l -
local a,b; b = a .. a .. a
^D
main <stdin:0,0> (6 instructions at 0x7ff38d500070)
0+ params, 5 slots, 1 upvalue, 2 locals, 0 constants, 0 functions
        1       [1]     LOADNIL         0 1
        2       [1]     MOVE            2 0
        3       [1]     MOVE            3 0
        4       [1]     MOVE            4 0
        5       [1]     CONCAT          1 2 4
        6       [1]     RETURN          0 1
```

上面例子中的 CONCAT 指令如图 6-8 所示。

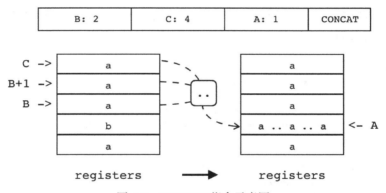

图 6-8　CONCAT 指令示意图

请读者在 inst_operators.go 文件里实现 CONCAT 指令，代码如下所示。

```go
func concat(i Instruction, vm LuaVM) {
    a, b, c := i.ABC()
    a += 1; b += 1; c += 1

    n := c - b + 1
    vm.CheckStack(n)
    for i := b; i <= c; i++ {
        vm.PushValue(i)
    }
    vm.Concat(n)
    vm.Replace(a)
}
```

在实现前面的指令时，最多只是往栈顶推入了一两个值，所以我们可以在创建 Lua 栈时把容量设置得稍微大一些，这样在推入少量值之前就不需要检查栈剩余空间了。但是 CONCAT 指令则有所不同，因为进行拼接的值的数量是不确定的，所以在把这些值推入栈顶之前，必须调用 `CheckStack()` 方法确保还有足够的空间可以容纳这些值，否则可能会导致栈溢出。

6.2.5　比较指令

比较指令（iABC 模式），比较寄存器或常量表里的两个值（索引分别由操作数 B 和 C 指定），如果比较结果和操作数 A（转换为布尔值）不匹配，则跳过下一条指令。比较指令不改变寄存器状态，可以用如下伪代码表示。

```
if ((RK(B) op RK(C)) ~= A) then pc++
```

比较指令对应 Lua 语言里的比较运算符（当用于赋值时，需要和 LOADBOOL 指令搭配使用），以等于运算符为例。

```
$ luac -l -
local a,b,c,d,e; a = (b == "foo")
^D
main <stdin:0,0> (6 instructions at 0x7f868a4030e0)
0+ params, 5 slots, 1 upvalue, 5 locals, 1 constant, 0 functions
        1       [1]     LOADNIL         0 4
        2       [1]     EQ              1 1 -1  ; - "foo"
        3       [1]     JMP             0 1     ; to 5
        4       [1]     LOADBOOL        0 0 1
        5       [1]     LOADBOOL        0 1 0
        6       [1]     RETURN          0 1
```

上面例子中的 EQ 指令如图 6-9 所示。

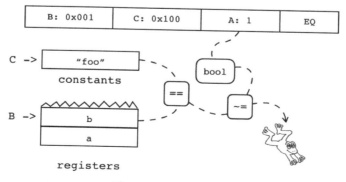

图 6-9　EQ 指令示意图

请读者在 inst_operators.go 文件里定义 **_compare()** 函数（后面会用它来实现比较指令），代码如下所示。

```
func _compare(i Instruction, vm LuaVM, op CompareOp) {
    a, b, c := i.ABC()

    vm.GetRK(b)
    vm.GetRK(c)
    if vm.Compare(-2, -1, op) != (a != 0) {
        vm.AddPC(1)
    }
    vm.Pop(2)
}
```

我们先调用 **GetRK()** 方法把两个要比较的值推入栈顶，然后调用 **Compare()** 方法执行比较运算，如果比较结果和操作数 A 一致则把 PC 加 1。由于 **Compare()** 方法并没有把栈顶值弹出，所以我们需要自己调用 **Pop()** 方法清理栈顶。请读者在 inst_operators.go 文件里实现三条比较指令，代码如下所示。

```
func eq(i Instruction, vm LuaVM) { _compare(i, vm, LUA_OPEQ) } // ==
func lt(i Instruction, vm LuaVM) { _compare(i, vm, LUA_OPLT) } // <
func le(i Instruction, vm LuaVM) { _compare(i, vm, LUA_OPLE) } // <=
```

6.2.6　逻辑运算指令

逻辑运算指令对应 Lua 语言里的逻辑运算符。

1. NOT

NOT 指令（iABC 模式）进行的操作和一元算术运算指令类似，可以用如下伪代码表示。

```
R(A) := not R(B)
```

NOT 指令对应 Lua 语言里的逻辑非运算符，如下所示。

```
$ luac -l -
local a,b,c,d,e; d = not b
^D
main <stdin:0,0> (3 instructions at 0x7fccd8d00070)
0+ params, 5 slots, 1 upvalue, 5 locals, 0 constants, 0 functions
    1    [1]    LOADNIL    0 4
    2    [1]    NOT        3 1
```

```
        3      [1]      RETURN          0 1
```

上面例子中的 NOT 指令如图 6-10 所示。

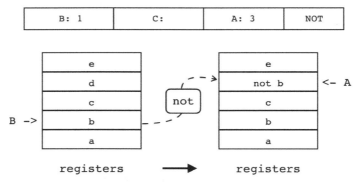

图 6-10　NOT 指令示意图

请读者在 inst_operators.go 文件里实现 NOT 指令，代码如下所示。

```go
func not(i Instruction, vm LuaVM) {
    a, b, _ := i.ABC()
    a += 1; b += 1

    vm.PushBoolean(!vm.ToBoolean(b))
    vm.Replace(a)
}
```

2. TESTSET

TESTSET 指令（iABC 模式），判断寄存器 B（索引由操作数 B 指定）中的值转换为布尔值之后是否和操作数 C 表示的布尔值一致，如果一致则将寄存器 B 中的值复制到寄存器 A（索引由操作数 A 指定）中，否则跳过下一条指令。TESTSET 指令可以用如下伪代码表示（<=> 表示按布尔值比较）。

```
if (R(B) <=> C) then R(A) := R(B) else pc++
```

TESTSET 指令对应 Lua 语言里的逻辑与和逻辑或运算符，以逻辑与为例。

```
$ luac -l -
local a,b,c,d,e; b = d and e
^D
main <stdin:0,0> (5 instructions at 0x7fbc53500070)
0+ params, 5 slots, 1 upvalue, 5 locals, 0 constants, 0 functions
```

```
1       [1]     LOADNIL         0 4
2       [1]     TESTSET         1 3 0
3       [1]     JMP             0 1                     ; to 5
4       [1]     MOVE            1 4
5       [1]     RETURN          0 1
```

上面例子中的 TESTSET 指令如图 6-11 所示（这是本章最复杂的一张指令示意图，请读者从上到下、从左往右，跟随虚线箭头来理解该图）。

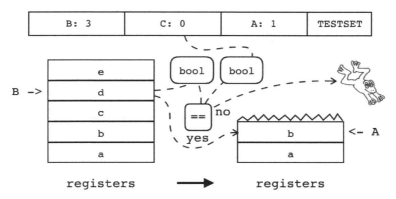

图 6-11　TESTSET 指令示意图

请读者在 inst_operators.go 文件里实现 TESTSET 指令，代码如下所示。

```go
func testSet(i Instruction, vm LuaVM) {
    a, b, c := i.ABC()
    a += 1; b += 1

    if vm.ToBoolean(b) == (c != 0) {
        vm.Copy(b, a)
    } else {
        vm.AddPC(1)
    }
}
```

3. TEST

TEST 指令（iABC 模式），判断寄存器 A（索引由操作数 A 指定）中的值转换为布尔值之后是否和操作数 C 表示的布尔值一致，如果不一致，则跳过下一条指令。TEST 指令不使用操作数 B，也不改变寄存器状态，可以用以下伪代码表示。

```
if not (R(A) <=> C) then pc++
```

TEST 指令是 TESTSET 指令的特殊形式，如下所示。

```
$ luac -l -
local a,b,c,d,e; b = b and e
^D
main <stdin:0,0> (5 instructions at 0x7fc7a55002e0)
0+ params, 5 slots, 1 upvalue, 5 locals, 0 constants, 0 functions
    1    [1]    LOADNIL    0 4
    2    [1]    TEST       1 0
    3    [1]    JMP        0 1      ; to 5
    4    [1]    MOVE       1 4
    5    [1]    RETURN     0 1
```

上面例子中的 TEST 指令如图 6-12 所示。

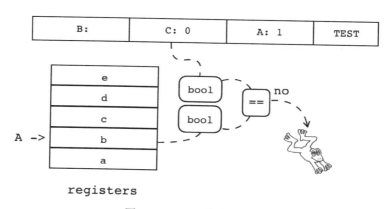

图 6-12　TEST 指令示意图

请读者在 inst_operators.go 文件里实现 TEST 指令，代码如下所示。

```
func test(i Instruction, vm LuaVM) {
    a, _, c := i.ABC()
    a += 1

    if vm.ToBoolean(a) != (c != 0) {
        vm.AddPC(1)
    }
}
```

6.2.7　for 循环指令

Lua 语言的 for 循环语句有两种形式：数值（Numerical）形式和通用（Generic）形式。数值 for 循环用于按一定步长遍历某个范围内的数值，通用 for 循环主要用于遍历表。这一小节我们先讨论数值 for 循环相关指令，通用 for 循环相关指令等到第 12 章介绍迭代器时再讨论。

数值 for 循环需要借助两条指令来实现：FORPREP 和 FORLOOP。其中 FORPREP 指令可以用以下伪代码表示。

```
R(A)-=R(A+2); pc+=sBx
```

FORLOOP 指令可以用以下伪代码表示。

```
R(A)+=R(A+2);
if R(A) <?= R(A+1) then {
    pc+=sBx; R(A+3)=R(A)
}
```

这两条指令远没有前面讨论的其他指令那么直观，下面来看一个例子。

```
$ luac -l -l -
for i=1,100,2 do f() end
^D
main <stdin:0,0> (8 instructions at 0x7f8d87d00070)
0+ params, 5 slots, 1 upvalue, 4 locals, 4 constants, 0 functions
    1    [1]    LOADK       0 -1          ; 1
    2    [1]    LOADK       1 -2          ; 100
    3    [1]    LOADK       2 -3          ; 2
    4    [1]    FORPREP     0 2           ; to 7
    5    [1]    GETTABUP    4 0 -4        ; _ENV "f"
    6    [1]    CALL        4 1 1
    7    [1]    FORLOOP     0 -3          ; to 5
    8    [1]    RETURN      0 1
constants (4) for 0x7f8d87d00070:
    1    1
    2    100
    3    2
    4    "f"
locals (4) for 0x7f8d87d00070:
    0    (for index)    4        8
    1    (for limit)    4        8
    2    (for step)     4        8
    3    i              5        7
upvalues (1) for 0x7f8d87d00070:
    0    _ENV    1        0
```

从反编译输出的局部变量表可知，Lua 编译器为了实现 for 循环，使用了三个特殊的局部变量，这三个特殊局部变量的名字里都包含圆括号（属于非法标识符），这样就避免了和程序中出现的普通变量重名的可能。由名字可知，这三个局部变量分别存放数值、限制和步长，并且在循环开始之前就已经预先初始化好了（对应三条 LOADK 指令）。

此外我们还可以看出，这三个特殊的变量正好对应前面伪代码中的 R(A)、R(A+1) 和 R(A+2) 这三个寄存器，我们自己在 for 循环里定义的变量 i 则对应 R(A+3) 寄存器。由此可知，FORPREP 指令执行的操作其实就是在循环开始之前预先给数值减去步长，然后跳转到 FORLOOP 指令正式开始循环，如图 6-13 所示。

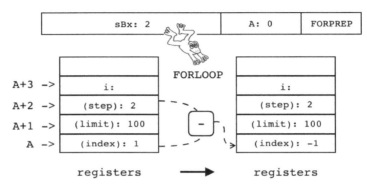

图 6-13　FORPREP 指令示意图

FORLOOP 指令则是先给数值加上步长，然后判断数值是否还在范围之内。如果已经超出范围，则循环结束；若未超过范围则把数值拷贝给用户定义的局部变量，然后跳转到循环体内部开始执行具体的代码块。上面例子中的第一次循环可以用图 6-14 表示。

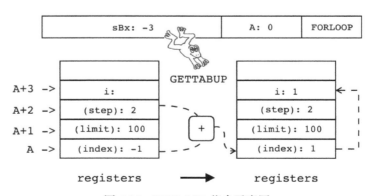

图 6-14　FORLOOP 指令示意图

还有一点需要解释，也就是 FORLOOP 指令伪代码中的 "<?=" 符号。当步长是正数时，这个符号的含义是 "<="，也就是说继续循环的条件是数值不大于限制；当步长是负

数时，这个符号的含义是"**>=**"，循环继续的条件就变成了数值不小于限制。

FORPREP 和 FORLOOP 指令都已经搞清楚了，下一步只要把伪代码翻译成 API 调用就可以了。请读者在 inst_operators.go 文件里实现 FORPREP 指令，代码如下所示。

```go
func forPrep(i Instruction, vm LuaVM) {
    a, sBx := i.AsBx()
    a += 1

    // R(A)-=R(A+2)
    vm.PushValue(a)
    vm.PushValue(a + 2)
    vm.Arith(LUA_OPSUB)
    vm.Replace(a)
    // pc+=sBx
    vm.AddPC(sBx)
}
```

FORLOOP 指令稍微复杂一点，代码如下所示。

```go
func forLoop(i Instruction, vm LuaVM) {
    a, sBx := i.AsBx()
    a += 1

    // R(A)+=R(A+2);
    vm.PushValue(a + 2)
    vm.PushValue(a)
    vm.Arith(LUA_OPADD)
    vm.Replace(a)

    // R(A) <?= R(A+1)
    isPositiveStep := vm.ToNumber(a+2) >= 0
    if isPositiveStep && vm.Compare(a, a+1, LUA_OPLE) ||
        !isPositiveStep && vm.Compare(a+1, a, LUA_OPLE) {

        vm.AddPC(sBx)    // pc+=sBx
        vm.Copy(a, a+3) // R(A+3)=R(A)
    }
}
```

到此，本章要实现的 30 条指令都已经实现好了，接下来我们讨论指令分派。

6.3　指令分派

就如本章开头所说的那样，可以使用一个大大的 switch-case 语句来进行指令分派

（Dispatch）。不过我们在第 3 章已经定义了一个指令表，只要对它稍加扩展就可以通过查表的方式来进行指令分派。请读者打开 $LUAGO/go/ch06/src/luago/vm/opcodes.go 文件，修改 opcode 结构体，改动如下所示。

```
package vm

import "luago/api" // 需要导入 api 包
... // 其他代码不变

type opcode struct {
    ... // 其他字段不变，增加 action 字段
    action func(i Instruction, vm api.LuaVM)
}
```

我们给 opcode 结构体增加了 action 字段，用来存放指令的实现函数。继续编辑 opcodes.go 文件，修改 opcodes 变量初始化代码，给前面讨论的 30 条指令都补上 action，改动如下所示。

```
var opcodes = []opcode{
    /*     T  A  B      C     mode  name       action */
    opcode{0, 1, OpArgR, OpArgN, IABC, "MOVE    ", move   },
    opcode{0, 1, OpArgK, OpArgN, IABx, "LOADK   ", loadK  },
    opcode{0, 1, OpArgN, OpArgN, IABx, "LOADKX  ", loadKx },
    opcode{0, 1, OpArgU, OpArgU, IABC, "LOADBOOL", loadBool},
    opcode{0, 1, OpArgU, OpArgN, IABC, "LOADNIL ", loadNil },
    ... // 其他指令省略
}
```

以上只列出了前五条指令，如需完整指令列表可以参考本章随书源代码。有了增强版指令表，接下来请读者打开 ch06/src/luago/vm/instruction.go 文件，给 Instruction 类型添加一个 Execute() 方法，改动如下所示。

```
package vm

import "luago/api" // 需要导入 api 包
... // 其他代码不变，下面是新增加的方法

func (self Instruction) Execute(vm api.LuaVM) {
    action := opcodes[self.Opcode()].action
    if action != nil {
        action(self, vm)
    } else {
```

```
        panic(self.OpName())
    }
}
```

在指令表的帮助下，指令分派变得异常简单。`Execute()` 方法先从指令里提取操作码，然后根据操作码从指令表里查找对应的指令实现方法，最后调用指令实现方法执行指令。

6.4　测试本章代码

编写程序和搭积木很像。在第 2 和第 3 章我们完成了二进制 chunk 解析和指令解码模块，在第 4 章和第 5 章我们实现了 Lua State 和 API 模块，本章我们实现了指令分派和执行模块，现在只要把这三个模块组装起来，一台 Lua 虚拟机雏形就诞生了。请读者打开本章的 main.go 文件，修改 `import` 语句和 `main()` 函数，改动如下所示。

```go
package main

import "fmt"
import "io/ioutil"
import "os"
import "luago/binchunk"
import . "luago/api"
import "luago/state"
import . "luago/vm"

func main() {
    if len(os.Args) > 1 {
        data, err := ioutil.ReadFile(os.Args[1])
        if err != nil { panic(err) }
        proto := binchunk.Undump(data)
        luaMain(proto)
    }
}
```

现在 `main()` 函数又回到了第 2 章的样子，不过不再是打印函数原型，而是调用 `luaMain()` 执行 Lua 主函数。下面是 `luaMain()` 函数的代码。

```go
func luaMain(proto *binchunk.Prototype) {
    nRegs := int(proto.MaxStackSize)
    ls := state.New(nRegs+8, proto)
```

```
    ls.SetTop(nRegs)
    for {
        pc := ls.PC()
        inst := Instruction(ls.Fetch())
        if inst.Opcode() != OP_RETURN {
            inst.Execute(ls)
            fmt.Printf("[%02d] %s ", pc+1, inst.OpName())
            printStack(ls)
        } else {
            break
        }
    }
}
```

我们可以从主函数原型里拿到运行该函数所需要的寄存器数量，由于指令实现函数也需要少量的栈空间，所以实际创建的 Lua 栈容量要比寄存器数量稍微大一些。luaState 结构体实例创建好之后，调用 SetTop() 方法在栈里预留出寄存器空间，剩余栈空间留给指令实现函数使用，剩下的代码就是指令循环了：取出指令（同时递增 PC）、执行指令、打印指令和栈信息（以便于观察），直到遇到返回指令为止。

Lua 虚拟机有了，还需要准备一个测试脚本。请读者在 $LUAGO/lua/ch06 目录下面创建 sum.lua 文件，在里面使用数值 for 循环计算 1 到 100 之间全部偶数的总和，代码如下所示。

```
local sum = 0
for i = 1, 100 do
    if i % 2 == 0 then
        sum = sum + i
    end
end
```

用 luac 命令看看上面这段脚本会被编译成哪些指令。

```
$ luac -l $LUAGO/lua/ch06/sum.lua

main <../lua/ch06/sum.lua:0,0> (11 instructions at 0x7f8060403160)
0+ params, 6 slots, 1 upvalue, 5 locals, 4 constants, 0 functions
        1       [1]     LOADK           0 -1            ; 0
        2       [2]     LOADK           1 -2            ; 1
        3       [2]     LOADK           2 -3            ; 100
        4       [2]     LOADK           3 -2            ; 1
        5       [2]     FORPREP         1 4             ; to 10
```

```
6      [3]     MOD          5 4 -4
7      [3]     EQ           0 5 -1  ; - 0
8      [3]     JMP          0 1              ; to 10
9      [4]     ADD          0 0 4
10     [2]     FORLOOP      1 -5             ; to 6
11     [6]     RETURN       0 1
```

除了 RETURN 指令，其他指令都已经实现好了。由于我们遇到 RETURN 就会结束指令循环，所以暂时没有太大影响。等到第 7 章介绍函数调用和返回时，会真正实现 RETURN 指令。请读者执行下面的命令编译本章代码。

```
$ cd $LUAGO/go/
$ export GOPATH=$PWD/ch06
$ go install luago
```

如果没有看到任何输出，那么编译就成功了，在 ch06/bin 目录下会出现可执行文件 luago，这就是我们花了 6 章时间才打造好的 Lua 虚拟机。把前面准备好的 Lua 脚本编译成二进制 chunk 文件，然后用它来测试一下新鲜出炉的 Lua 虚拟机。

```
$ luac ../lua/ch06/sum.lua
$ ./ch06/bin/luago luac.out
[01] LOADK     [0][nil][nil][nil][nil][nil]
[02] LOADK     [0][1][nil][nil][nil][nil]
[03] LOADK     [0][1][100][nil][nil][nil]
[04] LOADK     [0][1][100][1][nil][nil]
[05] FORPREP   [0][0][100][1][nil][nil]
[10] FORLOOP   [0][1][100][1][1][nil]
[06] MOD       [0][1][100][1][1][1]
[07] EQ        [0][1][100][1][1][1]
[08] JMP       [0][1][100][1][1][1]
[10] FORLOOP   [0][2][100][1][2][1]
[06] MOD       [0][2][100][1][2][0]
[07] EQ        [0][2][100][1][2][0]
[09] ADD       [2][2][100][1][2][0]
[10] FORLOOP   [2][3][100][1][3][0]
...
[06] MOD       [2450][100][100][1][100][0]
[07] EQ        [2450][100][100][1][100][0]
[09] ADD       [2550][100][100][1][100][0]
[10] FORLOOP   [2550][101][100][1][100][0]
```

虽然我们还没办法使用 `print()` 函数打印计算结果，但还是可以发现，全部指令执行完毕之后，正确结果 "2550" 已经如约而至出现在了栈底。看到自己的辛勤劳作终于有了成果，再苦再累也是值得的吧。

6.5 本章小结

　　本章初步实现了一台 Lua 虚拟机，它可以执行 Lua 虚拟机指令集里大约 2/3 的指令，这些指令里除了移动、加载、for 循环等指令外，大部分指令都和 Lua 语言运算符相关。在后面的章节中，我们会进一步完善这台虚拟机。在第 7 章会讨论 Lua 表和表操作相关指令，在第 8 章会讨论函数调用和相关指令，在第 9 章会讨论闭包和 Upvalue 相关指令，在第 12 章会讨论迭代器和通用 for 循环指令。

第 7 章 表

除了布尔、数字、字符串等基本数据类型以外，大部分编程语言都会内置数组、列表、哈希表等多种数据结构。Lua 与众不同，其只提供了唯一一种数据结构，也就是本章将要讨论的表（Table）。Lua 表非常强大，不仅可以直接当成数组和列表使用，也可以用它来实现其他各种数据结构。此外，表对于 Lua 语言本身来讲也非常重要，比如全局变量（在第 10 章介绍）、元编程（在第 11 章讨论）、包和模块机制（在第 20 章讨论）等，全部都要依赖表。

本章首先对表进行简要介绍，然后编写代码实现表结构体，之后给 Lua API 添加表的相关操作方法，最后实现表的相关操作指令。在继续阅读本章内容之前，请读者执行下面的命令，把本章所需的目录结构和编译环境准备好。

```
$ cd $LUAGO/go/
$ cp -r ch06/ ch07
$ export GOPATH=$PWD/ch07
```

7.1 表介绍

Lua 表本质上是关联数组（Associative Array，也叫作 Dictionary 或者 Map），里面存放的是两两关联的键值对。Lua 语言提供了表构造器（Table Constructor）表达式，极大方便了表的创建。由于 Lua 表非常强大，表构造器也很好用，所以 Lua 也常被当成数据描述语言来使用。Lua 的表构造器语法和 JSON 语法非常相似，但是更为复杂一些，功能也更加强大。具体的语法我们留到第 15 章再讨论，下面是一些简单的例子。

```lua
local t = {}                -- 创建空表
local p = {x = 100, y = 200} -- 创建记录
```

表创建好之后，可以使用下标表达式给键赋值，或者根据键访问值。除了 nil 值和浮点数 NaN 以外，任何 Lua 值都可以当作键来使用。值则可以是任意 Lua 值，包括 nil 和 NaN。如果一个表的键全部是字符串类型（比如上例中的第二个表），我们称这个表为**记录**（Record）。下面是使用各种类型的键和值来操作表的一些例子。

```lua
t[false] = nil; assert(t[false] == nil)
t["pi"] = 3.14; assert(t["pi"] == 3.14)
t[t] = "table"; assert(t[t] == "table")
t[10] = assert; assert(t[10] == assert)
```

虽然表是 Lua 语言提供的唯一数据结构，但假如我们需要使用类似其他语言里的数组，表也是完全可以胜任的。按照惯例，如果某个表的键全部是正整数，就称这个表为列表（List），或者**数组**。请读者注意，正整数并不包括 0，所以 Lua 数组索引从 1 开始。如果在表构造器里省略键和等号，只列出值，创建出来的就是数组。下面的例子演示了数组的用法。

```lua
local arr = {"a", "b", "c", nil, "e"}
assert(arr[1] == "a")
assert(arr[2] == "b")
assert(arr[3] == "c")
assert(arr[4] == nil)
assert(arr[5] == "e")
```

如果数组中存在 nil 值（比如像上面例子中这样），我们称这些 nil 值为洞（Hole）。如果一个数组中没有洞，那么称这个数组为**序列**（Sequence）。对于序列，可以使用第 5 章介绍的长度运算符获取它的长度。下面的例子演示了长度运算符的用法。

```lua
local seq = {"a", "b", "c", "d", "e"}
assert(#seq == 5)
```

综上所述，表、记录、数组、序列之间的包含关系如图 7-1 所示。

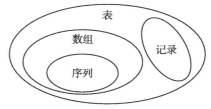

图 7-1　表、记录、数组、序列之间的关系

最后需要说明的一点是，当键在表内使用时，实际表示整数（且在整数范围内）的浮点数会被转换成相应的整数，下面的例子演示了这种转换。

```
local t = {}
t[6] = "foo";   assert(t[6.0] == "foo")
t[7.0] = "foo"; assert(t[7] == "foo")
t["8"] = "bar"; assert(t[8] == nil)
t[9] = "bar";   assert(t["9"] == nil)
```

7.2　表内部实现

如前所述，表实质上就是关联数组。其中键可以是除 nil 和 NaN 之外的任何 Lua 值，值则可以是任何 Lua 值，所以表的实现是非常容易的，直接利用 Go 语言内置的 map 类型就可以了。比如像下面这样。

```
type luaTable map[luaValue]luaValue
```

Lua 官方在 5.0 以前也是简单使用哈希表来实现 Lua 表的，不过由于在实践中数组的使用非常频繁，所以为了专门优化数组的效率，Lua 5.0 开始改用混合数据结构来实现表。简单来说，这种混合数据结构同时包含了数组和哈希表两部分。如果表的键是连续的正整数，那么哈希表就是空的，值全部按索引存储在数组里。这样，Lua 数组无论是在空间利用率上（不需要显式存储键），还是时间效率上（可以按索引存取值，不需要计算哈希码）都和真正的数组相差无几。如果表并没有被当成数组使用，那么数据完全存储在哈希表里，数组部分是空的，也没什么损失。

上述优化完全属于表内部实现细节，甚至对于 Lua 虚拟机来说也是透明的。本节我们参考 Lua 官方的做法，使用数组和哈希表的混合方式来实现 Lua 表。请读者在 $LUAGO/go/ch07/src/luago/state 目录下面创建 lua_table.go 文件，在里面定义 luaTable 结构体，代码如下所示。

```
package state

import "math"
import "luago/number"

type luaTable struct {
    arr  []luaValue
    _map map[luaValue]luaValue
}
```

luaTable 结构体有两个字段，其中 arr 字段存放数组部分，_map 字段（由于 map 是 Go 语言关键字，不能用来命名字段，所以加了下划线）存放哈希表部分。请读者继续编辑 lua_table.go 文件，添加 newLuaTable() 函数，代码如下所示。

```go
func newLuaTable(nArr, nRec int) *luaTable {
    t := &luaTable{}
    if nArr > 0 {
        t.arr = make([]luaValue, 0, nArr)
    }
    if nRec > 0 {
        t._map = make(map[luaValue]luaValue, nRec)
    }
    return t
}
```

newLuaTable() 函数创建一个空的表。该函数接受两个参数，用于预估表的用途和容量。如果参数 nArr 大于 0，说明表可能是当作数组使用的，先创建数组部分；如果参数 nRec 大于 0，说明表可能是当作记录使用的，先创建哈希表部分。接下来我们给 luaTable 结构体定义三个方法，用于根据键存取值和计算数组长度。先来看 get() 方法，代码如下所示。

```go
func (self *luaTable) get(key luaValue) luaValue {
    key = _floatToInteger(key)
    if idx, ok := key.(int64); ok {
        if idx >= 1 && idx <= int64(len(self.arr)) {
            return self.arr[idx-1]
        }
    }
    return self._map[key]
}
```

get() 方法根据键从表里查找值。如果键是整数（或者能够转换为整数的浮点数），且在数组索引范围之内，直接按索引访问数组部分就可以了；否则从哈希表查找值。_floatToInteger() 函数尝试把浮点数类型的键转换成整数，代码如下所示。

```go
func _floatToInteger(key luaValue) luaValue {
    if f, ok := key.(float64); ok {
        if i, ok := number.FloatToInteger(f); ok {
            return i
        }
    }
    return key
}
```

put() 方法往表里存入键值对。由于该方法要动态调整数组和哈希表这两个部分，所以逻辑稍微复杂一些，下面先给出第一部分代码。

```
func (self *luaTable) put(key, val luaValue) {
    if key == nil {
        panic("table index is nil!")
    }
    if f, ok := key.(float64); ok && math.IsNaN(f) {
        panic("table index is NaN!")
    }
    key = _floatToIntger(key)
    ...
}
```

我们先判断键是否是 nil 或者 NaN，如果是则调用 panic() 函数汇报错误，否则尝试把键转换成整数，下面是第二部分代码。

```
func (self *luaTable) put(key, val luaValue) {
    ... // 前面的代码省略
    if idx, ok := key.(int64); ok && idx >= 1 {
        arrLen := int64(len(self.arr))
        if idx <= arrLen {
            self.arr[idx-1] = val
            if idx == arrLen && val == nil {
                self._shrinkArray()
            }
            return
        }
        if idx == arrLen+1 {
            delete(self._map, key)
            if val != nil {
                self.arr = append(self.arr, val)
                self._expandArray()
            }
            return
        }
    }
    ...
}
```

如果键是（或者已经被转换为）整数，且在数组索引范围之内的话，直接按索引修改数组元素就可以了。向数组里放入 nil 值会制造洞，如果洞在数组末尾的话，调用 _shrinkArray() 函数把尾部的洞全部删除。如果键是整数，而且刚刚超出数组索引范围且值不是 nil，就把值追加到数组末尾，然后调用 _expandArray() 函数动态扩展数

组。_shrinkArray() 和 _expandArray() 函数的代码稍后给出，下面是 put() 方法
最后一部分代码。

```
func (self *luaTable) put(key, val luaValue) {
    ... // 前面的代码省略
    if val != nil {
        if self._map == nil {
            self._map = make(map[luaValue]luaValue, 8)
        }
        self._map[key] = val
    } else {
        delete(self._map, key)
    }
}
```

如果值不是 nil 就把键值对写入哈希表，否则把键从哈希表里删除以节约空间。由
于在创建表的时候并不一定创建了哈希表部分，所以在第一次写入时，需要创建哈希表。
到此，put() 方法的代码就全部给出了，下面补上 _shrinkArray() 函数的代码。

```
func (self *luaTable) _shrinkArray() {
    for i := len(self.arr) - 1; i >= 0; i-- {
        if self.arr[i] == nil {
            self.arr = self.arr[0:i]
        }
    }
}
```

_expandArray() 函数在数组部分动态扩展之后，把原本存在哈希表里的某些值也
挪到数组里，代码如下所示。

```
func (self *luaTable) _expandArray() {
    for idx := int64(len(self.arr)) + 1; true; idx++ {
        if val, found := self._map[idx]; found {
            delete(self._map, idx)
            self.arr = append(self.arr, val)
        } else {
            break
        }
    }
}
```

由于 set() 方法已经对数组部分和哈希表部分进行了动态调整，所以 len() 方法就
很容易实现了，只有一行代码，如下所示。

```
func (self *luaTable) len() int {
```

```
    return len(self.arr)
}
```

以上实现了 Lua 语言最重要的，也是唯一的一种数据结构：表。我们能够识别的 Lua 数据类型也从 4 种变成了 5 种。请读者打开 $LUAGO/go/ch07/src/luago/state/lua_value.go 文件，修改 typeOf() 函数，添加一条 case 语句，改动如下所示。

```
func typeOf(val luaValue) LuaType {
    switch val.(type) {
    case *luaTable: return LUA_TTABLE // 新增加的 case 语句
    ... // 其他 case 语句省略
    }
}
```

在第 5 章我们添加了 API 方法 Len()，不过因为当时还没有实现表，所以该方法只能获取字符串的长度。请读者打开 $LUAGO/go/ch07/src/luago/state/api_misc.go 文件，修改 Len() 方法，使其能够获取数组长度，改动如下所示。

```
func (self *luaState) Len(idx int) {
    val := self.stack.get(idx)
    if s, ok := val.(string); ok {
        self.stack.push(int64(len(s)))
    } else if t, ok := val.(*luaTable); ok { // 这个 else-if 块
        self.stack.push(int64(t.len()))        // 是新增的代码
    } else {
        panic("length error!")
    }
}
```

到此为止，表本身就讨论完毕了，接下来我们讨论表操作的相关 API 方法。

7.3 表相关 API

由于表的实现完全属于 Lua 解释器内部细节，所以 Lua API 并没有把表直接暴露给用户，而是提供了一系列创建和操作表的方法。请读者打开 $LUAGO/go/ch07/src/luago/api/lua_state.go 文件，给 LuaState 接口添加 8 个方法，改动如下所示。

```
type LuaState interface {
    ... // 原有方法省略，下面是新添加的方法
    /* get functions (Lua -> stack) */
    NewTable()
```

```
    CreateTable(nArr, nRec int)
    GetTable(idx int) LuaType
    GetField(idx int, k string) LuaType
    GetI(idx int, i int64) LuaType
    /* set functions (stack -> Lua) */
    SetTable(idx int)
    SetField(idx int, k string)
    SetI(idx int, n int64)
}
```

由代码注释可知，这 8 个方法可以分为两类。**NewTable()**、**CreateTable()** 和 **GetTable()** 等 5 个方法属于 get 类方法，**SetTable()** 等 3 个方法属于 set 类方法。下面我们详细讨论这些方法。

7.3.1 Get 方法

我们把 get 类方法实现在 api_get.go 文件里。请读者在 $LUAGO/go/ch07/src/luago/ state 目录下创建这个文件，在里面输入下面的代码。

```
package state

import . "luago/api"
```

1. CreateTable()

CreateTable() 方 法， 创 建一个空的 Lua 表，将其推入栈顶。该方法提供了两个参数，用于指定数组部分和哈希表部分的初始容量。如果可以预先估计表的使用方式和容量，那么可以使用这两个参数在创建表时预先分配足够的空间以避免后续对表进行频繁扩容。图 7-2 是 **CreateTable()** 方法的示意图。

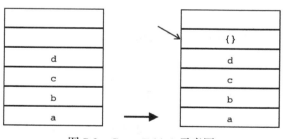

图 7-2　CreateTable() 示意图

CreateTable() 方法的实现也很简单，代码如下所示。

```
func (self *luaState) CreateTable(nArr, nRec int) {
    t := newLuaTable(nArr, nRec)
    self.stack.push(t)
}
```

2. NewTable()

如果无法预先估计表的用法和容量，可以使用 `NewTable()` 方法创建表。
`NewTable()` 方法只是 `CreateTable()` 方法的特例，其代码如下所示。

```
func (self *luaState) NewTable() {
    self.CreateTable(0, 0)
}
```

3. GetTable()

`GetTable()` 方法根据键（从
栈顶弹出）从表（索引由参数指定）
里取值，然后把值推入栈顶并返回值
的类型。以图 7-3 为例，栈里有 4 个
值，其中表位于索引 2 处，键在栈
顶。执行 `GetTable(2)` 之后，键从
栈顶弹出，相应的值被推入栈顶。

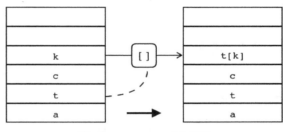

图 7-3　GetTable() 示意图

下面是 `GetTable()` 方法的代
码。

```
func (self *luaState) GetTable(idx int) LuaType {
    t := self.stack.get(idx)
    k := self.stack.pop()
    return self.getTable(t, k)
}
```

为了减少重复，我们把根据键从表里取值的逻辑抽取成 `GetTable()` 方法，代码如
下所示。

```
func (self *luaState) getTable(t, k luaValue) LuaType {
    if tbl, ok := t.(*luaTable); ok {
        v := tbl.get(k)
        self.stack.push(v)
        return typeOf(v)
    }
    panic("not a table!")
}
```

如果位于指定索引处的值不是表，那么暂时调用 `panic()` 函数汇报错误。在第 11 章

讨论 Lua 元编程时我们会进一步完善这个方法。

4. GetField()

GetField() 方法和 GetTable()
方法类似，只不过键不是从栈顶弹出的
任意值，而是由参数传入的字符串。从
名字可知，该方法是专门用来从记录
里获取字段的。以图 7-4 为例，栈里原
有 4 个值，记录位于索引 2 处。执行
GetField(2, "k") 之后，相应的字
段被推入了栈顶。

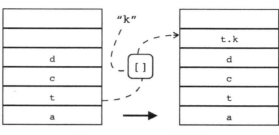

图 7-4 GetField() 示意图

GetField() 方法的代码非常简
单，如下所示。

```go
func (self *luaState) GetField(idx int, k string) LuaType {
    t := self.stack.get(idx)
    return self.getTable(t, k)
}
```

我们完全可以利用 GetTable() 方法来实现 GetField() 方法，如下所示。

```go
func (self *luaState) GetField(idx int, k string) LuaType {
    self.PushString(k)
    return self.GetTable(idx)
}
```

不过第一种实现效率更高一些，下面马上要介绍的 GetI()、SetField() 和
SetI() 方法也使用了更为高效的实现。

5. GetI()

GetI() 方法和 GetField() 方
法类似，只不过由参数传入的键是数
字而非字符串。该方法是专门给数组
准备的，用来根据索引获取数组元素。
以图 7-5 为例，栈里原有 4 个值，数
组位于索引 2 处。执行 GetI(2, 5)

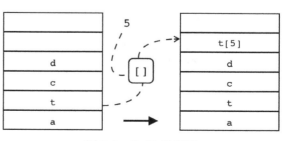

图 7-5 GetI() 示意图

之后，相应的数组元素被推入了栈顶。

GetI() 方法的代码也很简单，如下所示。

```
func (self *luaState) GetI(idx int, i int64) LuaType {
    t := self.stack.get(idx)
    return self.getTable(t, i)
}
```

到此，get 类方法就介绍完了，下面来看 set 类方法。

7.3.2　Set 方法

我们把 set 类方法实现在 api_set.go 文件里。请读者在 \$LUAGO/go/ch07/src/luago/state 目录下创建这个文件，在里面输入下面的代码。

```
package state
```

1. SetTable()

SetTable() 方法和前面介绍的 **GetTable()** 方法相对应，作用是把键值对写入表。其中键和值从栈里弹出，表则位于指定索引处。以图 7-6 为例，栈里原有 4 个值，其中表位于索引 2 处，键和值位于栈顶。执行 **SetTable(2)** 之后，键值对从栈里弹出并写入表里，栈里还剩 2 个值。

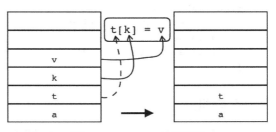

图 7-6　SetTable() 示意图

下面是 **SetTable()** 方法的代码。

```
func (self *luaState) SetTable(idx int) {
    t := self.stack.get(idx)
    v := self.stack.pop()
    k := self.stack.pop()
    self.setTable(t, k, v)
}
```

和 **GetTable()** 方法类似，我们也把写表逻辑抽取成 **SetTable()** 方法，代码如下所示。

```go
func (self *luaState) setTable(t, k, v luaValue) {
    if tbl, ok := t.(*luaTable); ok {
        tbl.put(k, v)
        return
    }
    panic("not a table!")
}
```

如果位于指定索引处的值不是表，暂时调用 `panic()` 函数汇报错误。在第 11 章讨论 Lua 元编程时会进一步完善这个方法。

2. SetField()

`SetField()` 方法和 `SetTable()` 方法类似，只不过键不是从栈顶弹出的任意值，而是由参数传入的字符串。该方法和前面介绍的 `GetField()` 方法相对应，用于给记录的字段赋值。以图 7-7 为例，栈里原有 4 个值，记录位于索引 2 处，值位于栈顶。执行 `SetField(2, "k")` 之后，值从栈顶弹出并被赋给记录的相应字段。

下面是 `SetField()` 方法的代码。

```go
func (self *luaState) SetField(idx int, k string) {
    t := self.stack.get(idx)
    v := self.stack.pop()
    self.setTable(t, k, v)
}
```

3. SetI()

`SetI()` 方法和 `SetField()` 方法类似，只不过由参数传入的键是数字而非字符串。该方法和前面介绍的 `GetI()` 方法相对应，用于按索引修改数组元素。以图 7-8 为例，栈里原有 4 个值，记录位于索引 2 处，值位于栈顶。执行 `SetI(2, 5)` 之后，值从栈顶弹出并被写入数组。

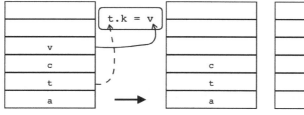

图 7-7　SetField() 示意图

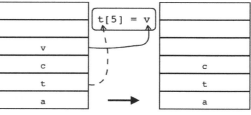

图 7-8　SetI() 示意图

下面是 **SetI()** 方法的代码。

```go
func (self *luaState) SetI(idx int, i int64) {
    t := self.stack.get(idx)
    v := self.stack.pop()
    self.setTable(t, i, v)
}
```

到此，set 类方法也介绍完了，下面我们来讨论与表相关的指令。

7.4　表相关指令

表相关指令一共有 4 条：NEWTABLE 指令创建空表，GETTABLE 指令根据键从表里取值，SETTABLE 指令根据键往表里写入值，SETLIST 指令按索引批量更新数组元素。我们把这些指令实现在 inst_table.go 文件里，请读者在 $LUAGO/go/ch07/src/luago/vm 目录下面创建该文件，在里面输入下面的代码。

```go
package vm

import . "luago/api"
import "luago/number"
```

7.4.1　NEWTABLE

NEWTABLE 指令（iABC 模式）创建空表，并将其放入指定寄存器。寄存器索引由操作数 A 指定，表的初始数组容量和哈希表容量分别由操作数 B 和 C 指定。NEWTABLE 指令可以用如下伪代码表示。

```
R(A) := {} (size = B,C)
```

Lua 代码里的每一条表构造器语句都会产生一条 NEWTABLE 指令，下面是一个例子。

```
$ luac -l -
local a,b,c,d; b = {x=1, y=2}
^D
main <stdin:0,0> (6 instructions at 0x7f9e1d500070)
0+ params, 5 slots, 1 upvalue, 4 locals, 4 constants, 0 functions
    1    [1]    LOADNIL      0 3
    2    [1]    NEWTABLE     4 0 2
```

```
3       [1]     SETTABLE        4 -1 -2 ; "x" 1
4       [1]     SETTABLE        4 -3 -4 ; "y" 2
5       [1]     MOVE            1 4
6       [1]     RETURN          0 1
```

上面例子中的 NEWTABLE 指令如图 7-9 所示。

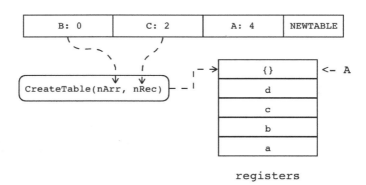

图 7-9　NEWTABLE 指令示意图

NEWTABLE 指令可以借助 **CreateTable()** 方法实现，代码如下所示。

```
func newTable(i Instruction, vm LuaVM) {
    a, b, c := i.ABC()
    a += 1

    vm.CreateTable(Fb2int(b), Fb2int(c))
    vm.Replace(a)
}
```

其他都很好理解，但是这个 **Fb2int()** 函数起到什么作用呢？因为 NEWTABLE 指令是 iABC 模式，操作数 B 和 C 只有 9 个比特，如果当作无符号整数的话，最大也不能超过 512。但是我们在前面也提到过，因为表构造器便捷实用，所以 Lua 也经常被用来描述数据（类似 JSON），如果有很大的数据需要写成表构造器，但是表的初始容量又不够大，就容易导致表频繁扩容从而影响数据加载效率。

为了解决这个问题，NEWTABLE 指令的 B 和 C 操作数使用了一种叫作浮点字节（Floating Point Byte）的编码方式。这种编码方式和浮点数的编码方式类似，只是仅用一个字节。具体来说，如果把某个字节用二进制写成 **eeeeexxx**，那么当 **eeeee == 0** 时该字节表示的整数就是 **xxx**，否则该字节表示的整数是 **(1xxx) * 2^(eeeee - 1)**。

Lua 官方实现中有现成的浮点字节编码和解码函数，我们把它们拿过来，转换成 Go

语言函数，放在 ch07/src/luago/vm/fpb.go 文件里，代码如下所示。

```go
package vm

/*
** converts an integer to a "floating point byte", represented as
** (eeeexxx), where the real value is (1xxx) * 2^(eeeee - 1) if
** eeeee != 0 and (xxx) otherwise.
*/
func Int2fb(x int) int {
    e := 0 /* exponent */
    if x < 8 { return x }
    for x >= (8 << 4) { /* coarse steps */
        x = (x + 0xf) >> 4 /* x = ceil(x / 16) */
        e += 4
    }
    for x >= (8 << 1) { /* fine steps */
        x = (x + 1) >> 1 /* x = ceil(x / 2) */
        e++
    }
    return ((e + 1) << 3) | (x - 8)
}

/* converts back */
func Fb2int(x int) int {
    if x < 8 {
        return x
    } else {
        return ((x & 7) + 8) << uint((x>>3)-1)
    }
}
```

7.4.2 GETTABLE

GETTABLE 指令（iABC 模式）根据键从表里取值，并放入目标寄存器中。其中表位于寄存器中，索引由操作数 B 指定；键可能位于寄存器中，也可能在常量表里，索引由操作数 C 指定；目标寄存器索引则由操作数 A 指定。GETTABLE 指令可以用如下伪代码表示。

```
R(A) := R(B)[RK(C)]
```

GETTABLE 指令对应 Lua 代码里的表索引取值操作，如下所示。

```
$ luac -l -
local a,t,k,v,e; v = t[k]; v = t[100]
```

```
^D
main <stdin:0,0> (4 instructions at 0x7ff9ead00070)
0+ params, 5 slots, 1 upvalue, 5 locals, 1 constant, 0 functions
    1    [1]    LOADNIL        0 4
    2    [1]    GETTABLE       3 1 2
    3    [1]    GETTABLE       3 1 -1  ; 100
    4    [1]    RETURN         0 1
```

上面例子中的第一条 GETTABLE 指令不涉及常量表，如图 7-10 所示。

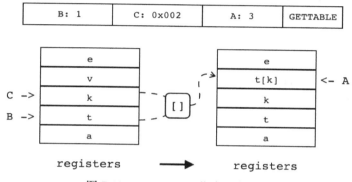

图 7-10　GETTABLE 指令示意图 1

第二条 GETTABLE 指令需要访问常量表，如图 7-11 所示。

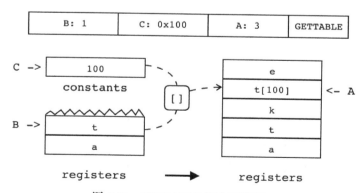

图 7-11　GETTABLE 指令示意图 2

GETTABLE 指令可以借助 GetTable() 方法实现，代码如下所示。

```
func getTable(i Instruction, vm LuaVM) {
    a, b, c := i.ABC()
    a += 1; b += 1
```

```
    vm.GetRK(c)
    vm.GetTable(b)
    vm.Replace(a)
}
```

7.4.3　SETTABLE

SETTABLE 指令（iABC 模式）根据键往表里赋值。其中表位于寄存器中，索引由操作数 A 指定；键和值可能位于寄存器中，也可能在常量表里，索引分别由操作数 B 和 C 指定。SETTABLE 指令可以用如下伪代码表示。

```
R(A)[RK(B)] := RK(C)
```

SETTABLE 指令对应 Lua 代码里的表索引赋值操作，如下所示。

```
$ luac -l -
local a,t,k,v,e; t[k] = v; t[100] = "foo"
^D
main <stdin:0,0> (4 instructions at 0x7f9deb6000e0)
0+ params, 5 slots, 1 upvalue, 5 locals, 2 constants, 0 functions
    1    [1]    LOADNIL      0 4
    2    [1]    SETTABLE     1 2 3
    3    [1]    SETTABLE     1 -1 -2 ; 100 "foo"
    4    [1]    RETURN       0 1
```

上例中的第一条 SETTABLE 指令不涉及常量表，如图 7-12 所示。

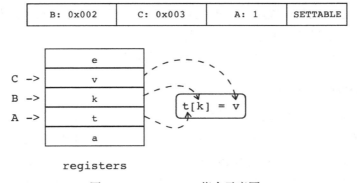

图 7-12　SETTABLE 指令示意图 1

第二条 SETTABLE 指令需要访问常量表，如图 7-13 所示。

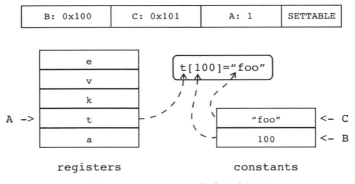

图 7-13   SETTABLE 指令示意图 2

SETTABLE 指令可以借助 `SetTable()` 方法实现，代码如下所示。

```
func setTable(i Instruction, vm LuaVM) {
    a, b, c := i.ABC()
    a += 1

    vm.GetRK(b)
    vm.GetRK(c)
    vm.SetTable(a)
}
```

7.4.4   SETLIST

SETTABLE 是通用指令，每次只处理一个键值对，具体操作交给表去处理，并不关心实际写入的是表的哈希部分还是数组部分。SETLIST 指令（iABC 模式）则是专门给数组准备的，用于按索引批量设置数组元素。其中数组位于寄存器中，索引由操作数 A 指定；需要写入数组的一系列值也在寄存器中，紧挨着数组，数量由操作数 B 指定；数组起始索引则由操作数 C 指定。SETTABLE 指令稍微有一点复杂，可以用如下伪代码表示。

```
R(A)[(C-1)*FPF+i] := R(A+i), 1 <= i <= B
```

那么数组的索引到底是怎么计算的呢？这里的情况和 GETTABLE 指令有点类似。因为 C 操作数只有 9 个比特，所以直接用它表示数组索引显然不够用。这里的解决办法是让 C 操作数保存批次数，然后用批次数乘上批大小（对应伪代码中的 FPF）就可以算出数组起始索引。以默认的批大小 50 为例，C 操作数能表示的最大索引就是扩大到了 25600（50*512）。

但是如果数组长度大于 25600 呢？是不是后面的元素就只能用 SETTABLE 指令设置

了？也不是。这种情况下 SETLIST 指令后面会跟一条 EXTRAARG 指令，用其 Ax 操作数来保存批次数。综上所述，如果指令的 C 操作数大于 0，那么表示的是批次数加 1，否则，真正的批次数存放在后续的 EXTRAARG 指令里。下面我们结合一个简单的例子来观察一下 SETLIST 指令。

```
$ luac -l -
local t = {1,2,3,4}
^D
main <stdin:0,0> (7 instructions at 0x7fddfcd00070)
0+ params, 5 slots, 1 upvalue, 1 local, 4 constants, 0 functions
    1    [1]    NEWTABLE    0 4 0
    2    [1]    LOADK       1 -1         ; 1
    3    [1]    LOADK       2 -2         ; 2
    4    [1]    LOADK       3 -3         ; 3
    5    [1]    LOADK       4 -4         ; 4
    6    [1]    SETLIST     0 4 1        ; 1
    7    [1]    RETURN      0 1
```

由于上面例子中的数组很小，所以只产生了一条 SETLIST 指令，如图 7-14 所示。

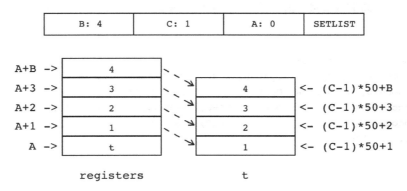

图 7-14　SETLIST 指令示意图

下面是 SETLIST 指令的实现代码。

```
func setList(i Instruction, vm LuaVM) {
    a, b, c := i.ABC()
    a += 1

    if c > 0 {
        c = c - 1
    } else {
```

```
        c = Instruction(vm.Fetch()).Ax()
    }

    idx := int64(c * LFIELDS_PER_FLUSH)
    for j := 1; j <= b; j++ {
        idx++
        vm.PushValue(a + j)
        vm.SetI(a, idx)
    }
}
```

我们先从指令里解码出操作数，然后根据批次算出数组起始索引，最后循环调用
PushValue() 和 SetI() 方法按索引设置数组元素。这里暂时只考虑操作数 B 大于 0 的
情况，操作数等于 0 的情况留到第 8 章讨论。LFIELDS_PER_FLUSH 常量表示每个批次
处理的数组元素数量，也需要定义在 inst_table.go 文件里，代码如下所示。

```
const LFIELDS_PER_FLUSH = 50
```

到此，表相关的 4 条指令都已经实现好了，但还需要把它们注册到指令表里。请读者
打开本章目录下面的 opcodes.go 文件，修改 opcodes 变量的初始化代码。下面仅给出变
动的部分。

```
var opcodes = []opcode{
    opcode{0, 1, OpArgR, OpArgK, IABC, "GETTABLE", getTable},
    opcode{0, 0, OpArgK, OpArgK, IABC, "SETTABLE", setTable},
    opcode{0, 1, OpArgU, OpArgU, IABC, "NEWTABLE", newTable},
    opcode{0, 0, OpArgU, OpArgU, IABC, "SETLIST ", setList },
    ... // 其他代码不变
}
```

7.5　测试本章代码

本章我们只需要准备一个 Lua 测试脚本就可以了，Go 语言测试代码可以直接沿用第 6
章的。请读者在 $LUAGO/lua/ch07 目录下创建 test.lua 文件，在里面输入下面的测试脚本。

```
local t = {"a", "b", "c"}
t[2] = "B"
t["foo"] = "Bar"
local s = t[3] .. t[2] .. t[1] .. t["foo"] .. #t
```

测试脚本也很简单：先创建一个表（数组），然后对它进行操作，最后把表的值和长度拼接起来以便于观察。我们使用 luac 命令看看这段脚本会被编译成哪些指令。

```
$ luac -l $LUAGO/lua/ch07/test.lua

main <../lua/ch07/test.lua:0,0> (14 instructions at 0x7fd589403130)
0+ params, 6 slots, 1 upvalue, 2 locals, 9 constants, 0 functions
        1       [1]     NEWTABLE        0 3 0
        2       [1]     LOADK           1 -1            ; "a"
        3       [1]     LOADK           2 -2            ; "b"
        4       [1]     LOADK           3 -3            ; "c"
        5       [1]     SETLIST         0 3 1           ; 1
        6       [2]     SETTABLE        0 -4 -5; 2 "B"
        7       [3]     SETTABLE        0 -6 -7; "foo" "Bar"
        8       [4]     GETTABLE        1 0 -8 ; 3
        9       [4]     GETTABLE        2 0 -4 ; 2
       10       [4]     GETTABLE        3 0 -9 ; 1
       11       [4]     GETTABLE        4 0 -6 ; "foo"
       12       [4]     LEN             5 0
       13       [4]     CONCAT          1 1 5
       14       [4]     RETURN          0 1
```

可以看到本章介绍的四条指令都出现了。接下来请读者执行下面的命令来编译本章代码。

```
$ cd $LUAGO/go/
$ export GOPATH=$PWD/ch07
$ go install luago
```

如果看不到任何输出，那么就表示编译成功了，在 ch07/bin 目录下会出现可执行文件 luago。把刚才准备好的 Lua 脚本编译成二进制 chunk 文件，然后用它来测试一下我们最新版的 Lua 虚拟机。

```
$ luac ../lua/ch07/test.lua
$ ./ch07/bin/luago luac.out
[01] NEWTABLE [table][nil][nil][nil][nil][nil]
[02] LOADK    [table]["a"][nil][nil][nil][nil]
[03] LOADK    [table]["a"]["b"][nil][nil][nil]
[04] LOADK    [table]["a"]["b"]["c"][nil][nil]
[05] SETLIST  [table]["a"]["b"]["c"][nil][nil]
[06] SETTABLE [table]["a"]["b"]["c"][nil][nil]
[07] SETTABLE [table]["a"]["b"]["c"][nil][nil]
[08] GETTABLE [table]["c"]["b"]["c"][nil][nil]
[09] GETTABLE [table]["c"]["B"]["c"][nil][nil]
[10] GETTABLE [table]["c"]["B"]["a"][nil][nil]
```

```
[11] GETTABLE  [table]["c"]["B"]["a"]["Bar"][nil]
[12] LEN       [table]["c"]["B"]["a"]["Bar"][3]
[13] CONCAT    [table]["cBaBar3"]["B"]["a"]["Bar"][3]
```

全部指令执行完毕之后，第二个寄存器里出现了字符串 "cBaBar3"，这正是我们期望的结果！

7.6　本章小结

从表面上看，Lua 表是一个关联数组，但是在 Lua 官方实现中，表的内部实际上包含了数组和哈希表两个自适应部分。本章我们首先简单讨论了表的用法，然后参考 Lua 官方实现的优化方式实现了表的数据类型，接着给 Lua API 添加了表操作的相关方法，最后实现了表的相关指令并进行了测试。接下来的两章我们将详细探讨 Lua 函数调用机制。

第 8 章　函 数 调 用

　　函数（或者子程序、方法）的定义和调用是任何编程语言都必须具备的能力，否则就只能把逻辑全部写在一起，对那样的代码进行维护就像是一场噩梦。从本章开始直到第 13 章的内容全部和函数调用有关。本章我们先讨论 Lua 函数的调用和返回，在第 9 章会讨论如何从 Lua 语言里调用 Go 语言编写的函数。在继续往下阅读之前，请读者执行下面的命令，把本章所需的目录结构和编译环境准备好。

```
$ cd $LUAGO/go/
$ cp -r ch07/ ch08
$ export GOPATH=$PWD/ch08
```

8.1　函数调用介绍

　　由于 Lua 是动态脚本语言，所以函数的调用规则非常灵活。我们将在本书第三部分详细讨论 Lua 函数的定义和调用语法，本节重点介绍实现函数调用所需要了解的一些要点。

　　（1）定义 Lua 函数时可以声明固定参数列表，但调用函数时并不一定要按照声明的列表来传递参数。本质上讲，固定参数就是在函数调用时从外部获得初始值的局部变量，如果调用函数时传入的参数数量多于定义函数时指定的数量，多余的传入参数会被忽略（或者被收集到变长参数列表里，下面会介绍）。反之，如果调用函数时传入的参数数量少于定义函数时指定的数量，缺失的参数会获得默认值 nil。下面是一些简单的例子。

```
function f(a, b, c)
    print(a, b, c)
end
f()               --> nil nil nil
f(1, 2)           --> 1    2    nil
f(1, 2, 3, 4, 5) --> 1    2    3
```

（2）Lua 也支持变长参数列表（后文简称 vararg）。Vararg 参数用连续的三个点（...，看起来很像省略号）表示，必须跟在固定参数列表（如果有的话）后面。如果一个函数使用了 vararg 参数，我们就称这个函数为 vararg 函数。在 vararg 函数内部，可以使用 vararg 表达式（也是三个点）来获取实际传入的 vararg 参数值。能够使用 vararg 表达式的有赋值语句、函数调用语句以及表构造器。下面是一些例子。

```
function f(a, ...)
    local b, c = ...
    local t = {a, ...}
    print(a, b, c, #t, ...)
end
f()             --> nil nil nil 0
f(1, 2)         --> 1   2   nil 2 2
f(1, 2, 3, 4)  --> 1   2   3   4 2 3 4
```

请读者注意，只有在 vararg 函数内部才能出现 vararg 表达式，否则函数无法通过编译。我们在后面实现 VARARG 指令时会进一步讨论 vararg 参数和 vararg 表达式的用法。

（3）函数可以返回任意数量个返回值，Lua 会在函数调用之后根据情况对实际返回值数量进行适当调整。如果函数调用实际返回的值比期望数量多，那么多余的返回值就会被丢弃；反之，如果函数调用实际返回的值比期望数量少，空缺的返回值会被 nil 补上。此规则适用于函数调用可以出现的任何地方，我们称它为多退少补规则，下面是一些例子。

```
function f()
    return 1, 2, 3
end
f() -- 完全忽略返回值
a, b = f();       assert(a == 1 and b == 2)
a, b, c = f();    assert(a == 1 and b == 2 and c == 3)
a, b, c, d = f(); assert(a == 1 and b == 2 and c == 3 and d == nil)
```

对于函数调用语句，函数的返回值会被完全忽略。对于赋值语句，只有当函数调用表达式出现在语句末尾，并且没有被圆括号括起来时，函数返回值数量才会根据变量数量进行调整，否则，函数调用的返回值会被固定调整为 1。下面是一些例子。

```
function f()
    return 1, 2, 3
end
a, b = (f());           assert(a == 1 and b == nil)
a, b, c = 5, f(), 5; assert(a == 5 and b == 1 and c == 5)
```

（4）如果函数调用表达式出现在参数列表、返回语句或者表构造器的末尾，那么 Lua 会把函数调用的返回值一个不漏地收纳，然后原封不动往外传递。下面是一些例子。

```
function f()            return 3, 2, 1    end
function g()            return 4, f()     end
function h(a, b, c, d) print(a, b, c, d) end
h(4, f())                      --> 4  3  2  1
h(g())                         --> 4  3  2  1
print(table.unpack({4, f()}))  --> 4  3  2  1
```

以上是 Lua 函数调用相比其他语言的一些独特之处，下面我们来讨论函数调用的一般实现方式。

8.2 函数调用栈

在第 4 章介绍 Lua API 时，我们详细讨论了 Lua 栈。有趣的是，函数调用也经常借助"栈"这种数据结构来实现。为了区别于 Lua 栈，我们称其为函数调用栈，简称调用栈（Call Stack）。Lua 栈里面存放的是 Lua 值，调用栈里存放的则是调用栈帧，简称为调用帧（Call Frame）。

当我们调用一个函数时，要先往调用栈里推入一个调用帧，然后把参数传递给调用帧。函数依托调用帧执行指令，可能会调用其他函数，以此类推。当函数执行完毕之后，调用帧里会留下函数需要返回的值。我们把调用帧从调用栈顶弹出，并且把返回值返回给底部的调用帧，这样一次函数调用就结束了。

调用栈、调用帧、以及函数调用的大致流程如图 8-1 所示。

后面我们称当前正在执行的函数为当前函数，其使用的调用帧为当前帧，称调用其他函数的函数为主调函数，其使用的调用帧为主调帧，被其他函数调用的函数为被调函数，其使用的调用帧为被调帧。主调和被调完全是相对而言的，除了调用栈底部和顶部的函数，其他函数都同时充当着主调和被调两种角色。

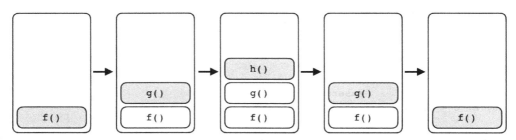

图 8-1 函数调用示意图

8.2.1 调用帧实现

在第 6 章，我们已经把虚拟寄存器这个函数执行过程中至关重要的角色交给了 Lua 栈。不负所望，Lua 栈表现的非常出色。本章，我们将对 Lua 栈进行升级改造，让它可以在函数调用中担当起调用帧这个更有难度的角色。请读者打开 lua_stack.go 文件（在 $LUAGO/go/ch08/src/luago/state 目录下），给 luaStack 结构体添加四个字段，改动如下所示。

```
type luaStack struct {
    slots []luaValue
    top   int
    // 下面是新增加的字段
    prev    *luaStack
    closure *Closure
    varargs []luaValue
    pc      int
}
```

除了 pc 字段，其他三个字段的含义都不是特别直观，所以有必要好好介绍一下。在第 6 章，我们把 PC 和函数原型直接放在了 luaState 结构体里。由于这两个字段属于函数执行的内部状态，所以应该放在调用帧里才更合适。这里把 pc 字段照搬了过来，但是函数原型被换成了闭包（Closure）。那么闭包到底是什么呢？我们暂且忽略这个问题，留到第 10 章仔细讨论，这里把它当成函数原型的实例就可以了。在不引起混淆的情况下，后文中出现的 Lua 函数和闭包指代同一件事物。

请读者在 $LUAGO/go/ch08/src/luago/state 目录下面创建 closure.go 文件，在里面定义 closure 结构体，代码如下所示。

```
package state
```

```
import "luago/binchunk"

type closure struct {
    proto *binchunk.Prototype
}
```

目前只有一个字段，存放函数原型，在后面的章节中我们会给它添加其他字段。请读者继续编辑 closure.go 文件，在里面定义用于创建 Lua 闭包的 **newLuaClosure()** 函数，代码如下所示。

```
func newLuaClosure(proto *binchunk.Prototype) *closure {
    return &closure{proto: proto}
}
```

函数非常简单，无须解释。**closure** 结构体实例（指针）对应 Lua 语言层面的函数类型，请读者打开 lua_value.go 文件（在 $LUAGO/go/ch08/src/luago/state 目录下），修改 **typeOf()** 函数，添加对函数类型的支持，改动如下所示。

```
func typeOf(val luaValue) LuaType {
    switch val.(type) {
    case *closure: return LUA_TFUNCTION // 新增加的 case 语句
    ... // 其他 case 语句省略
    }
}
```

回到 **luaStack** 结构体。**pc** 和 **closure** 这两个字段已经清楚了，**varargs** 字段用于实现变长参数机制，具体作用请看 8.3 和 8.4 节。还剩下一个 **prev** 字段，该字段和函数执行没有关系，但是让调用帧变成了链表节点。在 8.2.2 节我们将使用单向链表来实现函数调用栈。

8.2.2　调用栈实现

我们已经把函数执行状态放到了 **luaStack** 结构体里，现在可以对 **luaState** 结构体进行清理了。请读者打开 lua_state.go 文件（在 $LUAGO/go/ch08/src/luago/state 目录下），把 **proto** 和 **pc** 这两个字段从 **luaState** 结构体里删掉，**New()** 函数也要跟着修改。简化后的代码回到了第 5 章的模样，如下所示。

```
package state

type luaState struct {
    stack *luaStack
```

```
}

func New() *luaState {
    return &luaState{
        stack: newLuaStack(20),
    }
}
```

简化之后的 `luaState` 结构体有一个更加重要的工作要做：充当函数调用栈。为此我们需要给它配备两个方法。请读者继续编辑 lua_state.go 文件，在里面定义 `pushLuaStack()` 方法，代码如下所示。

```
func (self *luaState) pushLuaStack(stack *luaStack) {
    stack.prev = self.stack
    self.stack = stack
}
```

如前所述，我们使用单向链表来实现函数调用栈。这个链表的头部是栈顶，尾部是栈底。往栈顶推入一个调用帧相当于在链表头部插入一个节点，并让这个节点成为新的头部。以图 8-2 为例，左侧表示新创建的调用栈初始状态，右侧表示推入一个调用帧之后调用栈的状态。

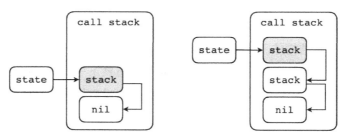

图 8-2　调用栈内部状态

继续编辑 lua_state.go 文件，添加 `popLuaStack()` 方法，代码如下所示。

```
func (self *luaState) popLuaStack() {
    stack := self.stack
    self.stack = stack.prev
    stack.prev = nil
}
```

从栈顶弹出一个调用帧也很简单，只要从链表头部删掉一个节点就可以了。

到这里，`luaState` 结构体就华丽转身为函数调用栈了。不过对它的改动破坏了原先

LuaVM 接口的部分方法实现，需要进行修复，请读者打开 api_vm.go 文件（也在 $LUAGO/go/ch08/src/luago/state 目录下），修改 PC()、AddPC()、Fetch() 和 GetConst() 这四个方法，改动如下所示。

```go
func (self *luaState) PC() int {
    return self.stack.pc
}

func (self *luaState) AddPC(n int) {
    self.stack.pc += n
}

func (self *luaState) Fetch() uint32 {
    i := self.stack.closure.proto.Code[self.stack.pc]
    self.stack.pc++
    return i
}

func (self *luaState) GetConst(idx int) {
    c := self.stack.closure.proto.Constants[idx]
    self.stack.push(c)
}
```

到此，函数调用帧和调用栈都已经准备就绪。在 8.3 节我们会扩展 Lua API，给它添加函数调用相关的方法。

8.3　函数调用 API

我们知道，Lua 解释器在执行脚本之前，需要先把脚本装进一个主函数，然后把主函数编译成函数原型，最后交给 Lua 虚拟机去执行（详见第 2 章）。函数原型就相当于面向对象语言里的类，其作用是实例化出真正可执行的函数，也就是前面提到的闭包。

在前面两章的测试小节里，我们是自己加载预编译的二进制 chunk 文件，然后解析出主函数原型并执行其中的指令。实际上 Lua API 提供了 Load() 方法，可以将二进制 chunk 加载为闭包并放在栈顶。至于闭包的执行，则由 Call() 方法负责。我们在 8.3.1 节讨论并实现 Load() 方法，在 8.3.2 节讨论并实现 Call() 方法。请读者打开 $LUAGO/go/ch08/src/luago/api/lua_state.go 文件，给 LuaState 接口添加这两个方法，改动如下所示。

```
type LuaState interface {
    ... // 其他方法省略，下面是新增加的方法
    Load(chunk []byte, chunkName, mode string) int
    Call(nArgs, nResults int)
}
```

8.3.1 Load()

如前所述，`Load()` 方法加载二进制 chunk，把主函数原型实例化为闭包并推入栈顶。实际上该方法不仅可以加载预编译的二进制 chunk，也可以直接加载 Lua 脚本。如果加载的是二进制 chunk，那么只要读取文件、解析主函数原型、实例化为闭包、推入栈顶就可以了；如果加载的是 Lua 脚本，则要先进行编译。为了简化描述，后面把二进制 chunk 和 Lua 脚本统称为 chunk。

`Load()` 方法接收三个参数。其中第一个参数是字节数组，给出要加载的 chunk 数据；第二个参数是字符串，指定 chunk 的名字，供加载错误或调试时使用；第三个参数也是字符串，指定加载模式，可选值是 `"b"`、`"t"` 或者 `"bt"`。如果加载模式是 `"b"`，那么第一个参数必须是二进制 chunk 数据，否则加载失败，如果加载模式是 `"t"`，那么第一个参数必须是文本 chunk 数据，否则加载失败，如果加载模式是 `"bt"`，那么第一个参数可以是二进制或者文本 chunk 数据，`Load()` 方法会根据实际的数据格式进行处理。我们暂时先忽略后两个参数，只加载二进制 chunk 数据。等到本书的第 17 章结束，我们会拥有自己的 Lua 编译器，到时就可以加载 Lua 脚本了。

如果 `Load()` 方法无法成功加载 chunk，需要在栈顶留下一条错误消息。`Load()` 方法会返回一个状态码，0 表示加载成功，非 0 表示加载失败。为了简化讨论，我们暂时忽略状态码，先返回 0。`Load()` 函数执行的操作如图 8-3 所示。

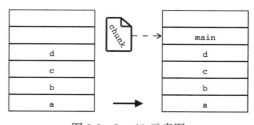

图 8-3 Load() 示意图

请读者在 $LUAGO/go/ch08/src/luago/state 目录下面创建 api_call.go 文件，在里面实现 `Load()` 方法，代码如下所示。

```
package state

import "fmt"
```

```
import "luago/binchunk"
import "luago/vm"

func (self *luaState) Load(chunk []byte, chunkName, mode string) int {
    proto := binchunk.Undump(chunk)
    c := newLuaClosure(proto)
    self.stack.push(c)
    return 0
}
```

下面来看 Call() 方法。

8.3.2 Call()

Call() 方法对 Lua 函数进行调用。在执行 Call() 方法之前，必须先把被调函数推入栈顶，然后把参数值依次推入栈顶。Call() 方法结束之后，参数值和函数会被弹出栈顶，取而代之的是指定数量的返回值。

Call() 方法接收两个参数：第一个参数指定准备传递给被调函数的参数数量，同时也隐含给出了被调函数在栈里的位置；第二个参数指定需要的返回值数量（多退少补），如果是 −1，则被调函数的返回值会全部留在栈顶。

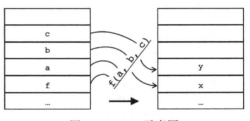

图 8-4 Call() 示意图

以图 8-4 为例，栈里原有 5 个值，其中要调用的函数位于索引 2 处，三个参数值依次位于索引 3、4、5 处。执行 Call(3, 2) 之后，参数值和函数从栈顶弹出，两个返回值被推入栈顶。

请读者在 api_call.go 文件中实现 Call() 方法，代码如下所示。

```
func (self *luaState) Call(nArgs, nResults int) {
    val := self.stack.get(-(nArgs + 1))
    if c, ok := val.(*closure); ok {
        fmt.Printf("call %s<%d,%d>\n", c.proto.Source,
            c.proto.LineDefined, c.proto.LastLineDefined)
        self.callLuaClosure(nArgs, nResults, c)
    } else {
        panic("not function!")
    }
}
```

我们先按索引找到要调用的值，然后判断它是否真的是 Lua 函数。如果是，则打印一些调试信息，然后通过 `callLuaClosure()` 方法调用该函数，否则通过 `panic()` 函数报告错误。第 9 章会介绍如何调用 Go 语言函数，第 11 章会介绍如何调用非函数值。`callLuaClosure()` 方法稍微有点复杂，下面分三个部分来介绍。第一部分的代码如下所示。

```go
func (self *luaState) callLuaClosure(nArgs, nResults int, c *closure) {
    nRegs := int(c.proto.MaxStackSize)
    nParams := int(c.proto.NumParams)
    isVararg := c.proto.IsVararg == 1

    newStack := newLuaStack(nRegs + 20)
    newStack.closure = c
    ...
}
```

先从函数原型里拿到编译器为我们事先准备好的各种信息：执行函数所需要的寄存器数量、定义函数时声明的固定参数数量以及是否是 vararg 函数。然后根据寄存器数量（适当扩大，因为要给指令实现函数预留少量栈空间）创建一个新的调用帧，并把闭包和调用帧联系起来。下面来看第二部分代码。

```go
func (self *luaState) callLuaClosure(nArgs, nResults int, c *closure) {
    ... // 前面的代码省略
    newStack := newLuaStack(nRegs + 20)
    newStack.closure = c

    funcAndArgs := self.stack.popN(nArgs + 1)
    newStack.pushN(funcAndArgs[1:], nParams)
    newStack.top = nRegs
    if nArgs > nParams && isVararg {
        newStack.varargs = funcAndArgs[nParams+1:]
    }
    ...
}
```

新的调用帧创建好之后，我们调用当前帧的 `popN()` 方法把函数和参数值一次性从栈顶弹出，然后调用新帧的 `pushN()` 方法按照固定参数数量传入参数。固定参数传递完毕之后，需要修改新帧的栈顶指针，让它指向最后一个寄存器。如果被调函数是 vararg 函数，且传入参数的数量多于固定参数数量，还需要把 vararg 参数记下来，存在调用帧里，以备后用（详见 8.4 节）。到这里，新的调用帧就准备就绪了。`popN()` 和 `pushN()` 方法的代码随后给出，下面是第三部分代码。

```
func (self *luaState) callLuaClosure(nArgs, nResults int, c *closure) {
    ... // 前面的代码省略
    if nArgs > nParams && isVararg {
        newStack.varargs = funcAndArgs[nParams+1:]
    }

    self.pushLuaStack(newStack)
    self.runLuaClosure()
    self.popLuaStack()

    if nResults != 0 {
        results := newStack.popN(newStack.top - nRegs)
        self.stack.check(len(results))
        self.stack.pushN(results, nResults)
    }
}
```

我们把新调用帧推入调用栈顶，让它成为当前帧，然后调用 `runLuaClosure()` 方法执行被调函数的指令。指令执行完毕之后，新调用帧的使命就结束了，把它从调用栈顶弹出，这样主调帧就又成了当前帧。被调函数运行完毕之后，返回值会留在被调帧的栈顶（寄存器之上）。我们需要把全部返回值从被调帧栈顶弹出，然后根据期望的返回值数量多退少补，推入当前帧栈顶，这样函数调用才算结束。下面来看一下 `runLuaClosure()` 方法的代码。

```
func (self *luaState) runLuaClosure() {
    for {
        inst := vm.Instruction(self.Fetch())
        inst.Execute(self)
        if inst.Opcode() == vm.OP_RETURN {
            break
        }
    }
}
```

是不是感觉似曾相识？其实它就是前两章测试小节里的指令循环，只是去掉了调试输出。最后请读者打开 lua_stack.go 文件，给 `luaStack` 结构体添加 `popN()` 和 `pushN()` 方法。`popN()` 方法从栈顶一次性弹出多个值，代码如下所示。

```
func (self *luaStack) popN(n int) []luaValue {
    vals := make([]luaValue, n)
    for i := n - 1; i >= 0; i-- {
        vals[i] = self.pop()
    }
    return vals
}
```

pushN() 方法，往栈顶推入多个值（多退少补），代码如下所示。

```go
func (self *luaStack) pushN(vals []luaValue, n int) {
    nVals := len(vals)
    if n < 0 { n = nVals }
    for i := 0; i < n; i++ {
        if i < nVals {
            self.push(vals[i])
        } else {
            self.push(nil)
        }
    }
}
```

8.4　函数调用指令

本节将实现与函数调用相关的 6 条指令，依次是 CLOSURE、CALL、RETURN、VARARG、TAILCALL 和 SELF。我们把这些指令实现在 inst_call.go 文件里，请读者在 $LUAGO/go/ch08/src/luago/vm 目录下创建该文件。

```go
package vm

import . "luago/api"
```

8.4.1　CLOSURE

CLOSURE 指令（iBx 模式）把当前 Lua 函数的子函数原型实例化为闭包，放入由操作数 A 指定的寄存器中。子函数原型来自于当前函数原型的子函数原型表，索引由操作数 Bx 指定。CLOSURE 指令可以用如下伪代码表示。

```
R(A) := closure(KPROTO[Bx])
```

CLOSURE 指令对应 Lua 脚本里的函数定义语句或者表达式，下面是一个简单的例子。

```
$ luac -l -
local a,b,c
local function f() end
local g = function() end
^D
main <stdin:0,0> (4 instructions at 0x7ff6ed600070)
```

```
0+ params, 5 slots, 1 upvalue, 5 locals, 0 constants, 2 functions
    1   [1]   LOADNIL   0 2
    2   [2]   CLOSURE   3 0          ; 0x7ff6ed700070
    3   [3]   CLOSURE   4 1          ; 0x7ff6ed700330
    4   [3]   RETURN    0 1
```

上例中的第二条 CLOSURE 指令如图 8-5 所示。

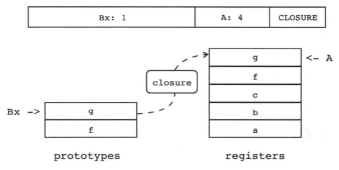

图 8-5　CLOSURE 指令示意图

下面是 CLOSURE 指令的实现代码。

```
func closure(i Instruction, vm LuaVM) {
    a, bx := i.ABx()
    a += 1

    vm.LoadProto(bx)
    vm.Replace(a)
}
```

由于 Lua API 只提供了加载主函数原型的 **Load()** 方法，并没有提供加载子函数原型的方法，所以我们需要扩展 **LuaVM** 接口，给它添加一个 **LoadProto()** 方法。该方法把当前函数的子函数原型（索引由参数指定）实例化为闭包并推入栈顶，具体的定义和实现在 8.4.7 节给出。

8.4.2　CALL

CALL 指令（iABC 模式）调用 Lua 函数。其中被调函数位于寄存器中，索引由操作数 A 指定。需要传递给被调函数的参数值也在寄存器中，紧挨着被调函数，数量由操作数 B 指定。函数调用结束后，原先存放函数和参数值的寄存器会被返回值占据，具体有多少个返回值则由操作数 C 指定。CALL 指令可以用如下伪代码表示。

```
R(A), ... ,R(A+C-2) := R(A)(R(A+1), ... ,R(A+B-1))
```

CALL 指令对应 Lua 脚本里的函数调用语句或者表达式，下面是一个简单的例子。

```
$ luac -l -
local a,b,c = f(1,2,3,4)
^D
main <stdin:0,0> (7 instructions at 0x7fe014d00070)
0+ params, 5 slots, 1 upvalue, 3 locals, 5 constants, 0 functions
    1  [1] GETTABUP  0 0 -1  ; _ENV "f"
    2  [1] LOADK     1 -2    ; 1
    3  [1] LOADK     2 -3    ; 2
    4  [1] LOADK     3 -4    ; 3
    5  [1] LOADK     4 -5    ; 4
    6  [1] CALL      0 5 4
    7  [1] RETURN    0 1
```

上例中的 CALL 指令如图 8-6 所示。

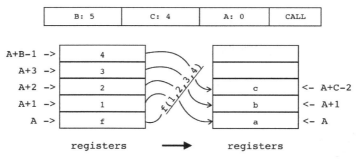

图 8-6 CALL 指令示意图

下面是 CALL 指令的实现代码。

```
func call(i Instruction, vm LuaVM) {
    a, b, c := i.ABC()
    a += 1

    nArgs := _pushFuncAndArgs(a, b, vm)
    vm.Call(nArgs, c-1)
    _popResults(a, c, vm)
}
```

CALL 指令可以借助前面介绍的 **Call()** 方法实现。我们先调用 **_pushFunc-AndArgs()** 函数把被调函数和参数值推入栈顶，然后让 **Call()** 方法去处理函数调用逻辑。**Call()** 方法结束之后，函数返回值已经在栈顶，调用 **_popResults()** 函数把这些返回值移动到适当的寄存器中就可以了。这里有两处不太好懂，第一是传入参数的数量为何要通过 _pushFuncAndArgs() 函数获得，第二是返回值数量为何可以用操作数 C 计算。请读者继续阅读，答案自然就会揭晓。下面来看 _pushFuncAndArgs() 函数的代码。

```
func _pushFuncAndArgs(a, b int, vm LuaVM) (nArgs int) {
    if b >= 1 { // b-1 args
        vm.CheckStack(b)
        for i := a; i < a+b; i++ {
            vm.PushValue(i)
        }
        return b - 1
    } else {
        ... // 稍后给出
    }
}
```

如果操作数 B 大于 0 就简单了，需要传递的参数是 B − 1 个，循环调用 PushValue() 方法把函数和参数值推入栈顶即可。由于我们给指令预留的栈顶空间是很少的，而传入参数数量却不确定，所以这里需要调用 CheckStack() 方法确保栈顶有足够的空间可以容纳函数和参数值。当 B 等于 0 时情况稍微有点复杂，稍后再讨论，先来看 _popResults() 函数的代码。

```
func _popResults(a, c int, vm LuaVM) {
    if c == 1 { // no results
    } else if c > 1 { // c-1 results
        for i := a + c - 2; i >= a; i-- {
            vm.Replace(i)
        }
    } else {
        vm.CheckStack(1)
        vm.PushInteger(int64(a))
    }
}
```

如果操作数 C 大于 1，则返回值数量是 C−1，循环调用 Replace() 方法把栈顶返回值移动到相应寄存器即可；如果操作数 C 等于 1，则返回值数量是 0，不需要任何处理；如果 C 等于 0，那么需要把被调函数的返回值全部返回。对于最后这种情况，干脆就把这些返回值先留在栈顶，反正后面也是要把它们再推入栈顶的。我们往栈顶推入一个整数值，标记这些返回值原本是要移动到哪些寄存器中。为了帮助读者理解这种情况，请看下面这个例子。

```
$ luac -l -
f(1, 2, g())
^D
main <stdin:0,0> (7 instructions at 0x7fdade500070)
0+ params, 4 slots, 1 upvalue, 0 locals, 4 constants, 0 functions
    1   [1] GETTABUP 0 0 -1  ; _ENV "f"
    2   [1] LOADK    1 -2     ; 1
    3   [1] LOADK    2 -3     ; 2
    4   [1] GETTABUP 3 0 -4   ; _ENV "g"
    5   [1] CALL     3 1 0
    6   [1] CALL     0 0 1
```

上面的第一条 CALL 指令对应函数调用 g()，由于需要把返回值全部传递给 f()，所以该指令的操作数 C 是 0；第二条 CALL 指令对应函数调用 f()，由于要接收 f() 的全部返回值，所以该指令的操作数 B 是 0。回到 _pushFuncAndArgs() 函数，把操作数 B 等于 0 的情况补上，代码如下所示。

```
func _pushFuncAndArgs(a, b int, vm LuaVM) (nArgs int) {
    if b >= 1 {
        ... // 其他代码省略
    } else {
        _fixStack(a, vm)
        return vm.GetTop() - vm.RegisterCount() - 1
    }
}
```

由于 RETURN 指令也会面临类似的情况（详见 8.4.3 节），所以要把相应逻辑取到 _fixStack() 函数里。RegisterCount() 方法返回当前函数的寄存器数量，需要在 LuaVM 接口里定义，详见 8.4.7 节。_fixStack() 函数的代码如下所示。

```
func _fixStack(a int, vm LuaVM) {
    x := int(vm.ToInteger(-1))
    vm.Pop(1)

    vm.CheckStack(x - a)
    for i := a; i < x; i++ {
        vm.PushValue(i)
    }
    vm.Rotate(vm.RegisterCount()+1, x-a)
}
```

因为后半部分参数值已经在栈顶了，所以只需要把函数和前半部分参数值推入栈顶，然后旋转栈顶即可。

8.4.3 RETURN

RETURN 指令（iABC 模式）把存放在连续多个寄存器里的值返回给主调函数。其中第一个寄存器的索引由操作数 A 指定，寄存器数量由操作数 B 指定，操作数 C 没用。RETURN 指令可以用如下伪代码表示。

```
return R(A), ... ,R(A+B-2)
```

RETURN 指令对应 Lua 脚本里的 return 语句，下面是一个简单的例子。

```
$ luac -l -
local a,b; return 1,a,b
^D
main <stdin:0,0> (6 instructions at 0x7ff5b6500750)
0+ params, 5 slots, 1 upvalue, 2 locals, 1 constant, 0 functions
    1    [1] LOADNIL   0 1
    2    [1] LOADK     2 -1     ; 1
    3    [1] MOVE      3 0
    4    [1] MOVE      4 1
    5    [1] RETURN    2 4
    6    [1] RETURN    0 1
```

上例中的第一条 RETURN 指令如图 8-7 所示（第二条 RETURN 指令是 Lua 编译器自动添加的）。

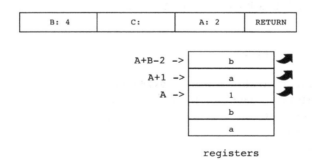

图 8-7　RETURN 指令示意图

下面是 RETURN 指令的实现代码。

```
func _return(i Instruction, vm LuaVM) {
    a, b, _ := i.ABC()
    a += 1

    if b == 1 { // no return values
```

```
        } else if b > 1 { // b-1 return values
            vm.CheckStack(b - 1)
            for i := a; i <= a+b-2; i++ {
                vm.PushValue(i)
            }
        } else {
            _fixStack(a, vm)
        }
    }
```

我们需要将返回值推入栈顶。如果操作数 B 等于 1，则不需要返回任何值；如果操作数 B 大于 1，则需要返回 B － 1 个值，这些值已经在寄存器里了，循环调用 PushValue() 方法复制到栈顶即可。如果操作数 B 等于 0，则一部分返回值已经在栈顶了，调用 _fixStack() 函数把另一部分也推入栈顶。

8.4.4　VARARG

VARARG 指令（iABC 模式）把传递给当前函数的变长参数加载到连续多个寄存器中。其中第一个寄存器的索引由操作数 A 指定，寄存器数量由操作数 B 指定，操作数 C 没有用。VARARG 指令可以用如下伪代码表示。

```
R(A), R(A+1), ..., R(A+B-2) = vararg
```

VARARG 指令对应 Lua 脚本里的 vararg 表达式，下面是一个简单的例子。

```
$ luac -l -
local a,b,c,d,e = 100, ...
^D
main <stdin:0,0> (3 instructions at 0x7fc91ce00040)
0+ params, 5 slots, 1 upvalue, 5 locals, 1 constant, 0 functions
    1   [1] LOADK     0 -1    ; 100
    2   [1] VARARG    1 5
    3   [1] RETURN    0 1
```

由于编译器生成的主函数也是 vararg 函数，所以也可以在里面使用 vararg 表达式。假定调用主函数时传递给它的参数是 1、2、3，那么上例中的 VARARG 指令如图 8-8 所示。

从效果上来看，vararg 表达式和函数调用很像。在 vararg 函数内部，凡是能用函数调用表达式的地方，也能用 vararg 表达式。如果把 vararg 表达式当作函数调用，其返回值就是变长参数，要进行多退少补。正因为此，我们可以重用 CALL 指令的部分代码来实现 VARARG 指令，代码如下所示。

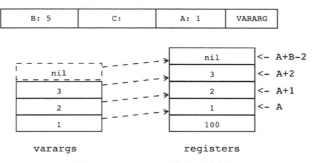

图 8-8　VARARG 指令示意图

```
func vararg(i Instruction, vm LuaVM) {
    a, b, _ := i.ABC()
    a += 1

    if b != 1 {
        vm.LoadVararg(b - 1)
        _popResults(a, b, vm)
    }
}
```

操作数 B 若大于 1，表示把 B － 1 个 vararg 参数复制到寄存器；否则只能等于 0，表示把全部 vararg 参数复制到寄存器。对于这两种情况，我们统一调用 `LoadVararg()` 方法把 vararg 参数推入栈顶，剩下的工作交给 `_popResults()` 函数就可以了。`LoadVararg()` 方法需要在 LuaVM 接口里定义，详见 8.4.7 节。

8.4.5　TAILCALL

我们已经知道，函数调用一般通过调用栈来实现。用这种方法，每调用一个函数都会产生一个调用帧。如果方法调用层次太深（特别是递归调用函数时），就容易导致调用栈溢出。那么，有没有一种技术，既能让我们发挥递归函数的威力，又能避免调用栈溢出呢？有，那就是尾递归优化。利用这种优化，被调函数可以重用主调函数的调用帧，因此可以有效缓解调用栈溢出症状。不过尾递归优化只适用于某些特定的情况，并不能包治百病。

对尾递归优化的详细介绍超出了本书讨论范围，这里我们只要知道 return `f(args)` 这样的返回语句会被 Lua 编译器编译成 TAILCALL 指令就可以了。下面来看一个例子。

```
$ luac -l -
return f(a, b, c)
```

```
^D
main <stdin:0,0> (7 instructions at 0x7fdd02d00070)
0+ params, 4 slots, 1 upvalue, 0 locals, 4 constants, 0 functions
    1  [1]  GETTABUP 0 0 -1  ; _ENV "f"
    2  [1]  GETTABUP 1 0 -2  ; _ENV "a"
    3  [1]  GETTABUP 2 0 -3  ; _ENV "b"
    4  [1]  GETTABUP 3 0 -4  ; _ENV "c"
    5  [1]  TAILCALL 0 4 0
    6  [1]  RETURN   0 0
    7  [1]  RETURN   0 1
```

TAILCALL 指令（iABC 模式）可以用如下伪代码表示。

```
return R(A)(R(A+1), ... ,R(A+B-1))
```

下面是 TAILCALL 指令的临时实现方法。

```
func tailCall(i Instruction, vm LuaVM) {
    a, b, _ := i.ABC()
    a += 1
    c := 0

    nArgs := _pushFuncAndArgs(a, b, vm)
    vm.Call(nArgs, c-1)
    _popResults(a, c, vm)
}
```

以上只是用普通的函数调用机制实现 TAILCALL 指令，完全没有做任何优化，更好的实现方式留给读者去思考。

8.4.6 SELF

Lua 虽然不是面向对象语言，但是提供了一些语法和底层支持，利用这些支持，用户就可以构造出一套完整的面向对象体系。对于 Lua 面相对象编程的详细介绍超出了本书讨论范围，我们在本书第 14 章到第 17 章会讨论方法定义和方法调用语法，在 11 章会讨论实现面相对象编程最为关键的元表和元方法，本节则主要讨论 SELF 指令。

SELF 指令主要用来优化方法调用语法糖。比如说 obj:f(a, b, c)，虽然从语义的角度来说完全等价于 obj.f(obj, a, b, c)，但是 Lua 编译器并不是先去掉语法糖再按普通的函数调用处理，而是会生成 SELF 指令，这样就可以节约一条指令。下面来看一个方法调用的例子。

```
$ luac -l -
```

```
local a,obj; obj:f(a)
^D
main <stdin:0,0> (5 instructions at 0x7fd3844030b0)
0+ params, 5 slots, 1 upvalue, 2 locals, 1 constant, 0 functions
    1   [1] LOADNIL    0 1
    2   [1] SELF       2 1 -1   ; "f"
    3   [1] MOVE       4 0
    4   [1] CALL       2 3 1
    5   [1] RETURN     0 1
```

作为对比，再看一下等价的函数调用语句会生成怎样的指令。

```
$ luac -l -
local a,obj; obj.f(obj,a)
^D
main <stdin:0,0> (6 instructions at 0x7fc199500070)
0+ params, 5 slots, 1 upvalue, 2 locals, 1 constant, 0 functions
    1   [1] LOADNIL    0 1
    2   [1] GETTABLE   2 1 -1   ; "f"
    3   [1] MOVE       3 1
    4   [1] MOVE       4 0
    5   [1] CALL       2 3 1
    6   [1] RETURN     0 1
```

SELF 指令（iABC 模式）把对象和方法拷贝到相邻的两个目标寄存器中。对象在寄存器中，索引由操作数 B 指定。方法名在常量表里，索引由操作数 C 指定。目标寄存器索引由操作数 A 指定。SELF 指令可以用如下伪代码表示。

```
R(A+1) := R(B); R(A) := R(B)[RK(C)]
```

前面例子中的 SELF 指令可以用图 8-9 表示。

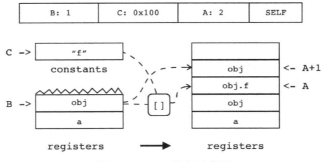

图 8-9　SELF 指令示意图

下面是 SELF 指令的实现代码。

```
func self(i Instruction, vm LuaVM) {
    a, b, c := i.ABC()
    a += 1; b += 1

    vm.Copy(b, a+1)
    vm.GetRK(c)
    vm.GetTable(b)
    vm.Replace(a)
}
```

到此，本章要介绍的 6 条新指令就都实现好了。我们还需要编辑 opcodes.go 文件，修改指令表，把这 6 条指令的实现方法注册进去。具体改动就不给出了，请读者参考第 7 章的做法进行修改。下面我们来扩展 LuaVM 接口，把前面出现的三个方法补上。

8.4.7 扩展 LuaVM 接口

请读者打开 lua_vm.go 文件（在 $LUAGO/go/ch08/src/luago/api 目录下），给 LuaVM 接口添加三个方法，改动如下所示。

```
type LuaVM interface {
    ... // 其他代码省略，下面是新增加的方法
    RegisterCount() int
    LoadVararg(n int)
    LoadProto(idx int)
}
```

然后打开 api_vm.go 文件（在 $LUAGO/go/ch08/src/luago/state 目录下），在里面实现这三个方法。RegisterCount() 方法返回当前 Lua 函数所操作的寄存器数量，代码如下所示。

```
func (self *luaState) RegisterCount() int {
    return int(self.stack.closure.proto.MaxStackSize)
}
```

LoadVararg() 方法把传递给当前 Lua 函数的变长参数推入栈顶（多退少补），代码如下所示。

```
func (self *luaState) LoadVararg(n int) {
    if n < 0 {
        n = len(self.stack.varargs)
    }
    self.stack.check(n)
    self.stack.pushN(self.stack.varargs, n)
}
```

LoadProto() 方法把当前 Lua 函数的子函数的原型实例化为闭包推入栈顶，代码如下所示。

```go
func (self *luaState) LoadProto(idx int) {
    proto := self.stack.closure.proto.Protos[idx]
    closure := newLuaClosure(proto)
    self.stack.push(closure)
}
```

8.4.8　改进 SETLIST 指令

在 7.4.4 节讨论 SETLIST 指令时，我们忽略了操作数 B 等于 0 的情况。当表构造器的最后一个元素是函数调用或者 vararg 表达式时，Lua 会把它们产生的所有值都收集起来，以供 SETLIST 指令使用。下面是一个例子。

```
$ luac -l -
t = {1, 2, f()}
^D
main <stdin:0,0> (8 instructions at 0x7f8c11d00070)
0+ params, 4 slots, 1 upvalue, 0 locals, 4 constants, 0 functions
    1   [1] NEWTABLE  0 2 0
    2   [1] LOADK     1 -2     ; 1
    3   [1] LOADK     2 -3     ; 2
    4   [1] GETTABUP  3 0 -4   ; _ENV "f"
    5   [1] CALL      3 1 0
    6   [1] SETLIST   0 0 1    ; 1
    7   [1] SETTABUP  0 -1 0   ; _ENV "t"
    8   [1] RETURN    0 1
```

在上面的例子里，CALL 指令的操作数 C 是 0，SETLIST 指令的操作数 B 也是 0。所以 SETLIST 指令可以使用 CALL 指令留在栈顶的全部返回值。请读者打开 inst_table.go 文件，修改 setList() 函数，处理操作数 B 是 0 的情况，改动如下所示。

```go
func setList(i Instruction, vm LuaVM) {
    a, b, c := i.ABC()
    a += 1
    ... // 其他代码省略，下面是新增加的代码
    bIsZero := b == 0
    if bIsZero {
        b = int(vm.ToInteger(-1)) - a - 1
        vm.Pop(1)
    }
    ... // 其他代码省略
}
```

我们记下这种情况，然后适当调整操作数 B，先按正常逻辑处理寄存器中的值。寄存器处理完毕之后，再来处理栈顶值，代码如下所示。

```go
func setList(i Instruction, vm LuaVM) {
    ... // 其他代码省略
    if bIsZero {
        for j := vm.RegisterCount() + 1; j <= vm.GetTop(); j++ {
            idx++
            vm.PushValue(j)
            vm.SetI(a, idx)
        }

        vm.SetTop(vm.RegisterCount()) // clear stack
    }
}
```

一切处理妥当之后，需要调用 **SetTop()** 方法让栈顶恢复初始状态。到此，本章要编写的代码就全部介绍完毕了，下面我们来做一些测试。

8.5 测试本章代码

在前面两章，由于还没有办法加载和调用 Lua 函数，所以我们只能把主函数指令的执行过程编码在 luaMain() 函数里。现在既然有了 **Load()** 和 **Call()** 方法，那么 **luaMain()** 函数也就可以退居二线了。请读者打开本章的 main.go 文件，删掉原先的内容，把下面的代码输入进去。

```go
package main

import "io/ioutil"
import "os"
import "luago/state"

func main() {
    if len(os.Args) > 1 {
        data, err := ioutil.ReadFile(os.Args[1])
        if err != nil { panic(err) }
        ls := state.New()
        ls.Load(data, os.Args[1], "b")
        ls.Call(0, 0)
    }
}
```

现在代码清爽多了！主要的逻辑就四步：首先读取二进制 chunk 文件，然后创建

luaState 实例，接着调用 Load() 方法把主函数加载到栈顶，最后调用 Call() 方法
运行主函数（没给它传递参数，也不需要任何返回值）。请读者执行下面的命令编译本章
代码。

```
$ cd $LUAGO/go/
$ export GOPATH=$PWD/ch08
$ go install luago
```

如果看不到任何输出，那就表示编译成功了，在 ch08/bin 目录下会出现可执行文件
luago。由于我们的 Lua 虚拟机变得越来越强大，需要准备的测试脚本自然也越来越复杂。
请读者在 $LUAGO/lua/ch08 目录下创建 test.lua 文件，把下面的 Lua 脚本输入进去。

```
local function max(...)
    local args = {...}
    local val, idx
    for i = 1, #args do
        if val == nil or args[i] > val then
            val, idx = args[i], i
        end
    end
    return val, idx
end

local function assert(v)
    if not v then fail() end
end

local v1 = max(3, 9, 7, 128, 35)
assert(v1 == 128)
local v2, i2 = max(3, 9, 7, 128, 35)
assert(v2 == 128 and i2 == 4)
local v3, i3 = max(max(3, 9, 7, 128, 35))
assert(v3 == 128 and i3 == 1)
local t = {max(3, 9, 7, 128, 35)}
assert(t[1] == 128 and t[2] == 4)
```

我们在脚本里定义了两个 Lua 函数，其中 max() 函数接收任意数量参数，返回其中
的最大值和它在参数中的位置。该函数用到了 vararg 参数、vararg 表达式、多重赋值、多
返回值等 Lua 语言特性。我们终于不用再去看 Lua 栈里的内容了，因为 assert() 函数
可以帮助我们验证 max() 函数的返回结果是否正确。请读者执行下面的命令把这段脚本
编译成二进制 chunk 文件，然后用它来测试一下我们最新版的 Lua 虚拟机。

```
$ luac ../lua/ch08/test.lua
```

```
$ ./ch08/bin/luago luac.out
call @../lua/ch08/test.lua<0,0>
call @../lua/ch08/test.lua<1,10>
call @../lua/ch08/test.lua<12,14>
call @../lua/ch08/test.lua<1,10>
call @../lua/ch08/test.lua<12,14>
call @../lua/ch08/test.lua<1,10>
call @../lua/ch08/test.lua<1,10>
call @../lua/ch08/test.lua<12,14>
call @../lua/ch08/test.lua<1,10>
call @../lua/ch08/test.lua<12,14>
```

函数顺利执行，耶！

8.6 本章小结

本章，我们把 Lua 栈改造成了调用帧，把 Lua State 改造成了调用栈。在此基础上，我们实现了与函数调用相关的两个非常重要的 API 方法：Load() 和 Call()。接着我们又实现了与函数调用相关的六条 Lua 虚拟机指令。到此，我们的 Lua 虚拟机已经可以执行很复杂的 Lua 函数了。无论 Lua 函数可以写得多复杂，都有一些工作是其无法完成的，比如向控制台输出信息。在第 9 章，我们将请出 Lua 函数的好兄弟：Go 函数。有 Go 函数出场相救，再也没有什么事情是办不到的了。

第 9 章 Go 函数调用

在前一章我们实现了 Lua 函数调用，已经能够执行非常复杂的预编译脚本。虽然 Lua 函数在操作 Lua 栈时是一把好手，可是一旦涉及其他工作就捉襟见肘了。仅仅使用 Lua 函数能够做的事情非常有限，比如没办法获取当前时间，没办法读取文件，也没办法往控制台打印输出。这一章我们将请 Lua 函数的好伙伴 Go 函数上场，看看如何在 Lua 语言里调用 Go 语言编写的函数。在继续往下阅读之前，请读者执行下面的命令，把本章所需的目录结构和编译环境准备好。

```
$ cd $LUAGO/go/
$ cp -r ch08/ ch09
$ export GOPATH=$PWD/ch09
```

9.1 Go 函数登场

虽然说 Lua 函数需要 Go 函数来弥补自己的不足，但 Lua 函数也是相当挑剔的，并不是任何 Go 函数都能当此重任，在后文中，当我们站在 Lua API 角度讨论问题时，Go 函数特指用 Go 语言编写，可被 Lua 调用的函数。在 Lua 语言层面，Go 函数和 Lua 函数都是 "function" 类型，没办法简单区分一个函数到底是 Lua 函数还是 Go 函数。为了避免混淆，当我们站在 Lua 语言角度讨论问题时，称 Go 函数为 Go 闭包（闭包的详细介绍见第

10 章）。

本章主要分为三部分内容。本节先定义 Go 函数类型，给 Lua API 添加 Go 函数相关的方法，并实现 Go 函数调用。9.2 和 9.3 节分别介绍 Lua 注册表和全局环境，这是 Go 函数进入 Lua 世界的桥梁和纽带。

9.1.1　添加 Go 函数类型

要想让 Lua 函数调用 Go 语言编写函数，就需要一种机制能够给 Go 函数传递参数，并且接收 Go 函数返回的值。可是 Lua 函数只能操作 Lua 栈，这可如何是好？答案就在问题之中。我们已经知道，Lua 栈对于 Lua 函数的调用和执行至关重要。在执行 Lua 函数时，Lua 栈充当虚拟寄存器以供指令操作。在调用 Lua 函数时，Lua 栈充当栈帧以供参数和返回值传递。那么我们自然也可以利用 Lua 栈来给 Go 函数传递参数和接收返回值。

我们约定，Go 函数必须满足这样的签名：接收一个 **LuaState** 接口类型的参数，返回一个整数。在 Go 函数开始执行之前，Lua 栈里是传入的参数值，别无它值。当 Go 函数结束之后，把需要返回的值留在栈顶，然后返回一个整数表示返回值个数。由于 Go 函数返回了返回值数量，这样它在执行完毕时就不用对栈进行清理了，把返回值留在栈顶即可。

请读者打开 lua_state.go 文件（在 $LUAGO/go/ch09/src/luago/api 目录下），在里面定义 **GoFunction** 类型，代码如下所示。

```
type GoFunction func(LuaState) int
```

Go 函数类型定义好了，在 9.1.2 节我们会扩展 Lua API，添加 Go 函数相关方法。在此之前，请读者打开 closure.go 文件（在 $LUAGO/go/ch09/src/luago/state 目录下），添加一条 import 语句，然后给 closure 结构体添加 goFunc 字段，改动如下所示。

```
import . "luago/api"

type closure struct {
    proto  *binchunk.Prototype // lua closure
    goFunc GoFunction          // go closure
}
```

我们使用 **closure** 结构体来统一表示 Lua 和 Go 闭包。如果 **proto** 字段不是 nil，说明这是 Lua 闭包。否则，**goFunc** 字段一定不是 nil，说明这是 Go 闭包。请读者继续编辑 closure.go 文件，添加用于创建 Go 闭包的函数，代码如下所示。

```
func newGoClosure(f GoFunction) *closure {
    return &closure{goFunc: f}
}
```

到此，Go 闭包也准备就绪了。下面我们来扩展 Lua API。

9.1.2　扩展 Lua API

Go 函数要进入 Lua 栈，变成 Go 闭包才能为 Lua 所用。Lua API 提供了 PushGo-Function() 方法，其作用就是把 Go 函数转换成 Go 闭包并放入栈顶。另一方面，Lua API 提供了 IsGoFunction() 和 ToGoFunction() 方法，可以把栈里的 Go 闭包再转换为 Go 函数返回给用户。

请读者打开 lua_state.go 文件（$LUAGO/go/ch09/src/luago/api 目录下），给 LuaState 接口添加这三个方法，改动如下所示。

```
type LuaState interface {
    ... // 其他方法省略，下面是新增加的方法
    PushGoFunction(f GoFunction)
    IsGoFunction(idx int) bool
    ToGoFunction(idx int) GoFunction
}
```

下面我们详细讨论并实现这三个方法。

1. PushGoFunction()

PushGoFunction() 方法接收一个 Go 函数参数，把它转变成 Go 闭包后推入栈顶。以图 9-1 为例，栈里原有 4 个值。假设 f 是 Go 函数，执行 PushGoFunction(f) 之后，栈顶会多出一个 Go 闭包（用鼹鼠脑袋表示）。

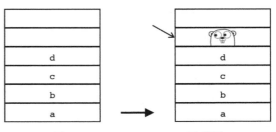

图 9-1　PushGoFunction() 示意图

请读者打开 api_push.go 文件（在 $LUAGO/go/ch09/src/luago/state 目录下），在里面实现这个方法，代码如下所示。

```
func (self *luaState) PushGoFunction(f GoFunction) {
    self.stack.push(newGoClosure(f))
}
```

2. IsGoFunction()

`IsGoFunction()` 方法，判断指定索引处的值是否可以转换为 Go 函数。该方法以栈索引为参数，返回布尔值，不改变栈的状态。请读者打开 api_access.go 文件（也在 $LUAGO/go/ch09/src/luago/state 目录下），在里面实现这个方法，代码如下所示。

```go
func (self *luaState) IsGoFunction(idx int) bool {
    val := self.stack.get(idx)
    if c, ok := val.(*closure); ok {
        return c.goFunc != nil
    }
    return false
}
```

我们先根据索引拿到值，然后看它是否是闭包，如果是，进一步看它是否是 Go 闭包。只有 Go 闭包才可以转换成 Go 函数。

3. ToGoFunction()

`ToGoFunction()` 方法，把指定索引处的值转换为 Go 函数并返回，如果值无法转换为 Go 函数，返回 `nil` 即可。该方法以栈索引为参数，不改变栈的状态。请读者继续编辑 api_access.go 文件，在里面实现这个方法，代码如下所示。

```go
func (self *luaState) ToGoFunction(idx int) GoFunction {
    val := self.stack.get(idx)
    if c, ok := val.(*closure); ok {
        return c.goFunc
    }
    return nil
}
```

先根据索引拿到值，然后看它是否是闭包。如果是，直接返回 `goFunc` 字段值即可（对于 Go 闭包，该字段就是期望的返回值，对于 Lua 闭包，该字段是 `nil`），否则返回 `nil`。

9.1.3　调用 Go 函数

有了 Go 函数，也能够把它放入 Lua 栈，下一步就是怎么去调用它了。为此我们需要修改第 8 章实现的 `Call()` 方法。请读者打开 api_call.go 文件（在 $LUAGO/go/ch09/src/luago/state 目录下），修改这个方法，改动如下所示。

```
func (self *luaState) Call(nArgs, nResults int) {
    val := self.stack.get(-(nArgs + 1))
    if c, ok := val.(*closure); ok {
        if c.proto != nil {
            self.callLuaClosure(nArgs, nResults, c)
        } else { // 调用 Go 函数
            self.callGoClosure(nArgs, nResults, c)
        }
    } else {
        panic("not function!")
    }
}
```

主要改动在外层的 if 语句里。我们根据 proto 字段判断要调用的是 Lua 闭包还是 Go 闭包。如果是 Lua 闭包，交给 callLuaClosure() 方法去处理；如果是 Go 闭包，则交给 callGoClosure() 方法去处理。另外，原先的调试输出也从代码里去掉了，这一章将使用真正的控制台输出来观察结果。请读者继续编辑 api_call.go 文件，在里面添加 callGoClosure() 方法，代码如下所示。

```
func (self *luaState) callGoClosure(nArgs, nResults int, c *closure) {
    newStack := newLuaStack(nArgs + 20)
    newStack.closure = c

    args := self.stack.popN(nArgs)
    newStack.pushN(args, nArgs)
    self.stack.pop()

    self.pushLuaStack(newStack)
    r := c.goFunc(self)
    self.popLuaStack()

    if nResults != 0 {
        results := newStack.popN(r)
        self.stack.check(len(results))
        self.stack.pushN(results, nResults)
    }
}
```

这个方法和 callLuaClosure() 方法很像，还稍微简单一些。我们先创建新的调用帧，然后把参数值从主调帧里弹出，推入被调帧。Go 闭包直接从主调帧里弹出扔掉即可。参数传递完毕之后，把被调帧推入调用栈，让它成为当前帧，然后直接执行 Go 函数。执行完毕之后把被调帧从调用栈里弹出，这样主调帧就又成了当前帧。最后（如果有必要），还需要把返回值从被调帧里弹出，推入主调帧（多退少补）。这样 Go 函数调用就完成了。

9.2　Lua 注册表

　　Lua 给用户提供了一个注册表，这个注册表实际上就是一个普通的 Lua 表，所以用户可以在里面存放任何 Lua 值。有趣的是，这个注册表虽然是给用户准备的，但 Lua 本身也用到了它，比如说 Lua 全局变量就是借助这个注册表实现的。我们将在第 10 章详细讨论全局变量的实现，这一节先把注册表准备好。

9.2.1　添加注册表

　　请读者打开 lua_state.go 文件（在 $LUAGO/go/ch09/src/luago/state 目录下），添加一条 **import** 语句，然后给 **luaState** 结构体添加 **registry** 字段，改动如下所示。

```
import . "luago/api"

type luaState struct {
    registry *luaTable // 注册表
    stack    *luaStack
}
```

　　由于注册表是全局状态，每个 Lua 解释器实例都有自己的注册表，所以把它放在 **luaState** 结构体里是合理的。我们需要在创建 **luaState** 实例时初始化注册表，请读者继续编辑 lua_state.go 文件，修改 New() 函数，改动之后的代码如下所示。

```
func New() *luaState {
    registry := newLuaTable(0, 0)
    registry.put(LUA_RIDX_GLOBALS, newLuaTable(0, 0)) // 全局环境，详见 9.3 节

    ls := &luaState{registry: registry}
    ls.pushLuaStack(newLuaStack(LUA_MINSTACK, ls)) // 详见 9.2.2 节
    return ls
}
```

　　我们先创建注册表，然后预先往里面放一个全局环境。从代码来看，全局环境也是一个普通的 Lua 表，那么它到底起什么作用呢？这里我们暂且认为所有的 Lua 全局变量都放在这个表里就可以了，等到第 10 章一切就会真相大白。9.3 节会介绍如何操作全局环境。

　　创建好注册表之后，我们用它来创建 **luaState** 结构体实例，然后往里面推入一个空的 Lua 栈（调用帧）。在前面的章节里，当我们创建 Lua 栈时，把预留的空间写成 20。大家知道在代码里到处写数字字面量是不太好的做法，所以我们将这一节引入一个 **LUA_MINSTACK** 常量。其他调用 newLuaStack() 函数的地方也需要把 20 替换成 **LUA_**

MINSTACK 常量，请读者自行修改。另外，`newLuaStack()` 函数本身也有变动，多了一个参数，具体在 9.2.2 节会介绍。

除了上面代码里出现的两个常量，这一章我们还会用到其他几个常量，请读者打开 consts.go 文件（在 $LUAGO/go/ch09/src/luago/api 目录下），在里面定义这些常量，代码如下所示。

```
const LUA_MINSTACK = 20
const LUAI_MAXSTACK = 1000000
const LUA_REGISTRYINDEX = -LUAI_MAXSTACK - 1000
const LUA_RIDX_GLOBALS int64 = 2
```

`LUA_MINSTACK` 常量的用途已经清楚了，`LUA_RIDX_GLOBALS` 常量定义全局环境在注册表里的索引，其余两个常量将在 9.2.2 节给出介绍。

9.2.2 操作注册表

由于注册表实际就是个普通的 Lua 表，所以 Lua API 并没有提供专门的方法来操作注册表。任何可以操作表的 API 方法（比如 `GetTable()` 等）都可以用来操作注册表。但是，表操作方法都是通过索引来访问表的，那么怎么访问注册表呢？答案是通过"伪索引（pseudo-index）"。

顾名思义，伪索引就是假的索引。一般来说，我们并不需要 Lua 栈有非常大的容量，所以 Lua 定义了一个常量，用来表示 Lua 栈的最大索引，这个常量就是我们在前面添加的 `LUAI_MAXSTACK`。该常量默认是一百万，一般来说足够大了（如果实在不够，用户可以在编译 Lua 解释器时修改该常量值）。由于索引也可以是负数，所以正负一百万就是有效索引的最大和最小值。负一百万再减去 1000 就是表示注册表的伪索引，用常量 `LUA_REGISTRYINDEX` 表示，我们在前面也已经定义过了。注册表伪索引、最大和最小有效索引如图 9-2 所示。

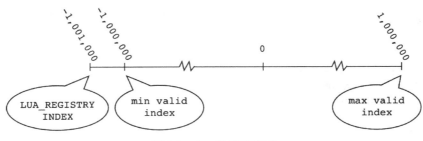

图 9-2　Lua 注册表索引

为了支持注册表伪索引，我们需要从 luaStack 里访问注册表。请读者打开 lua_stack.go 文件（在 $LUAGO/go/ch09/src/luago/state 目录下），给 luaStack 结构体添加 State 字段，改动如下所示。

```
import . "luago/api"

type luaStack struct {
    ... // 其他字段省略，下面是新添加的字段
    state *luaState
}
```

我们让 luaStack 引用 luaState，这样就可以间接访问注册表。请读者继续编辑 lua_stack.go 文件，修改 newLuaStack() 函数，在创建 luaStack 实例时给 state 字段赋值，改动如下所示。

```
func newLuaStack(size int, state *luaState) *luaStack {
    return &luaStack{
        slots: make([]luaValue, size),
        top:   0,
        state: state,
    }
}
```

接下来就可以修改 luaStack 结构体的其他方法，让它们支持注册表伪索引了。先从 absIndex() 方法入手，改动如下所示。

```
func (self *luaStack) absIndex(idx int) int {
    if idx <= LUA_REGISTRYINDEX {
        return idx
    }
    ... // 其他代码不变
}
```

如果索引小于等于 LUA_REGISTRYINDEX，说明是伪索引，直接返回即可。接着修改 isValid() 方法，改动如下所示。

```
func (self *luaStack) isValid(idx int) bool {
    if idx == LUA_REGISTRYINDEX {
        return true
    }
    ... // 其他代码不变
}
```

注册表伪索引属于有效索引，所以直接返回 **true**。下面修改 **get()** 方法，改动如下所示。

```
func (self *luaStack) get(idx int) luaValue {
    if idx == LUA_REGISTRYINDEX {
        return self.state.registry
    }
    ... // 其他代码不变
}
```

如果索引是注册表伪索引，直接返回注册表。最后修改 **set()** 方法，改动如下。

```
func (self *luaStack) set(idx int, val luaValue) {
    if idx == LUA_REGISTRYINDEX {
        self.state.registry = val.(*luaTable)
        return
    }
    ... // 其他代码不变
}
```

如果索引是注册表伪索引，直接修改注册表。这里并没有检查传入的值是否真的是 Lua 表，所以如果传入的是其他类型的值可能会导致注册表变成 **nil**。还好我们一般只是操作注册表就可以了，很少需要直接把整个注册表替换掉。

到此，注册表就介绍完毕了。下面重点介绍注册表里一个非常重要的值：全局环境。

9.3　全局环境

如前所述，Lua 全局变量是存在于全局环境里的，而全局环境也只是存在于注册表里的一张普通 Lua 表。不过，因为全局环境的使用比注册表还要频繁一些，所以 Lua API 提供了专门的方法来操作全局环境。本节我们扩展 Lua API，添加全局环境相关方法。全局变量的实现留到第 10 章详细介绍。

9.3.1　使用 API 操作全局环境

Lua API 提供了四个方法，专门用来操作全局环境。请读者打开 lua_state.go 文件（在 $LUAGO/go/ch09/src/luago/api 目录下），给 **LuaState** 接口添加这四个方法，改动如下所示。

```
type LuaState interface {
    ... // 其他方法省略，下面是新增加的方法
    PushGlobalTable()
    GetGlobal(name string) LuaType
    SetGlobal(name string)
    Register(name string, f GoFunction)
}
```

下面我们详细讨论并实现这四个方法。

1. PushGlobalTable()

由于全局环境也只是个普通的 Lua 表，所以 `GetTable()` 和 `SetTable()` 等表操作方法也同样适用于它，不过要使用这些方法，必须把全局环境预先放入栈里。`PushGlobalTable()` 方法就是用来做这件事的，它把全局环境推入栈顶以备后续操作使用。以图 9-3 为例，栈里原有 4 个值，执行该方法之后，全局环境（用 `_G` 表示）被推入栈顶。

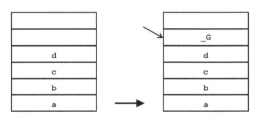

图 9-3　PushGlobalTable() 示意图

请读者打开 api_push.go 文件（在 \$LUAGO/go/ch09/src/luago/state 目录下），在里面实现这个方法，代码如下所示。

```
func (self *luaState) PushGlobalTable() {
    global := self.registry.get(LUA_RIDX_GLOBALS)
    self.stack.push(global)
}
```

代码非常直白，就不多解释了。其实我们也可以通过注册表伪索引来访问注册表，从中提取全局环境，下面是 `PushGlobalTable()` 方法的另外一种实现，仅供读者参考。

```
func (self *luaState) PushGlobalTable() {
    self.GetI(LUA_REGISTRYINDEX, LUA_RIDX_GLOBALS)
}
```

2. GetGlobal()

由于全局环境主要是用来实现 Lua 全局变量的，所以里面的键基本上都是字符串。换句话说，全局环境主要是被当成记录来使用。为了便于操作，Lua API 提供了 `GetGlobal()` 方法，可以把全局环境中的某个字段（名字由参数指定）推入栈顶。以

图 9-4 为例，栈里原有 4 个值。执行 GetGlobal（"k"）之后，全局环境中名为 "k"
的字段被推入栈顶。

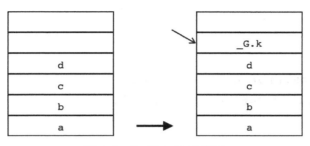

图 9-4　GetGlobal() 示意图

请读者打开 api_get.go 文件（也在 $LUAGO/go/ch09/src/luago/state 目录下），在里面实
现该方法，代码如下所示。

```go
func (self *luaState) GetGlobal(name string) LuaType {
    t := self.registry.get(LUA_RIDX_GLOBALS)
    return self.getTable(t, name)
}
```

我们也可以使用 PushGlobalTable() 和 GetField() 方法来实现 GetGlobal()
方法，如下所示。

```go
func (self *luaState) GetGlobal(name string) LuaType {
    self.PushGlobalTable()
    return self.GetField(-1, name)
}
```

不过第一种实现效率更高一些。

3. SetGlobal()

SetGlobal() 方法，往全局环境里写入
一个值，其中字段名由参数指定，值从栈顶弹
出。以图 9-5 为例，栈里原有 5 个值，栈顶是要
写入全局环境的值。执行 SetGlobal（"k"）
之后，栈顶值被弹出，并被写入全局环境。

请读者打开 api_set.go 文件（也在 $LUAGO/

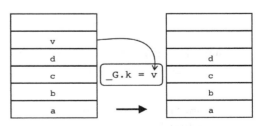

图 9-5　SetGlobal() 示意图

go/ch09/src/luago/state 目录下），在里面实现该方法，代码如下所示。

```
func (self *luaState) SetGlobal(name string) {
    t := self.registry.get(LUA_RIDX_GLOBALS)
    v := self.stack.pop()
    self.setTable(t, name, v)
}
```

就像 GetGlobal() 方法一样，我们也可以利用 PushGlobalTable() 和
SetField() 方法来实现 SetGlobal() 方法，不过后者的实现效率要更高一些。

4. Register()

Register() 方法，专门用于给全局环境注册 Go 函数值。该方法仅操作全局环境，字段名和 Go 函数从参数传入，不改变 Lua 栈的状态。Register() 方法可以用 PushGoFunction() 和 SetGlobal() 方法实现。请读者继续编辑 api_set.go 文件，在里面实现该方法，代码如下所示。

```
func (self *luaState) Register(name string, f GoFunction) {
    self.PushGoFunction(f)
    self.SetGlobal(name)
}
```

9.3.2　在 Lua 里访问全局环境

我们已经可以定义和调用 Go 函数，也可以把它注册到全局环境里（让它成为全局变量），现在还剩下的唯一问题是，如何在 Lua 函数里访问全局变量。这个问题的完整答案在第 10 章才能给出，而本章只能临时应急了。请读者在 $LUAGO/go/ch09/src/luago/vm 目录下创建 inst_Upvalue.go 文件，在里面实现 GETTABUP 指令，代码如下所示。

```
package vm

import . "luago/api"

func getTabUp(i Instruction, vm LuaVM) {
    a, _, c := i.ABC()
    a += 1

    vm.PushGlobalTable()
    vm.GetRK(c)
    vm.GetTable(-2)
    vm.Replace(a)
```

```
        vm.Pop(1)
    }
```

我们暂且认为这个指令可以把某个全局变量放入指定寄存器即可,第 10 章会对它进行详细介绍。请读者编辑本章的 opcodes.go 文件,修改指令表,把 GETTABUP 指令的实现方法注册进去,具体改动可以参考前面几章的做法,这里不再赘述。有了这个来自未来的 GETTABUP 指令,这一章的工作终于可以告一段落了。下面进入测试环节。

9.4　测试本章代码

我们已经增加了对 Go 函数的支持,是时候编写本书的第一个 Go 函数了。虽然读者已经阅读了本书的三分之一还多,但是还是不能在控制台打印出盼望已久的“ Hello, World!”,这多少是一种遗憾。现在我们就来了结这个遗憾,请读者打开本章的 main.go 文件,在里面添加两条 import 语句,代码如下所示。

```
import "fmt"
import . "luago/api"
```

继续编辑 main.go 文件,在里面定义 print() 函数,代码如下所示。

```
func print(ls LuaState) int {
    nArgs := ls.GetTop()
    for i := 1; i <= nArgs; i++ {
        if ls.IsBoolean(i) {
            fmt.Printf("%t", ls.ToBoolean(i))
        } else if ls.IsString(i) {
            fmt.Print(ls.ToString(i))
        } else {
            fmt.Print(ls.TypeName(ls.Type(i)))
        }
        if i < nArgs {
            fmt.Print("\t")
        }
    }
    fmt.Println()
    return 0
}
```

上面这个 Go 语言 print() 函数即将摇身一变,成为 Lua 语言里的 print() 函数。由于 Lua 语言 print() 函数可以接收任意数量的参数,所以我们要做的第一件事就是调用 GetTop() 方法,看看栈里一共有多少个值,换句话说,看看 Go 函数接收到了多少参数。接着我们挨个取出这些参数，根据类型打印到控制台，并且在每两个值之间打印一个 tab。Lua 语言 print() 函数不返回任何值，所以我们打印完参数就完事大吉了，不用往栈里推入任何值，直接返回 0 即可。

实现好了 Go 语言 print() 函数，下一步是把它注册到 Lua 语言里。请读者继续编辑 main.go 文件，给 main() 函数添加一行代码，改动如下所示。

```
func main() {
    if len(os.Args) > 1 {
        data, err := ioutil.ReadFile(os.Args[1])
        if err != nil { panic(err) }
        ls := state.New()
        ls.Register("print", print) // 注册 print 函数
        ls.Load(data, "chunk", "b")
        ls.Call(0, 0)
    }
}
```

创建好 luaState 实例之后，我们调用 Register() 方法把刚才实现的 print() 函数注册到全局环境里。测试代码也准备好了，请读者执行下面的命令编译本章代码。

```
$ cd $LUAGO/go/
$ export GOPATH=$PWD/ch09
$ go install luago
```

如果看不到任何输出，那就表示编译成功了，在 ch09/bin 目录下会出现可执行文件 luago。我们早在第 2 章就准备好"Hello, World!"脚本，只是一直没机会执行而已。它只有一行代码，如下所示。

```
$ cat ../lua/ch02/hello_world.lua
print("Hello, World!")
```

那么现在机会来啦！请读者执行下面的命令，把"Hello, World!"脚本编译成二进制 chunk 文件，然后用它来测试我们最新的、获得 Go 函数外援支持的 Lua 虚拟机。

```
$ luac ../lua/ch02/hello_world.lua
$ ./ch09/bin/luago luac.out
Hello, World!
```

经过长达 9 章的努力（还好读者没放弃），我们终于在控制台上打印出了"Hello, World!"。

9.5　本章小结

实现一门编程语言（哪怕是像 Lua 这样简单的语言）比学习这门语言难多了。一般介绍编程语言的书籍在第 1 章就能教会读者编写"Hello, World!"程序，可是我们直到第 9 章才勉强能让"Hello, World!"程序运行起来。不过"纸上得来终觉浅"，亲自动手实践之后，我们对 Lua 虚拟机的工作原理也有了非常深刻的理解。也许在不久的将来，我们也能设计并实现自己的语言呢！

这一章实现了 Go 函数调用，并且实现了注册表和全局环境。可是如果没有 GETTABUP 指令的帮忙，即使写好了 Go 函数也是没办法在 Lua 里调用的。在第 10 章我们会详细讨论闭包、Upvalue 以及 Upvalue 相关指令，到时候全局变量和 GETTABUP 指令的神秘面纱也会全部揭开。

第 10 章　闭包和 Upvalue

闭包和 Upvalue 在前面的章节里已经出现过很多次了，不过每次我们都是一笔带过，避而不谈。在这一章里，我们将直面这两个概念，对它们进行深入探讨。在继续往下阅读之前，请读者执行下面的命令，把本章所需的目录结构和编译环境准备好。

```
$ cd $LUAGO/go/
$ cp -r ch09/ ch10
$ export GOPATH=$PWD/ch10
$ mkdir $LUAGO/lua/ch10
```

10.1　闭包和 Upvalue 介绍

闭包是计算机编程语言里非常普遍的一个概念，不过 Upvalue 却是 Lua 语言独有的。这一节我们先来了解一些和闭包相关的背景知识，然后介绍 Lua 里的 Upvalue，最后对 Lua 变量类型进行总结。在 10.2 节我们将从 Lua API 层面对闭包和 Upvalue 给予支持，在 10.3 节将实现 Upvalue 相关的虚拟机指令。

10.1.1　背景知识

本节介绍闭包相关的一些概念，以帮助读者理解闭包。

1. 一等函数

如果在一门编程语言里，函数属于**一等公民**（First-class Citizen），我们就说这门语言里的函数是**一等函数**（First-class Function）。具体是什么意思呢？其实就是说函数用起来和其他类型的值（比如数字或者字符串）没什么分别，比如说可以把函数存储在数据结构里、赋值给变量、作为参数传递给其他函数或者作为返回值从其他函数里返回等。

支持一等函数的语言非常多。函数式编程语言，比如 Haskell、Scala 等，全部支持一等函数；很多脚本语言也支持一等函数，比如 JavaScript、Python 和本书讨论的 Lua，C、C++ 和本书所使用的 Go 语言也都支持一等函数。作为反例，在 Java 语言里函数就不是一等公民（Java 甚至没有函数的概念，只有方法）。以 Lua 为例，下面的代码演示了一等函数的用法。

```
f, g = pcall, print; g("hello")    --> hello
t = {pcall, print}; t[2]("hello")  --> hello
pcall(print, "hello")              --> hello
return pcall, print
```

如果一个函数以其他函数为参数，或者返回其他函数，我们称这个函数为**高阶函数**（Higher-order Function）；反之，我们称这个函数为**一阶函数**（First-order Function）。

如果可以在函数的内部定义其他函数，我们称内部定义的函数为**嵌套函数**（Nested Function），外部的函数为**外围函数**（Enclosing Function）。在许多支持一等函数的语言里，函数实际上都是**匿名**的，在这些语言里，函数名就是普通的变量名，只是变量的值恰好是函数而已。比如在 Lua 里，函数定义语句只是函数定义表达式（或者叫函数构造器，也可以认为是函数字面量）和赋值语句的语法糖，下面两行代码在语义上完全等价。

```
function add(x, y) return x + y end
add = function(x, y) return x + y end
```

2. 变量作用域

支持一等函数的编程语言有一个非常重要的问题需要处理，就是非局部变量的作用域问题。最简单的做法就是不支持嵌套函数，比如 C 语言，这样就完全避开了这个问题。对于支持嵌套函数的语言，有两种处理方式：**动态作用域**（Dynamic Scoping），或者**静态作用域**（Static Scoping）。

在使用动态作用域的语言里，函数的非局部变量名具体绑定的是哪个变量只有等到函数运行时才能确定。由于动态作用域会导致程序不容易被理解，所以现代编程语言大多使用静态作用域。在目前流行的语言里，使用动态作用域的有 shell 语言 Bash 和 PowerShell 等。以 Bash 语言为例，下面的脚本（来自于 Wikipedia）在执行时会先后打印出 3 和 1。

```
x=1
function g () { echo $x ; x=2 ; }
function f () { local x=3 ; g ; }
f        # 3
echo $x # 1
```

与动态作用域不同，静态作用域在编译时就可以确定非局部变量名绑定的变量，因此静态作用域也叫作词法作用域（Lexical Scoping）。Lua 也采用静态作用域，我们把上面的 Bash 脚本用 Lua 语言翻译一下，代码如下所示。

```
x = 1
function g() print(x); x = 2 end
function f() local x = 3; g() end
f()      -- 1
print(x) -- 2
```

上面的脚本在执行时会先后打印出 1 和 2。

3. 闭包

介绍完各种函数和作用域的概念，闭包（Closure）就非常好理解了。所谓闭包，就是按词法作用域捕获了非局部变量的嵌套函数。现在大家知道为什么在 Lua 内部函数被称为闭包了吧？因为 Lua 函数本质上全都是闭包。就算是编译器为我们生成的主函数也不例外，它从外部捕获了 **_ENV** 变量，具体会在 10.1.2 节详细讨论。

10.1.2　Upvalue 介绍

如前所述，闭包是一个通用的概念，很多语言都支持闭包。但 Upvalue 是 Lua 里才有的术语，那么究竟什么是 Upvalue 呢？实际上 Upvalue 就是闭包内部捕获的非局部变量，可能是因为历史原因，这个术语一直被沿用至今。下面我们来看一个简单的例子。

```
local u,v,w
local function f() u = v end
```

我们已经知道，Lua 编译器会把脚本包装进一个主函数，因此上面的脚本在编译时大致会变成如下样子。

```
function main(...)
```

```
        local u,v,w
        local function f() u = v end
    end
```

函数 f 捕获了主函数里的两个局部变量，因此我们可以说 f 有两个 Upvalue，分别是
u 和 v。Lua 编译器会把 Upvalue 相关信息编译进函数原型，存放在 Upvalue 表里。如果
我们用 luac 命令（搭配两个"-l"选项）观察上面这段脚本，可以看到函数 f 原型里确
实有两个 Upvalue，如下所示。

```
function <stdin:2,2> (3 instructions at 0x7fa9a1f000d0)
0 params, 2 slots, 2 upvalues, 0 locals, 0 constants, 0 functions
    1   [2] GETUPVAL    0 1 ; v
    2   [2] SETUPVAL    0 0 ; u
    3   [2] RETURN      0 1
constants (0) for 0x7fa9a1f000d0:
locals (0) for 0x7fa9a1f000d0:
upvalues (2) for 0x7fa9a1f000d0:
    0   u   1   0
    1   v   1   1
```

函数原型 Upvalue 表的每一项都有 4 列：第
一列是序号，从 0 开始递增；第二列给出 Upvalue
的名字；第三列指出 Upvalue 捕获的是否是直接
外围函数的局部变量，1 表示是，0 表示否；如果
Upvalue 捕获的是直接外围函数的局部变量，第四
列给出局部变量在外围函数调用帧里的索引。上
面例子中 f 函数里的 Upvalue 可以用图 10-1 表
示（深色小方块表示局部变量，浅色小方块表示
Upvalue）。

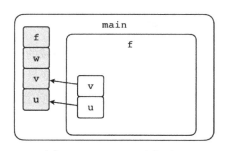

图 10-1　Upvalue 示意图 1

如果闭包捕获的是非直接外围函数的局部变量会出现什么情况呢？比如下面这个
例子。

```
local u,v,w
local function f()
    local function g()
        u = v
    end
end
```

在上面这段脚本里，函数 f 没有访问任何非局部变量，但是函数 g 访问了主函数里

定义的局部变量 u 和 v。我们再用"luc -l -l"分析一下上面的脚本就可以看出端倪，
先来看一下函数 f 的反编译输出。

```
function <stdin:2,6> (2 instructions at 0x7fd9306000d0)
0 params, 2 slots, 2 upvalues, 1 local, 0 constants, 1 function
    1  [5] CLOSURE    0 0 ; 0x7fd930600310
    2  [6] RETURN     0 1
constants (0) for 0x7fd9306000d0:
locals (1) for 0x7fd9306000d0: ...
upvalues (2) for 0x7fd9306000d0:
    0   u  1  0
    1   v  1  1
```

可见，虽然函数 f 并没有直接访问主函数中的局部变量，但是为了能够让函数 g 捕获
u 和 v 这两个 Upvalue，函数 f 也必须捕获它们。我们再来看一下函数 g 的反编译输出。

```
function <stdin:3,5> (3 instructions at 0x7fd930600310)
0 params, 2 slots, 2 upvalues, 0 locals, 0 constants, 0 functions
    1  [4] GETUPVAL   0 1 ; v
    2  [4] SETUPVAL   0 0 ; u
    3  [5] RETURN     0 1
constants (0) for 0x7fd930600310:
locals (0) for 0x7fd930600310:
upvalues (2) for 0x7fd930600310:
    0   u  0  0
    1   v  0  1
```

可以看到，函数原型 Upvalue 表的第三列都变
成了 0，这说明这些 Upvalue 捕获的并非是直接外
围函数中的局部变量，而是更外围的函数的局部变
量。在这种情况下，Upvalue 已经由外围函数捕获，
嵌套函数直接使用即可，所以第四列表示的是外围
函数的 Upvalue 表索引。上面例子中函数 f 和 g 的
Upvalue 可以用图 10-2 表示。

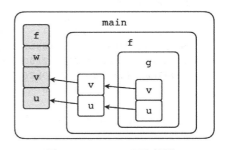

图 10-2　Upvalue 示意图 2

像 Lua 这种，需要借助外围函数来捕获更外围
函数局部变量的闭包，叫作扁平闭包（Flat Closures）。

10.1.3　全局变量

Upvalue 是非局部变量，换句话说，就是某外围函数中定义的局部变量。那么全局变

量又是什么呢？我们还是来看一个例子吧。

```
local function f()
    local function g()
        x = y
    end
end
```

在上面这段脚本里，函数 g 使用了 x 和 y 这两个变量，但无论是 f 还是主函数都没有定义这两个局部变量，那么 x 和 y 到底是什么呢？我们还是借助 "luac -l -l" 来一探究竟。先来看函数 g 的反编译输出。

```
function <stdin:2,4> (3 instructions at 0x7f89b2600210)
0 params, 2 slots, 1 upvalue, 0 locals, 2 constants, 0 functions
    1   [3] GETTABUP  0 0 -2 ; _ENV "y"
    2   [3] SETTABUP  0 -1 0 ; _ENV "x"
    3   [4] RETURN       0 1
constants (2) for 0x7f89b2600210: ...
locals (0) for 0x7f89b2600210:
upvalues (1) for 0x7f89b2600210:
    0    _ENV  0  0
```

函数 g 的原型里并没有 x 和 y 这两个 Upvalue，但是出现一个奇怪的 Upvalue，名字是 _ENV。我们再来看函数 f 的反编译输出。

```
function <stdin:1,5> (2 instructions at 0x7f89b2600110)
0 params, 2 slots, 1 upvalue, 1 local, 0 constants, 1 function
    1   [4]    CLOSURE      0 0    ; 0x7f89b2600210
    2   [5]    RETURN       0 1
constants (0) for 0x7f89b2600110:
locals (1) for 0x7f89b2600110: ...
upvalues (1) for 0x7f89b2600110:
    0    _ENV   0    0
```

可见，函数 f 的原型里也有这个 Upvalue。我们再来看一下主函数的反编译输出。

```
main <stdin:0,0> (2 instructions at 0x7f89b2500070)
0+ params, 2 slots, 1 upvalue, 1 local, 0 constants, 1 function
    1   [5] CLOSURE   0 0    ; 0x7f89b2600110
    2   [5] RETURN    0 1
constants (0) for 0x7f89b2500070:
locals (1) for 0x7f89b2500070: ...
upvalues (1) for 0x7f89b2500070:
    0   _ENV  1  0
```

到这里可以揭晓答案了，全局变量实际上是某个特殊的表的字段，而这个特殊的表正是我们在第 9 章实现的全局环境。Lua 编译器在生成主函数时会在它的外围隐式声明一个局部变量，类似下面这样。

```
local _ENV -- 全局环境
function main(...)
    -- 其他代码
end
```

然后编译器会把全局变量的读写翻译成 _ENV 字段的读写，也就是说，全局变量实际上也是语法糖，去掉语法糖后，前面的例子和下面这段脚本完全等价。

```
local function f()
    local function g()
        _ENV.x = _ENV.y
    end
end
```

至于 _ENV 这个 Upvalue 如何初始化，则是 LUA API 的工作，留到 10.2 节介绍。如果我们把隐藏在幕后的 _ENV 变量推到前台，前面的例子可以用图 10-3 表示。

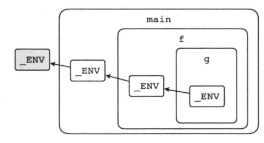

图 10-3　Upvalue 示意图 3

到此，我们可以对 Lua 的变量类型进行一个简单的总结了。Lua 的变量可以分为三类：局部变量在函数内部定义（本质上是函数调用帧里的寄存器），Upvalue 是直接或间接外围函数定义的局部变量，全局变量则是全局环境表的字段（通过隐藏的 Upvalue，也就是 _ENV 进行访问）。

10.2　Upvalue 底层支持

前一节介绍了闭包和 Upvalue，对于闭包的支持早在第 8 章和第 9 章就已经做了一部分工作。这一节我们只要添加对 Upvalue 的支持就可以了，与 Upvalue 相关的指令留到 10.3 节实现。

10.2.1　修改 closure 结构体

闭包要捕获外围函数的局部变量，就必须有地方来存放这些变量。请读者打开

closure.go 文件（在 $LUAGO/go/ch10/src/luago/state 目录下面），给 closure 结构体添加 upvals 字段，改动如下所示。

```
type closure struct {
    proto  *binchunk.Prototype
    goFunc GoFunction
    upvals []*upvalue // 新添加的字段
}
```

请读者注意，对于某个 Upvalue 来说，对它的任何改动都必须反映在其他该 Upvalue 可见的地方。另外，当嵌套函数执行时，外围函数的局部变量有可能已经退出作用域了。为了应对这些情况，我们需要增加一个间接层，使用 Upvalue 结构体来封装 Upvalue。请读者在 closure.go 文件里定义这个结构体，代码如下所示。

```
type upvalue struct {
    val *luaValue
}
```

接下来我们修改 newLuaClosure() 函数，改动如下所示。

```
func newLuaClosure(proto *binchunk.Prototype) *closure {
    c := &closure{proto: proto}
    if nUpvals := len(proto.Upvalues); nUpvals > 0 {
        c.upvals = make([]*upvalue, nUpvals)
    }
    return c
}
```

Lua 闭包捕获的 Upvalue 数量已经由编译器计算好了，我们在创建 Lua 闭包时预先分配好空间即可。初始化 Upvalue 则由 Lua API 方法负责，在 10.2.2 节会详细讨论。不仅 Lua 闭包可以捕获 Upvalue，Go 闭包也可以捕获 Upvalue，与 Lua 闭包不同的是，我们需要在创建 Go 闭包时明确指定 Upvalue 的数量。请读者修改 newGoClosure() 函数，添加一个参数，改动如下所示。

```
func newGoClosure(f GoFunction, nUpvals int) *closure {
    c := &closure{goFunc: f}
    if nUpvals > 0 {
        c.upvals = make([]*upvalue, nUpvals)
    }
    return c
}
```

由于我们给 newGoClosure() 函数增加了一个参数，所以破坏了 PushGoFunction()

这个 API 方法的实现代码。请读者打开 api_push.go 文件（和 closure.go 文件在同一目录下），修复这个方法，改动如下所示。

```
func (self *luaState) PushGoFunction(f GoFunction) {
    self.stack.push(newGoClosure(f, 0)) // 第二个参数传入 0
}
```

到此 closure 结构体就修改完毕了，Upvalue 已经有了安身之所，下面我们修改 API 方法，在创建闭包时初始化 Upvalue。

10.2.2　Lua 闭包支持

如前所述，Lua 函数全部都是闭包，就连编译器为我们生成的主函数也是闭包，捕获了 _ENV 这个特殊的 Upvalue，这个特殊 Upvalue 的初始化则是由 API 方法 Load() 来负责的。具体来说，Load() 方法在加载闭包时，会看它是否需要 Upvalue，如果需要，那么第一个 Upvalue（对于主函数来说就是 _ENV）会被初始化成全局环境，其他 Upvalue 会被初始化成 nil。请读者打开 api_call.go 文件（和 closure.go 文件在同一目录下），修改 Load() 方法，添加 Upvalue 初始化代码，改动如下所示。

```
func (self *luaState) Load(chunk []byte, chunkName, mode string) int {
    proto := binchunk.Undump(chunk)
    c := newLuaClosure(proto)
    self.stack.push(c)
    if len(proto.Upvalues) > 0 { // 设置 _ENV
        env := self.registry.get(LUA_RIDX_GLOBALS)
        c.upvals[0] = &upvalue{&env}
    }
    return 0
}
```

由于 Upvalue 的初始值已经是 nil 了，所以我们只要把第一个 Upvalue 值设置成全局环境即可。以上是主函数原型，我们在加载子函数原型时也需要初始化 Upvalue。请读者打开 api_vm.go 文件（和 closure.go 文件在同一目录下），修改 LoadProto() 方法，改动如下所示。

```
func (self *luaState) LoadProto(idx int) {
    stack := self.stack
    subProto := stack.closure.proto.Protos[idx]
    closure := newLuaClosure(subProto)
    stack.push(closure)
    // 下面是新增加的代码
```

```go
    for i, uvInfo := range subProto.Upvalues {
        uvIdx := int(uvInfo.Idx)
        if uvInfo.Instack == 1 {
            if stack.openuvs == nil {
                stack.openuvs = map[int]*upvalue{}
            }
            if openuv, found := stack.openuvs[uvIdx]; found {
                closure.upvals[i] = openuv
            } else {
                closure.upvals[i] = &upvalue{&stack.slots[uvIdx]}
                stack.openuvs[uvIdx] = closure.upvals[i]
            }
        } else {
            closure.upvals[i] = stack.closure.upvals[uvIdx]
        }
    }
}
```

我们需要根据函数原型里的 Upvalue 表来初始化闭包的 Upvalue 值。对于每个 Upvalue，又有两种情况需要考虑：如果某一个 Upvalue 捕获的是当前函数的局部变量（`Instack == 1`），那么我们只要访问当前函数的局部变量即可；如果某一个 Upvalue 捕获的是更外围的函数中的局部变量（`Instack == 0`），该 Upvalue 已经被当前函数捕获，我们只要把该 Upvalue 传递给闭包即可。

对于第一种情况，如果 Upvalue 捕获的外围函数局部变量还在栈上，直接引用即可，我们称这种 Upvalue 处于开放（Open）状态；反之，必须把变量的实际值保存在其他地方，我们称这种 Upvalue 处于闭合（Closed）状态。为了能够在合适的时机（比如局部变量退出作用域时，详见 10.3.5 节）把处于开放状态的 Upvalue 闭合，需要记录所有暂时还处于开放状态的 Upvalue，我们把这些 Upvalue 记录在被捕获局部变量所在的栈帧里。请读者打开 luaStack.go 文件（和 closure.go 文件在同一目录下），给 `luaStack` 结构体添加 `openuvs` 字段。该字段是 `map` 类型，其中键是 `int` 类型，存放局部变量的寄存器索引，值是 `Upvalue` 指针。具体改动如下所示。

```go
type luaStack struct {
    ... // 其他字段不变，下面是新添加的字段
    openuvs map[int]*upvalue
}
```

10.2.3　Go 闭包支持

不仅 Lua 函数，Go 函数也是可以捕获 Upvalue 的。请读者打开 lua_state.go 文件（在

$LUAGO/go/ch10/src/luago/api 目录下)，给 LuaState 接口添加 PushGoClosure() 方法，改动如下所示。

```
type LuaState interface {
    ... // 其他方法省略，下面是新添加的方法
    PushGoClosure(f GoFunction, n int)
}
```

这个方法和第 9 章介绍过的 PushGoFunction() 方法差不多，也是把 Go 函数转变成 Go 闭包推入栈顶，区别在于 PushGoClosure() 方法会先从栈顶弹出 n 个 Lua 值，这些值会成为 Go 闭包的 Upvalue。以图 10-4 为例，栈里原有 5 个值，假设 f 为 Go 函数，那么执行 PushGoClosure(f, 3) 之后，栈顶的三个值会被弹出，成为 Go 闭包的 Upvalue，留在栈顶的是 Go 闭包。

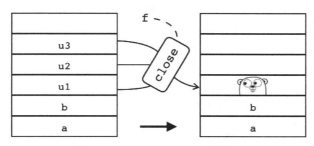

图 10-4　PushGoClosure() 示意图

请读者打开 api_push.go 文件（在 $LUAGO/go/ch10/src/luago/state 目录下)，在里面实现 PushGoClosure() 方法，代码如下所示。

```
func (self *luaState) PushGoClosure(f GoFunction, n int) {
    closure := newGoClosure(f, n)
    for i := n; i > 0; i-- {
        val := self.stack.pop()
        closure.upvals[i-1] = &upvalue{&val}
    }
    self.stack.push(closure)
}
```

我们先创建 Go 闭包，然后从栈顶弹出指定数量的值让它们变成闭包的 Upvalue，最后把闭包推入栈顶。Go 闭包可以携带 Upvalue 这没问题，可问题是如何访问这些 Upvalue 呢？Lua API 并没有提供专门的方法，而是像注册表那样，提供了伪索引。和 Lua 栈索引一样，Upvalue 索引也是从 1 开始递增。对于任何一个 Upvalue 索引，用注册表伪索引减

去该索引就可以得到对应的 Upvalue 伪索引，为了便于使用，我们把这个转换过程封装在
LuaUpvalueIndex() 函数里。请读者在 lua_state.go 文件（定义 **LuaState** 接口的文
件）里添加这个函数，代码如下所示。

```go
func LuaUpvalueIndex(i int) int {
    return LUA_REGISTRYINDEX - i
}
```

就像注册表伪索引一样，我们还需要修改 **luaStack** 结构体的 **isValid()**、**get()**
和 **set()** 三个方法，让它们支持 Upvalue 伪索引。请读者打开 lua_stack.go 文件（和 api_
push.go 文件在同一目录下），修改 **isValid()** 方法，改动如下所示。

```go
func (self *luaStack) isValid(idx int) bool {
    if idx < LUA_REGISTRYINDEX { /* upvalues */
        uvIdx := LUA_REGISTRYINDEX - idx - 1
        c := self.closure
        return c != nil && uvIdx < len(c.upvals)
    }
    ... // 其他代码不变
}
```

如果索引小于注册表索引，说明是 Upvalue 伪索引，把它转成真实索引（从 0 开始）
然后看它是否在有效范围之内。接下来修改 **get()** 方法，改动如下所示。

```go
func (self *luaStack) get(idx int) luaValue {
    if idx < LUA_REGISTRYINDEX { /* upvalues */
        uvIdx := LUA_REGISTRYINDEX - idx - 1
        c := self.closure
        if c == nil || uvIdx >= len(c.upvals) {
            return nil
        }
        return *(c.upvals[uvIdx].val)
    }
    ... // 其他代码不变
}
```

如果伪索引无效，直接返回 **nil**，否则返回 Upvalue 值。最后修改 **set()** 方法，改
动如下所示。

```go
func (self *luaStack) set(idx int, val luaValue) {
    if idx < LUA_REGISTRYINDEX { /* upvalues */
        uvIdx := LUA_REGISTRYINDEX - idx - 1
        c := self.closure
        if c != nil && uvIdx < len(c.upvals) {
```

```
            *(c.upvals[uvIdx].val) = val
        }
        return
    }
    ... // 其他代码不变
}
```

如果伪索引有效，我们就修改 Upvalue 值，否则直接返回。到此，对于闭包和
Upvalue 在 API 层面的支持都已经准备好了，下面我们来实现 Upvalue 相关的虚拟机指令。

10.3 Upvalue 相关指令

和 Upvalue 相关的指令一共有五条，分别是 GETUPVAL、SETUPVAL、GETTABUP、
SETTABUP 和 JMP。其中 JMP 指令在第 6 章就已经介绍过，10.3.5 节将补充说明，其他
四条指令将在 10.3.1 到 10.3.4 节详细介绍。在进入讨论之前，请读者打开 inst_Upvalue.go
文件（在 $LUAGO/go/ch10/src/luago/vm 目录下），把第 9 章临时添加的 GETUPVAL 指令
的实现代码删掉。

10.3.1 GETUPVAL

GETUPVAL 指令（iABC 模式），把当前闭包的某个 Upvalue 值拷贝到目标寄存器中。
其中目标寄存器的索引由操作数 A 指定，Upvalue 索引由操作数 B 指定，操作数 C 没用。
GETUPVAL 指令可以用如下伪代码表示。

```
R(A) := UpValue[B]
```

如果我们在函数中访问 Upvalue 值，Lua 编译器就会在这些地方生成 GETUPVAL 指
令，下面是一个简单的例子。

```
$ luac -l -
local u,v,w
function f() local a,b,c,d,e = 1,2,u,v,w end
^D
main <stdin:0,0> ...
function <stdin:2,2> (6 instructions at 0x7fc8056000d0)
0 params, 5 slots, 3 upvalues, 5 locals, 2 constants, 0 functions
    1   [2] LOADK      0 -1      ; 1
    2   [2] LOADK      1 -2      ; 2
    3   [2] GETUPVAL   2 0       ; u
    4   [2] GETUPVAL   3 1       ; v
```

```
5 [2] GETUPVAL  4 2    ; w
6 [2] RETURN    0 1
```

在函数 f() 里，我们使用了 u、v、w 这三个 Upvalue，分别赋值给 c、d、e 这三个局部变量，产生了三条 GETUPVAL 指令。其中第二条 GETUPVAL 指令（对应 d = v）如图 10-5 所示。

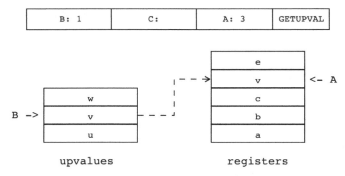

图 10-5　GETUPVAL 指令示意图

下面是 GETUPVAL 指令的实现代码。

```
func getUpval(i Instruction, vm LuaVM) {
    a, b, _ := i.ABC()
    a += 1; b += 1

    vm.Copy(LuaUpvalueIndex(b), a)
}
```

由于可以使用伪索引，所以 GETUPVAL 指令可以直接用 Copy() 方法实现。不过需要注意的是，在 Lua 虚拟机指令的操作数里，Upvalue 索引是从 0 开始的，但是在转换成 Lua 栈伪索引时，Upvalue 指令是从 1 开始的。

10.3.2　SETUPVAL

SETUPVAL 指令（iABC 模式），使用寄存器中的值给当前闭包的 Upvalue 赋值。其中寄存器索引由操作数 A 指定，Upvalue 索引由操作数 B 指定，操作数 C 没用。SETUPVAL 指令可以用如下伪代码表示。

```
UpValue[B] := R(A)
```

如果我们在函数给 Upvalue 赋值，Lua 编译器就会在这些地方生成 SETUPVAL 指令，下面是一个简单的例子。

```
$ luac -l -
local u,v,w
function f() local a,b,c; u,v,w = a,b,c end
^D
main <stdin:0,0> ...
function <stdin:2,2> (7 instructions at 0x7ff123c030a0)
0 params, 5 slots, 3 upvalues, 3 locals, 0 constants, 0 functions
        1   [2] LOADNIL     0 2
        2   [2] MOVE        3 0
        3   [2] MOVE        4 1
        4   [2] SETUPVAL    2 2 ; w
        5   [2] SETUPVAL    4 1 ; v
        6   [2] SETUPVAL    3 0 ; u
        7   [2] RETURN      0 1
```

在函数 f() 里, 我们给 u、v、w 这三个 Upvalue 赋值, 因此产生了三条 SETUPVAL 指令。其中第三条 SETUPVAL 指令(对应 u = a)如图 10-6 所示。

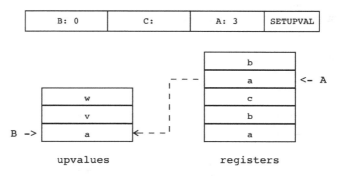

图 10-6 SETUPVAL 指令示意图

下面是 SETUPVAL 指令的实现代码。

```
func setUpval(i Instruction, vm LuaVM) {
    a, b, _ := i.ABC()
    a += 1; b += 1

    vm.Copy(a, LuaUpvalueIndex(b))
}
```

10.3.3　GETTABUP

如果当前闭包的某个 Upvalue 是表, 则 GETTABUP 指令(iABC 模式)可以根据键从该表里取值，然后把值放入目标寄存器中。其中目标寄存器索引由操作数 A 指定，Upvalue 索引由操作数 B 指定，键（可能在寄存器中也可能在常量表中）索引由操作数 C 指定。GETTABUP 指令相当于 GETUPVAL 和 GETTABLE 这两条指令的组合，不过前者的效率明显要高一些。GETTABUP 指令可以用如下伪代码表示。

```
R(A) := UpValue[B][RK(C)]
```

如果我们在函数里按照键从 Upvalue 里取值，Lua 编译器就会在这些地方生成 GETTABUP 指令，下面是一个简单的例子。

```
$ luac -l -
local u
function f() local a,b,k,d,e; d = u[k]; d = u[100] end
^D
main <stdin:0,0> ...
function <stdin:2,2> (4 instructions at 0x7fd31a500190)
0 params, 5 slots, 1 upvalue, 5 locals, 1 constant, 0 functions
    1  [2] LOADNIL   0 4
    2  [2] GETTABUP  3 0 2      ; u
    3  [2] GETTABUP  3 0 -1 ; u 100
    4  [2] RETURN    0 1
```

上面例子里的两条 GETTABUP 指令覆盖了 C 操作数的两种情况，以第一条指令为例（对应 d = u[k]），键在寄存器中，如图 10-7 所示。

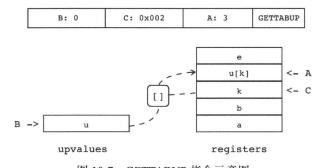

图 10-7 GETTABUP 指令示意图

下面是 GETTABUP 指令的实现代码。

```
func getTabUp(i Instruction, vm LuaVM) {
    a, b, c := i.ABC()
    a += 1; b += 1
```

```
        vm.GetRK(c)
        vm.GetTable(LuaUpvalueIndex(b))
        vm.Replace(a)
}
```

同样由于伪索引地使用，上面的代码也非常直白。我们先调用 `GetRK()` 方法把键推入栈顶，然后调用 `GetTable()` 方法从 Upvalue 里取值（键从栈顶弹出、值被推入栈顶），最后调用 `Replace()` 方法把值从栈顶弹出并放入目标寄存器。

10.3.4　SETTABUP

如果当前闭包的某个 Upvalue 是表，则 SETTABUP 指令（iABC 模式）可以根据键往该表里写入值。其中 Upvalue 索引由操作数 A 指定，键和值可能在寄存器中也可能在常量表中，索引分别由操作数 B 和 C 指定。和 GETTABUP 指令类似，SETTABUP 指令相当于 GETUPVAL 和 SETTABLE 这两条指令的组合，不过一条指令的效率要高一些。SETTABUP 指令可以用如下伪代码表示。

```
UpValue[A][RK(B)] := RK(C)
```

如果我们在函数里根据键往 Upvalue 里写入值，Lua 编译器就会在这些地方生成 SETTABUP 指令，下面是一个简单的例子。

```
$ luac -l -
local u
function f() local a,b,k,v,e; u[k] = v; u[100] = "foo" end
^D
main <stdin:0,0> ...
function <stdin:2,2> (4 instructions at 0x7fa8366002e0)
0 params, 5 slots, 1 upvalue, 5 locals, 2 constants, 0 functions
    1   [2] LOADNIL    0 4
    2   [2] SETTABUP   0 2 3      ; u
    3   [2] SETTABUP   0 -1 -2; u 100 "foo"
    4   [2] RETURN     0 1
```

上面例子里有两条 SETTABUP 指令，其中第一条指令（对应 `u[k] = v`）的 B 和 C 操作数都代表寄存器索引，第二条指令的 B 和 C 操作数都代表常量表索引。以第一条 SETTABUP 指令为例，如图 10-8 所示。

下面是 SETTABUP 指令的实现代码。

```
func setTabUp(i Instruction, vm LuaVM) {
```

```
    a, b, c := i.ABC()
    a += 1

    vm.GetRK(b)
    vm.GetRK(c)
    vm.SetTable(LuaUpvalueIndex(a))
}
```

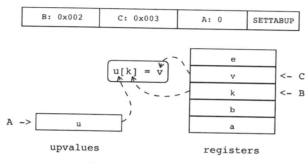

图 10-8　SETTABUP 指令

我们先通过 GetRK() 方法把键和值推入栈顶，然后调用 SetTable() 方法即可。SetTable() 方法会把键值对从栈顶弹出，然后根据伪索引把键值对写入 Upvalue。

10.3.5　JMP

JMP 指令除了可以进行无条件跳转之外，还兼顾着闭合处于开启状态的 Upvalue 的责任。如果某个块内部定义的局部变量已经被嵌套函数捕获，那么当这些局部变量退出作用域（也就是块结束）时，编译器会生成一条 JMP 指令，指示虚拟机闭合相应的 Upvalue。我们来看一个例子。

```
local x,y,z
do
    local a,b,c
    function foo() b = 1 end
end
```

我们用"luac -l -l"命令分析上面的脚本，其主函数输出如下所示。

```
main <stdin:0,0> (5 instructions at 0x7fb19ee00070)
0+ params, 7 slots, 1 upvalue, 6 locals, 1 constant, 1 function
    1   [1] LOADNIL     0 5
    2   [4] CLOSURE     6 0     ; 0x7fb19ee00300
    3   [4] SETTABUP    0 -1 6  ; _ENV "foo"
```

```
    4  [4] JMP         4 0    ; to 5
    5  [5] RETURN      0 1
constants (1) for 0x7fb19ee00070:
    1    "foo"
locals (6) for 0x7fb19ee00070:
    0   x   2   6
    1   y   2   6
    2   z   2   6
    3   a   2   5
    4   b   2   5
    5   c   2   5
upvalues (1) for 0x7fb19ee00070:
    0    _ENV    1    0
```

可以看到，由于函数 foo 捕获了外部的局部变量 b，所以在 do 语句的后面，编译器
生成了一条 JMP 指令，该 JMP 指令的 sBx 操作数是 0，所以其实并没有起到任何跳转作
用，这条指令的真正用途，是闭合 a、b、c 这三个 Upvalue。请读者打开 vm/inst_misc.go
文件，修改 JMP 指令实现代码，改动如下所示。

```
// pc+=sBx; if (A) close all upvalues >= R(A - 1)
func jmp(i Instruction, vm LuaVM) {
    a, sBx := i.AsBx()
    vm.AddPC(sBx)
    if a != 0 {
        vm.CloseUpvalues(a) // 主要变化
    }
}
```

由于 Lua API 并没有提供闭合 Upvalue 的方法，所以请读者打开 api/lua_vm.go 文件，
在 LuaVM 接口中添加 CloseUpvalues() 方法，改动如下所示。

```
type LuaVM interface {
    ... // 其他代码不变，下面是新添加的方法
    CloseUpvalues(a int)
}
```

我们在 state/api_vm.go 文件中实现 CloseUpvalues() 方法，代码如下所示。

```
func (self *luaState) CloseUpvalues(a int) {
    for i, openuv := range self.stack.openuvs {
        if i >= a-1 {
            val := *openuv.val
            openuv.val = &val
            delete(self.stack.openuvs, i)
        }
```

```
        }
    }
```

处于开启状态的 Upvalue 引用了还在寄存器里的 Lua 值,我们把这些 Lua 值从寄存器里复制出来,然后更新 Upvalue,这样就将其改为了闭合状态。到此,Upvalue 相关的五条指令都实现好了。我们还需要编辑 opcodes.go 文件,修改指令表,把新指令的实现函数注册进去。具体改动就不给出了,请读者参考第 7 章的做法进行修改。

10.4   测试本章代码

《 Programming in Lua 》第四版第 9 章有一个例子非常适合用来测试闭包和 Upvalue。请读者在 $LUAGO/lua/ch10 目录下面创建 test.lua 文件,在里面输入这个例子,代码如下所示。

```lua
function newCounter ()
    local count = 0
    return function () -- 匿名函数
        count = count + 1
        return count
    end
end

c1 = newCounter()
print(c1()) --> 1
print(c1()) --> 2

c2 = newCounter()
print(c2()) --> 1
print(c1()) --> 3
print(c2()) --> 2
```

上面的脚本先定义了一个 newCounter() 函数,该函数定义了一个局部变量 count,然后返回一个匿名函数。匿名函数每执行一次则 count 加 1,然后返回 count。c1 和 c2 是由两次函数调用返回,因此是不同的闭包,捕获了不同的外部变量。执行该脚本,应该依次打印出 1、2、1、3、2。本章不用对 main.go 文件进行任何修改,可以直接编译并测试。请读者执行下面的命令编译本章代码。

```
$ cd $LUAGO/go/
$ export GOPATH=$PWD/ch10
$ go install luago
```

如果看不到任何输出，那就表示编译成功了，在 ch10/bin 目录下会出现可执行文件 luago。请读者执行下面的命令，把 test.lua 脚本编译成二进制 chunk 文件，然后用它来测试我们的新版虚拟机。

```
$ luac ../lua/ch10/test.lua
$ ./ch10/bin/luago luac.out
1
2
1
3
2
```

控制台上先后打印出了 1、2、1、3、2，一切尽在掌握之中！

10.5　本章小结

在 Lua 里，函数属于一等公民。Lua 函数实际上全部都是匿名的，函数定义语句只不过是函数定义表达式和赋值语句的语法糖而已。此外，Lua 函数本质上是按词法作用域捕获了非局部变量（Upvalue）的闭包。本章我们给 Lua 虚拟机添加了闭包和 Upvalue 支持，也真正理解了全局变量的含义。第 11 章，我们将重点讨论元表和元方法。有了元表和元方法，Lua 将如鱼得水，不但可以进行 C++ 等语言中的运算符重载，就连模拟面向对象编程也都不在话下。那么究竟什么是元表和元方法，又该如何实现呢？且听下回分解！

第 11 章　元　编　程

所谓**元程序**（Metaprogram），是指能够处理程序的程序。这里的"处理"包括读取、生成、分析、转换等。而**元编程**（Metaprogramming），就是指编写元程序的编程技术。元编程有很多种形式，比如 C 语言的宏（Macro）和 C++ 语言的模板（Template）可以在编译期生成代码、Java 语言的反射（Reflection）可以在运行期获取程序信息、JavaScript 语言的 eval() 函数可以在运行期生成并执行代码，这些都属于元编程的范畴。

Lua 语言通过 debug 标准库提供了类似 Java 的反射能力，通过 `load()` 函数提供了在运行时执行任意代码的能力。我们将在本书第四部分详细讨论 Lua 标准库，本章主要讨论**元表**（Metatable）和**元方法**（Metamethod）。在继续往下阅读之前，请读者运行下面的命令，把本章所需的目录结构和编译环境准备好。

```
$ cd cd $LUAGO/go/
$ cp -r ch10/ ch11
$ export GOPATH=$PWD/ch11
$ mkdir $LUAGO/lua/ch11
```

11.1　元表和元方法介绍

我们已经知道，Lua 语言只有少数几种数据类型：布尔、数字、字符串、表、函数等。

能够对这些类型进行的操作也是有限的，比如我们可以对数字类型进行算术运算、可以拼接字符串、可以按索引访问表、可以调用函数，但是如何突破这种限制呢？比如对两个表进行加法运算、拼接两个函数或者调用字符串？答案是通过元表和元方法。

11.1.1　元表

在 Lua 里，每个值都可以有一个元表。如果值的类型是表或者用户数据（本书不讨论用户数据），则可以拥有自己"专属"的元表，其他类型的值则是每种类型共享一个元表。新创建的表默认没有元表，nil、布尔、数字、函数类型默认也没有元表，不过 string 标准库给字符串类型设置了元表。Lua 标准库提供了 `getmetatable()` 函数，可以获取与值关联的元表。

```
print(getmetatable("foo")) --> table: 0x7f8aab4050c0
print(getmetatable("bar")) --> table: 0x7f8aab4050c0
print(getmetatable(nil))   --> nil
print(getmetatable(false)) --> nil
print(getmetatable(100))   --> nil
print(getmetatable({}))    --> nil
print(getmetatable(print)) --> nil
```

Lua 标准库也提供了 `setmetatable()` 函数，不过该函数仅可以给表设置元表。对于其他类型的值，则必须通过 debug 库里的 `setmetatable()` 函数设置元表。

```
t = {}; mt = {}
setmetatable(t, mt)
print(getmetatable(t) == mt)   --> true
debug.setmetatable(100, mt)
print(getmetatable(200) == mt) --> true
```

11.1.2　元方法

上面介绍了元表，可以看出，元表也只是普通的表，并没有什么特殊之处。真正让元表变得与众不同的，是元方法。比如当我们对两个表进行加法运算，Lua 会看这两个表是否有元表；如果有，则进一步看元表里是否有 `__add` 元方法；如果有，则将两个表作为参数调用这个方法，将返回结果作为加法运算的结果。

通过元表和元方法，Lua 提供了一种插件机制。由于元表就是普通的表，元方法也是普通的函数，所以我们可以用 Lua 代码来编写插件，以达到扩展 Lua 语言的目的，元编程就体现在此。下面我们来看一个例子。

```
mt = {}
mt.__add = function(v1, v2)
    return vector(v1.x + v2.x, v1.y + v2.y)
end

function vector(x, y)
    local v = {x = x, y = y}
    setmetatable(v, mt)
    return v
end

v1 = vector(1, 2)
v2 = vector(3, 5)
v3 = v1 + v2
print(v3.x, v3.y) --> 4     7
```

在上面的例子里，我们先创建了一个表 mt，然后通过字段 __add 给它关联了一个函数，该函数对两个向量相加，返回一个新的向量。函数 vector() 创建用来表示二维向量的表，并且把表的元表设置为 mt，这样，我们就可以很自然地用表来表示向量，并且进行加法运算了。我们在 11.5 节还会进一步完善上面的例子。

前面我们仅仅介绍了 __add 元方法，实际上，Lua 语言里的每一个运算符都有一个元方法与之相对应。另外，表操作和函数调用也有相应的元方法。我们会在 11.3 节详细讨论每一种元方法。

11.2   支持元表

如前所述，每一个表都可以拥有自己的元表，其他值则是每种类型共享一个元表，所以我们要做的第一件事就是把值和元表关联起来。对于表来说，很自然的做法就是给底层的结构体添加一个字段，用来存放元表。对于其他类型的值，我们可以把元表存放在注册表里。

请读者打开 lua_table.go 文件（$LUAGO/go/ch11/src/luago/state 目录下），给 luaTable 结构体添加 metatable 字段，改动如下所示。

```
type luaTable struct {
    metatable *luaTable // 新添加的字段
    arr       []luaValue
    _map      map[luaValue]luaValue
}
```

对于 **luaTable** 结构体的修改暂时就这么多。下面请读者打开 lua_value.go 文件（和 lua_table.go 文件在同一个目录下），在里面添加 **setMetatable()** 和 **getMetatable()** 这两个函数。**setMetatable()** 函数用来给值关联元表，代码如下所示。

```go
func setMetatable(val luaValue, mt *luaTable, ls *luaState) {
    if t, ok := val.(*luaTable); ok {
        t.metatable = mt
        return
    }
    key := fmt.Sprintf("_MT%d", typeOf(val))
    ls.registry.put(key, mt)
}
```

我们先判断值是否是表，如果是，直接修改其元表字段即可。否则的话，根据变量类型把元表存储在注册表里，这样就达到了按类型共享元表的目的。虽然注册表也是一个普通的表，不过按照约定，下划线开头后跟大写字母的字段名是保留给 Lua 实现使用的，所以我们使用了 "_MT1" 这样的字段名，以免和用户（通过 API）放在注册表里的数据产生冲突。另外，如果传递给函数的元表是 **nil** 值，效果就相当于删除元表。**getMetatable()** 函数返回与给定值关联的元表，代码如下所示。

```go
func getMetatable(val luaValue, ls *luaState) *luaTable {
    if t, ok := val.(*luaTable); ok {
        return t.metatable
    }
    key := fmt.Sprintf("_MT%d", typeOf(val))
    if mt := ls.registry.get(key); mt != nil {
        return mt.(*luaTable)
    }
    return nil
}
```

我们同样先判断值是否是表，如果是，直接返回其元表字段即可；否则的话，根据值的类型从注册表里取出与该类型关联的元表并返回，如果值没有元表与之关联，返回值就是 **nil**。到这里，Lua 值已经可以关联元方法，下面我们来看看如何调用这些元方法。

11.3　调用元方法

如前所述，Lua 语言里的每个运算符，以及表操作和函数调用，均有元方法与之对应。这一节分 6 个小节来讨论这些元方法。

11.3.1 算术元方法

与算术运算符（包括按位运算符）对应的元方法共计 16 个。请读者打开 api_arith.go 文件（和 lua_table.go 文件在同一目录下），修改 operator 结构体，添加 metamethod 字段，用来存储元方法名，改动如下所示。

```
type operator struct {
    metamethod  string // 新添加的字段
    integerFunc func(int64, int64) int64
    floatFunc   func(float64, float64) float64
}
```

然后我们修改 operators 变量初始化代码，给每个运算符都关联元方法名，改动如下所示。

```
var operators = []operator{
    operator{"__add",  iadd,  fadd },
    operator{"__sub",  isub,  fsub },
    operator{"__mul",  imul,  fmul },
    operator{"__mod",  imod,  fmod },
    operator{"__pow",  nil,   pow  },
    operator{"__div",  nil,   div  },
    operator{"__idiv", iidiv, fidiv},
    operator{"__band", band,  nil  },
    operator{"__bor",  bor,   nil  },
    operator{"__bxor", bxor,  nil  },
    operator{"__shl",  shl,   nil  },
    operator{"__shr",  shr,   nil  },
    operator{"__unm",  iunm,  funm },
    operator{"__bnot", bnot,  nil  },
}
```

对于算术运算，只有当一个操作数不是（或者无法自动转换为）数字时，才会调用对应的元方法。算术运算最终是由 Arith() 这个 API 方法实现的，所以请读者在 api_arith.go 文件里修改该方法，在必要的时候调用元方法，改动如下所示。

```
func (self *luaState) Arith(op ArithOp) {
    ... // 前面的代码不变
    if result := _arith(a, b, operator); result != nil {
        self.stack.push(result)
        return
    }

    mm := operator.metamethod
    if result, ok := callMetamethod(a, b, mm, self); ok {
```

```
        self.stack.push(result)
        return
    }

    panic("arithmetic error!")
}
```

如果操作数都是（或者可以转换为）数字，则执行正常的算术运算逻辑，否则尝试查找并执行算术元方法，如果找不到相应的元方法，则调用 **panic()** 函数汇报错误。**callMetamethod()** 函数负责查找并调用元方法，由于该函数也会在其他地方使用，所以我们把它定义在 lua_value.go 文件里，代码如下所示。

```
func callMetamethod(a, b luaValue, mmName string,
                    ls *luaState) (luaValue, bool) {
    var mm luaValue
    if mm = getMetafield(a, mmName, ls); mm == nil {
        if mm = getMetafield(b, mmName, ls); mm == nil {
            return nil, false
        }
    }

    ls.stack.check(4)
    ls.stack.push(mm)
    ls.stack.push(a)
    ls.stack.push(b)
    ls.Call(2, 1)
    return ls.stack.pop(), true
}
```

callMetamethod() 函数接收四个参数，返回两个值。前两个参数很好理解，是算术运算的两个操作数，第三个参数给出元方法名，如果操作数不是表，则需要通过第四个参数来访问注册表，从中查找元表。第一个返回值是元方法执行结果，但由于元方法可能会返回任何值，包括 **nil** 和 **false**，所以我们只能使用第二个返回值来表示能否找到元方法。

在 **callMetamethod()** 函数里，我们先依次看两个操作数是否有对应的元方法，如果找不到对应元方法，则直接返回 **nil** 和 **false**。如果任何一个操作数有对应元方法，则以两个操作数为参数调用元方法，将元方法调用结果和 **true** 返回。对于一元运算符，两个操作数可以传入同一个值，这样一元和二元元方法就可以统一处理了。我们把 **getMetafield()** 函数也放在 lua_value.go 文件里，代码如下所示。

```
func getMetafield(val luaValue, fieldName string,
```

```
                   ls *luaState) luaValue {
    if mt := getMetatable(val, ls); mt != nil {
        return mt.get(fieldName)
    }
    return nil
}
```

11.3.2 长度元方法

对于长度运算（#），Lua 首先判断值是否是字符串，如果是，结果就是字符串长度；否则看值是否有 __len 元方法，如果有，则以值为参数调用元方法，将元方法返回值作为结果，如果找不到对应元方法，但值是表，结果就是表的长度。长度运算是由 API 方法 Len() 实现的，请读者打开 api_misc.go 文件（和 api_arith.go 文件在同一目录下），根据规则修改该方法，改动如下所示。

```
func (self *luaState) Len(idx int) {
    val := self.stack.get(idx)

    if str, ok := val.(string); ok {
        self.stack.push(int64(len(str)))
    // 下面两行是新增加的代码
    } else if result, ok := callMetamethod(val, val, "__len", self); ok {
        self.stack.push(result)
    } else if t, ok := val.(*luaTable); ok {
        self.stack.push(int64(t.len()))
    } else {
        panic("length error!")
    }
}
```

11.3.3 拼接元方法

对于拼接运算（..），如果两个操作数都是字符串（或者数字），则进行字符串拼接；否则，尝试调用 __concat 元方法，查找和调用规则同二元算术元方法。拼接运算是由 API 方法 Concat() 实现的，请读者继续编辑 api_misc.go 文件，根据规则修改该方法，改动如下所示。

```
func (self *luaState) Concat(n int) {
    ... } else if n >= 2 {
        for i := 1; i < n; i++ {
            ... // panic() 之前的代码没变化，下面元方法调用代码
            b := self.stack.pop()
```

```
        a := self.stack.pop()
        if result, ok := callMetamethod(a, b, "__concat", self); ok {
            self.stack.push(result)
            continue
        }

        panic("concatenation error!")
    }
}
```

11.3.4　比较元方法

由第 5 章可知，Lua 内部只实现了 ==、<、<= 这三个运算符。a ~= b 可以转换为 not (a == b)，a > b 可以转换为 b < a，a >= b 则可以转换为 b <= a。相应的，和比较运算对应的元方法也只有三个，分别是 __eq、__lt 和 __le。

1. __eq

对于等于（==）运算，当且仅当两个操作数是不同的表时，才会尝试执行 __eq 元方法。元方法的查找和执行规则与二元算术运算符类似，但是执行结果会被转换为布尔值。请读者打开 api_compare.go 文件（和 api_arith.go 文件在同一目录下），根据规则修改 _eq() 方法，改动如下所示。

```
func _eq(a, b luaValue, ls *luaState) bool { // 增加了 ls 参数
    switch x := a.(type) {
    case nil ... // 其他代码不变
    case *luaTable: // 这里是新增加的 case 语句
        if y, ok := b.(*luaTable); ok && x != y && ls != nil {
            if result, ok := callMetamethod(x, y, "__eq", ls); ok {
                return convertToBoolean(result)
            }
        }
        return a == b
    default:
        return a == b
    }
}
```

请读者注意，我们给 _eq() 函数增加了 *luaState 参数，因为查找元方法时需要用到该参数。另外，如果这个参数传入的是 nil 值，表示不希望执行 __eq 元方法（具体什么时候需要跳过元方法会在 11.4 节介绍）。

2. __lt

对于小于（<）运算，如果两个操作数都是数字，则进行数字比较；如果两个操作数都是字符串，则进行字符串比较，否则，尝试调用 __lt 元方法。元方法的查找和调用规则与 __eq 元方法类似。请读者继续编辑 api_compare.go 文件，根据规则修改 _lt() 方法，改动如下所示。

```go
func _lt(a, b luaValue, ls *luaState) bool { // 增加了 ls 参数
    switch x := a.(type) { ... } // 前面的代码不变，下面是主要变化
    if result, ok := callMetamethod(a, b, "__lt", ls); ok {
        return convertToBoolean(result)
    } else {
        panic("comparison error!")
    }
}
```

3. __le

小于等于运算（<=）规则类似小于运算，与之对应的元方法是 __le。有所不同的是，如果 Lua 找不到 __le 元方法，则会尝试调用 __lt 元方法（假设 a <= b 等价于 not (b < a)）。请读者继续编辑 api_compare.go 文件，根据规则修改 _le() 方法，改动如下所示。

```go
func _le(a, b luaValue, ls *luaState) bool { // 增加了 ls 参数
    switch x := a.(type) { ... } // 前面的代码不变，下面是主要变化
    if result, ok := callMetamethod(a, b, "__le", ls); ok {
        return convertToBoolean(result)
    } else if result, ok := callMetamethod(b, a, "__lt", ls); ok {
        return !convertToBoolean(result)
    } else {
        panic("comparison error!")
    }
}
```

由于我们给 _eq()、_lt() 和 _le() 这三个函数添加了参数，所以还需要在 api_compare.go 文件里修改 Compare() 方法，在调用这三个函数时把 self 作为第三个参数传入，改动如下所示。

```go
func (self *luaState) Compare(idx1, idx2 int, op CompareOp) bool {
    ... // 其他代码省略
    switch op {
    case LUA_OPEQ: return _eq(a, b, self)
```

```
    case LUA_OPLT: return _lt(a, b, self)
    case LUA_OPLE: return _le(a, b, self)
    default: panic("invalid compare op!")
    }
}
```

以上是运算符相关的元方法，下面我们来讨论表操作和函数调用元方法。

11.3.5　索引元方法

索引元方法有两个作用：如果一个值不是表，索引元方法可以让这个值用起来像一个表；如果一个值是表，索引元方法可以拦截表操作。索引元方法有两个：__index 和 __newindex，前者对应索引取值操作，后者对应索引赋值操作。下面我们分别来讨论这两个元方法。

1. __index

当 Lua 执行 t[k] 表达式时，如果 t 不是表，或者 k 在表中不存在，就会触发 __index 元方法。虽然名为元方法，但实际上 __index 元方法既可以是函数，也可以是表。如果是函数，那么 Lua 会以 t 和 k 为参数调用该函数，以函数返回值为结果；如果是表，Lua 会以 k 为键访问该表，以值为结果（可能会继续触发 __index 元方法）。

对表的访问是由 GetTable() 等 API 方法实现的，这些方法又都调用了 getTable() 方法，所以请读者打开 api_get.go 文件（和 api_arith.go 文件在同一目录下），按照上述规则修改 getTable() 方法，改动如下所示（由于改动比较大，我们分两部分介绍）。

```
func (self *luaState) getTable(t, k luaValue,
                              raw bool) LuaType { // 新增加了 raw 参数
    if tbl, ok := t.(*luaTable); ok {
        v := tbl.get(k)
        if raw || v != nil || !tbl.hasMetafield("__index") { // 新增加的判断
            self.stack.push(v)
            return typeOf(v)
        }
    }
    // 下面是主要变化
    if !raw { ... }
    panic("index error!")
}
```

我们给 getTable() 方法增加了 raw 参数，如果该参数值为 true，表示需要忽略元方法。如果 t 是表，并且键已经在表里了，或者需要忽略元方法，或者表没有 __index 元方法，则维持原来的逻辑，否则尝试调用元方法，代码如下所示。

```
func (self *luaState) getTable(t, k luaValue, raw bool) LuaType {
    ... // 前面的代码省略
    if !raw {
        if mf := getMetafield(t, "__index", self); mf != nil {
            switch x := mf.(type) {
            case *luaTable:
                return self.getTable(x, k, false)
            case *closure:
                self.stack.push(mf)
                self.stack.push(t)
                self.stack.push(k)
                self.Call(2, 1)
                v := self.stack.get(-1)
                return typeOf(v)
            }
        }
    }

    panic("index error!")
}
```

如果 __index 是表，则把表的访问操作转发给该表，否则 __index 是函数，调用该函数。以上代码用到了 hasMetafield() 方法，请读者打开 lua_table.go 文件，给 luaTable 结构体添加此方法，代码如下所示。

```
func (self *luaTable) hasMetafield(fieldName string) bool {
    return self.metatable != nil &&
        self.metatable.get(fieldName) != nil
}
```

2. __newindex

当 Lua 执行 t[k]=v 语句时，如果 t 不是表，或者 k 在表中不存在，就会触发 __newindex 元方法。和 __index 元方法一样，__newindex 元方法也可以是函数或者表。如果是函数，那么 Lua 会以 t、k 和 v 为参数调用该函数；如果是表，Lua 会以 k 为键 v 为值给该表赋值（可能会继续触发 __newindex 元方法）。

对表的写入是由 SetTable() 等 API 方法实现的，这些方法又都调用了 setTable() 方法，所以请读者打开 api_set.go 文件（和 api_arith.go 文件在同一目录下），按照上述规则

修改 **setTable()** 方法，改动如下所示。

```go
func (self *luaState) setTable(t, k, v luaValue,
                              raw bool) { // 新增加了 raw 参数
    if tbl, ok := t.(*luaTable); ok {
        if raw || tbl.get(k) != nil || !tbl.hasMetafield("__newindex") {
            tbl.put(k, v)
            return
        }
    }

    if !raw { // 下面是主要变化
        if mf := getMetafield(t, "__newindex", self); mf != nil {
            switch x := mf.(type) {
            case *luaTable:
                self.setTable(x, k, v, false)
                return
            case *closure:
                self.stack.push(mf)
                self.stack.push(t)
                self.stack.push(k)
                self.stack.push(v)
                self.Call(3, 0)
                return
            }
        }
    }

    panic("index error!")
}
```

改动和 **getTable()** 方法类似，这里就不详细解释了。由于我们给 **getTable()** 和 **setTable()** 方法增加了参数，所以还需要在 api_get.go 和 api_set.go 文件里修改 **GetTable()**、**GetField()**、**GetI()**、**SetTable()**、**SetField()** 和 **SetI()** 这 6 个方法。这 6 个方法全都需要触发元方法。下面仅给出 **GetTable()** 方法的改动。

```go
func (self *luaState) GetTable(idx int) LuaType {
    t := self.stack.get(idx)
    k := self.stack.pop()
    return self.getTable(t, k, false) // 需要触发元方法
}
```

11.3.6　函数调用元方法

当我们试图调用一个非函数类型的值时，Lua 会看这个值是否有 **__call** 元方法，如

果有，Lua 会以该值为第一个参数，后跟原方法调用的其他参数，来调用元方法，以元方法返回值为返回值。函数调用是由 API 方法 Call() 实现的，请读者编辑 api_call.go 文件（和 api_arith.go 文件在同一目录下），按照规则修改方法，变动如下所示。

```
func (self *luaState) Call(nArgs, nResults int) {
    val := self.stack.get(-(nArgs + 1))

    c, ok := val.(*closure)
    if !ok { // 这里是主要变动
        if mf := getMetafield(val, "__call", self); mf != nil {
            if c, ok = mf.(*closure); ok {
                self.stack.push(val)
                self.Insert(-(nArgs + 2))
                nArgs += 1
            }
        }
    }

    if ok { ... // 其他代码不变
}
```

如果被调用的值不是函数，我们就根据前面的规则查找并调用元方法，到此，Lua 语言定义的元方法就都介绍完毕了。不过除了上述这些元方法，Lua 标准库也定义了少量元方法，比如 tostring() 函数会调用 __tostring 元方法，pairs() 函数会调用 __pairs 元方法。getmetatable() 和 setmetatable() 函数会用到 __metatable 元方法。本书的第 18 章至第 21 章会重点介绍 Lua 标准库，这里我们只要知道元表和元方法并非只有 Lua 内部实现可以使用，标准库甚至我们自己定义的函数也可以利用元表和元方法。

11.4　扩展 Lua API

前两节从底层实现了对元表和元方法的支持，我们还需要扩展 Lua API，让用户可以操作元表和元方法。请读者打开 lua_state.go 文件（在 $LUAGO/go/ch11/src/luago/api 目录下），给 LuaState 接口添加八个方法，改动如下所示。

```
type LuaState interface {
    ... // 其他方法省略，下面是新增加的方法
    GetMetatable(idx int) bool
    SetMetatable(idx int)
    RawLen(idx int) uint
```

```
    RawEqual(idx1, idx2 int) bool
    RawGet(idx int) LuaType
    RawSet(idx int)
    RawGetI(idx int, i int64) LuaType
    RawSetI(idx int, i int64)
}
```

其中 `GetMetatable()` 和 `SetMetatable()` 方法用于操作元表，其他六个方法和它们不带 Raw 前缀的版本在功能上基本是一样的，只是不会去尝试查找和调用元方法。这几个 Raw 方法实现起来比较简单，这里就不一一介绍了，留给读者作为练习（从本章的随书源代码中可以找到它们的实现）。下面我们重点讨论一下 `GetMetatable()` 和 `SetMetatable()` 这两个方法。

11.4.1　GetMetatable()

`GetMetatable()` 方法，看指定索引处的值是否有元表，如果有，则把元表推入栈顶并返回 `true`；否则栈的状态不改变，返回 `false`。以图 11-1 为例，栈里原有 4 个值，执行 `GetMetatable(2)` 之后，位于索引 2 处值的元表（假设该值确实有元表）被推入栈顶。

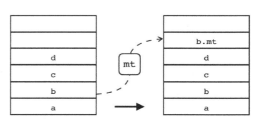

图 11-1　GetMetatable() 示意图

请读者在 api_get.go 文件中实现这个方法，代码如下所示。

```go
func (self *luaState) GetMetatable(idx int) bool {
    val := self.stack.get(idx)

    if mt := getMetatable(val, self); mt != nil {
        self.stack.push(mt)
        return true
    } else {
        return false
    }
}
```

11.4.2　SetMetatable()

`SetMetatable()` 方法，从栈顶弹出一个表，然后把指定索引处值的元表设置成该表。以图 11-2 为例，栈里原有 5 个值。执行 `SetMetatable(2)` 之后，栈顶的表被弹出，索引 2 处值的元表被修改。

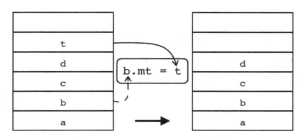

图 11-2　SetMetatable() 示意图

请读者在 api_set.go 文件中实现这个方法，代码如下所示。

```go
func (self *luaState) SetMetatable(idx int) {
    val := self.stack.get(idx)
    mtVal := self.stack.pop()

    if mtVal == nil {
        setMetatable(val, nil, self)
    } else if mt, ok := mtVal.(*luaTable); ok {
        setMetatable(val, mt, self)
    } else {
        panic("table expected!") // todo
    }
}
```

这个方法稍微复杂一些。我们先把栈顶值弹出。如果它是 **nil**，实际效果就是清除元表；如果它是表，用它设置元表；否则调用 **panic()** 函数汇报错误。到此为止，API 函数也添加好了，下面我们来进行测试。

11.5　测试本章代码

由 11.1 节可知，Lua 标准库提供了 **getmetatable()** 和 **setmetatable()** 函数，可以查询或者修改表的元表。我们在本书第四部分会完整实现这两个函数，为了便于测试，这一章先实现简化版。请读者打开本章的 main.go 文件，在里面添加 **getMetatable()** 函数，代码如下所示。

```go
func getMetatable(ls LuaState) int {
    if !ls.GetMetatable(1) {
        ls.PushNil()
```

```
        }
        return 1
    }
```

很自然,我们通过 API 方法 **GetMetatable()** 来实现对应的标准库函数。由于 **getmetatable()** 函数有且仅有一个参数,所以调用 **GetMetatable()** 方法时传入索引 1 即可。如果值有元表,方法结束后元表已经在栈顶了,否则需要把 **nil** 值推入栈顶。最后我们返回 1,把栈顶值(元表或 **nil**)返回给 Lua 函数。请读者继续编辑 main.go 文件,在里面添加 **setMetatable()** 函数,代码如下所示。

```
func setMetatable(ls LuaState) int {
    ls.SetMetatable(1)
    return 1
}
```

这个函数更为简单,这里就不多解释了。请读者继续编辑 main.go 文件,修改 **main()** 函数,把前面定义的两个函数注册到全局环境里,改动如下所示。

```
func main() {
    if len(os.Args) > 1 {
        ... // 其他代码省略
        ls := state.New()
        ls.Register("print", print)
        ls.Register("getmetatable", getMetatable) // 注册 getmetatable
        ls.Register("setmetatable", setMetatable) // 注册 setmetatable
        ls.Load(data, "chunk", "b")
        ls.Call(0, 0)
    }
}
```

到这里,本章的 Go 语言代码就全部给出了。请读者在 $LUAGO/lua/ch11 目录下面创建 vector2.lua 文件,把下面的测试脚本输入进去。

```
local mt = {}

function vector(x, y)
    local v = {x = x, y = y}
    setmetatable(v, mt)
    return v
end

mt.__add = function(v1, v2)
    return vector(v1.x + v2.x, v1.y + v2.y)
end
```

```lua
mt.__sub = function(v1, v2)
    return vector(v1.x - v2.x, v1.y - v2.y)
end
mt.__mul = function(v1, n)
    return vector(v1.x * n, v1.y * n)
end
mt.__div = function(v1, n)
    return vector(v1.x / n, v1.y / n)
end
mt.__len = function(v)
    return (v.x * v.x + v.y * v.y) ^ 0.5
end
mt.__eq = function(v1, v2)
    return v1.x == v2.x and v1.y == v2.y
end
mt.__index = function(v, k)
    if k == "print" then
        return function()
            print("[" .. v.x .. ", " .. v.y .. "]")
        end
    end
end
mt.__call = function(v)
    print("[" .. v.x .. ", " .. v.y .. "]")
end

v1 = vector(1, 2); v1:print()
v2 = vector(3, 4); v2:print()
v3 = v1 * 2;       v3:print()
v4 = v1 + v3;      v4:print()
print(#v2)
print(v1 == v2)
print(v2 == vector(3, 4))
v4()
```

我们扩展了 1.1 节的例子，实现了一个简单的二维向量，并进行了一些测试。请读者执行下面的命令编译本章代码。

```
$ cd $LUAGO/go/
$ export GOPATH=$PWD/ch11
$ go install luago
```

如果看不到任何输出，那就表示编译成功了，在 ch11/bin 目录下会出现可执行文件 luago。请读者执行下面的命令，把 vector2.lua 脚本编译成二进制 chunk 文件，然后用它来测试我们最新版的虚拟机。

```
$ luac ../lua/ch11/vector2.lua
$ ./ch11/bin/luago luac.out
[1, 2]
[3, 4]
[2, 4]
[3, 6]
5
false
true
[3, 6]
```

看起来一切正常。虽然元编程听起来很复杂，可是实现起来好像也没那么困难嘛！

11.6　本章小结

我们可以通过元表和元方法，使用 Lua 中已经存在的类型（表和函数）来扩展 Lua，这是非常巧妙的。本章讨论并实现了元表和元方法，但重点在于探讨实现机制，至于如何使用则是点到为止。感兴趣的读者请阅读《Programming in Lua》这本书（目前是第四版），里面非常详细地介绍了元表和元方法的用法。

第 12 章　迭　代　器

我们已经知道，Lua 语言支持两种形式的 for 循环语句：数值 for 循环和通用 for 循环。数值 for 循环用于在两个数值范围内按照一定的步长进行迭代；通用 for 循环常用于对表进行迭代。不过通用 for 循环之所以"通用"，就在于它并不仅仅适用于表，实际上，通用 for 循环可以对任何迭代器进行迭代。我们在第 6 章已经讨论过数值 for 循环，本章将对迭代器和通用 for 循环进行讨论。在继续往下阅读之前，请读者运行下面的命令，把本章所需的目录结构和编译环境准备好。

```
$ cd $LUAGO/go/
$ cp -r ch11/ ch12
$ export GOPATH=$PWD/ch12
$ mkdir $LUAGO/lua/ch12
```

12.1　迭代器介绍

迭代器（Iterator）模式是一种经典的设计模式，在这种模式里，我们使用迭代器（模式因此得名）对集合（Collection）或者容器（Container）里的元素进行遍历。很多编程语言都内置了对迭代器模式的支持，比如 Java 语言从 1.2 开始就在其标准库中包含了 Iterator 接口，到 5.0 时又增加了 Iterable 接口和 for-each 语法，直接从语言层面支

持迭代器模式。Lua 语言也内置了迭代器支持，本节先简要介绍通用 for 循环语法，12.2
节会介绍如何在 API 层面支持表的遍历，12.3 节会介绍如何实现通用 for 循环指令。

为了对集合或者容器进行遍历，迭代器需要保存一些内部状态。在 Java 这种面向对
象的语言里，迭代器自然是以对象形式存在。在 Lua 语言里，更自然的方式则是用函数来
表示迭代器，内部状态可以由闭包捕获。下面我们来看一个对数组进行迭代的例子。

```lua
function ipairs(t)
    local i = 0
    return function()
        i = i + 1
        if t[i] == nil then
            return nil, nil
        else
            return i, t[i]
        end
    end
end
```

可以把上面的 `ipairs()` 函数看作一个工厂，该函数每次调用都会返回一个数组迭
代器。迭代器从外部捕获了 `t` 和 `i` 这两个变量（Upvalue），把它们作为内部状态用于控制
迭代，并通过第一个返回值（是否是 nil）通知使用者迭代是否结束。下面的代码演示了如
何创建迭代器并利用它对数组进行遍历。

```lua
t = {10, 20, 30}
iter = ipairs(t)
while true do
    local i, v = iter()
    if i == nil then
        break
    end
    print(i, v)
end
```

和 Java 语言里的 for-each 语句类似，Lua 语言也提供了 for-in 语句，也就是我们前面
提到的通用 for 循环语句，从语言层面对迭代器给予支持。上面的代码可以用 for-in 语句
简写成下面这样。

```lua
t = {10, 20, 30}
for i, v in ipairs(t) do
    print(i, v)
end
```

以上是给数组（严格的说是给序列）创建迭代器，那么如何给关联数组创建迭代器呢？由于关联数组没办法通过递增下标的方式来遍历索引，所以 Lua 标准库提供了 next() 函数来帮助我们创建关联数组迭代器。next() 函数接收两个参数——表和键。返回两个值——下一个键值对。如果传递给 next() 函数的键是 nil，表示迭代开始；如果 next() 函数返回的键是 nil，表示迭代结束。下面的代码演示了 next() 函数的用法。

```
function pairs(t)
    local k, v
    return function ()
        k, v = next(t, k)
        return k, v
    end
end


t = {a=10, b=20, c=30}
for k, v in pairs(t) do
    print(k, v)
end
```

通过上面的例子，我们对迭代器和通用 for 循环有了一个大致的了解，下面给出通用 for 循环语句的一般形式。

```
for var_1, ..., var_n in explist do block end
```

上面的 for 循环语句和下面的代码等价：

```
do
    local _f, _s, _var = explist
    while true do
        local var_1, ···, var_n = _f(_s, _var)
        if var_1 == nil then break end
        _var = var_1
        block
    end
end
```

其中 _f、_s 和 _var 是通用 for 循环内部使用的，由 explist 求值得到（多重赋值、多退少补，详见第 8 章）。_f 是迭代器函数，_s 是一个不变量，_var 是控制变量。乍看起来有点复杂，实际上很好理解。我们用前面的 pairs() 函数作为对比：_f 相当于 next() 函数，_s 相当于表，_var 则用于存放键。可见，虽然可以用闭包保存迭代器内部状态，不过通用 for 循环也很贴心，可以帮我们保存一些状态，这样很多时候就可以免去闭包创建之烦。了解了这一点，我们就可以直接使用 next() 函数对表进行遍历，代码如下所示。

```
t = {a=10, b=20, c=30}
for k, v in next, t, nil do
    print(k, v)
end
```

我们在 12.2 节会详细讨论并实现 next() 函数。由于对序列或关联表进行遍历是非常基本的操作，所以上面例子里的 iparis() 和 pairs() 函数其实也不需要我们自己编写，它们已经由 Lua 标准库提供了。本书第四部分会详细介绍 Lua 标准库，12.4 节会给出 pairs() 和 ipairs() 的简化版实现。在 Lua 虚拟机层面，有两条专门的指令用于实现 for-in 语句：TFORCALL 和 TFORLOOP，我们在 12.3 节详细讨论并实现这两条指令。

12.2　next() 函数

如前所述，Lua 语言提供了 next() 函数，可以用它实现表迭代器。这个函数充分体现了 Lua 语言在参数传递和返回值上的灵活性，读者可以结合下面的伪代码来进一步理解该函数。

```
function next(table, key)
    if key == nil then
        nextKey = table.firstKey()
    else
        nextKey = table.nextKey(key)
    end
    if nextKey ~= nil then
        return nextKey, table[nextKey]
    else
        return nil
    end
end
```

Lua API 提供了 Next() 方法，可以用来实现标准库里的 next() 函数。然而要实现 API 层面的 Next() 方法，必须要得到表结构体的内部支持。接下来我们先修改 luaTable 结构体，让它可以支持键的遍历；然后实现 API 层面的 Next() 方法；最后实现标准库层面的 next() 函数。

12.2.1　修改 luaTable 结构体

请 读 者 打 开 luaTable.go 文 件（在 $LUAGO/go/ch12/src/luago/state 目 录 下），给 **luaTable** 结构体添加 **keys** 字段，改动如下所示。

```
type luaTable struct {
    ... // 其他字段省略，下面是新增加的字段
    keys map[luaValue]luaValue
}
```

由于 Go 语言的 map 不保证遍历顺序（甚至同样内容的 map，两次遍历的顺序也可能不一样），所以我们只能在遍历开始之前把所有的键都固定下来，保存在 **keys** 字段里。请读者继续编辑 luaTable.go 文件，给 **luaTable** 结构体添加 **nextKey()** 方法，代码如下所示。

```
func (self *luaTable) nextKey(key luaValue) luaValue {
    if self.keys == nil || key == nil {
        self.initKeys()

    }

    return self.keys[key]
}
```

nextKey() 方法根据传入的键返回表的下一个键，该方法完全是为 API 方法 **Next()** 设计的。如果传入的键是 **nil**，表示遍历开始，需要把所有的键都收集到 **keys** 里。**keys** 的键值对记录了表的键和下一个键的关系，因此 **keys** 字段初始化好之后，直接根据传入参数取值并返回即可。下面请看 **initKeys()** 方法的代码。

```
func (self *luaTable) initKeys() {
    self.keys = make(map[luaValue]luaValue)
    var key luaValue = nil
    for i, v := range self.arr {
        if v != nil {
            self.keys[key] = int64(i + 1)
            key = int64(i + 1)
        }
    }
    for k, v := range self._map {
        if v != nil {
            self.keys[key] = k
            key = k
        }
    }
}
```

请读者注意，由于标准库函数 next() 和 API 方法 Next() 考虑的都是整个表（包括数组部分和关联数组部分），因此 initKeys() 方法需要把数组索引和关联数组键都搜集起来。

12.2.2 扩展 Lua API

有了 luaTable 结构体的底层支持，我们可以扩展 Lua API 了。请读者打开 lua_state.go 文件（在 $LUAGO/go/ch12/src/luago/api 目录下），给 LuaState 接口添加 Next() 方法，改动如下所示。

```
type LuaState interface {
    ... // 其他方法省略，下面是新增加的方法
    Next(idx int) bool
}
```

Next() 方法根据键获取表的下一个键值对。其中表的索引由参数指定，上一个键从栈顶弹出。如果从栈顶弹出的键是 nil，说明刚开始遍历表，把表的第一个键值对推入栈顶并返回 true；否则，如果遍历还没有结束，把下一个键值对推入栈顶并返回 true；如果表是空的，或者遍历已经结束，不用往栈里推入任何值，直接返回 false 即可。

以图 12-1 为例，栈里原有 4 个值，其中索引 2 处是一个表，栈顶是该表的某个键。假设表还没有遍历结束，那么执行 Next(2) 之后，键会从栈顶弹出，取而代之的是表的下一个键值对。

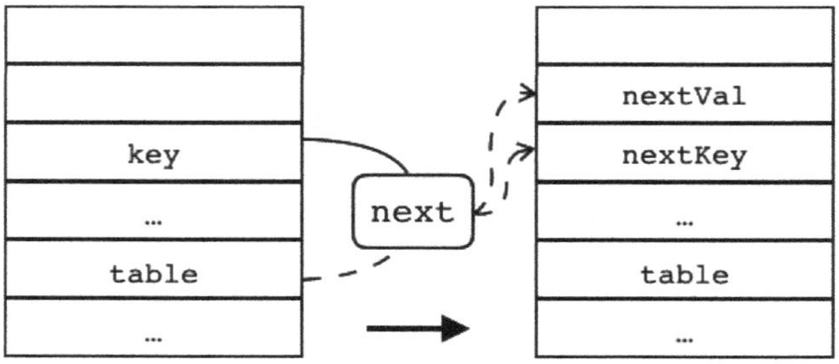

图 12-1 Next() 示意图

请读者打开 api_misc.go 文件（和 luaTable.go 文件在同一目录下），在里面实现 Next() 方法，代码如下所示。

```
func (self *luaState) Next(idx int) bool {
    val := self.stack.get(idx)
    if t, ok := val.(*luaTable); ok {
        key := self.stack.pop()
        if nextKey := t.nextKey(key); nextKey != nil {
            self.stack.push(nextKey)
            self.stack.push(t.get(nextKey))
```

```
            return true
        }
        return false
    }
    panic("table expected!")
}
```

我们先根据索引拿到表（如果拿到的不是表，调用 panic() 函数汇报错误），然后从栈顶弹出上一个键，接下来用这个键调用表的 nextKey() 方法，如果方法返回 nil，说明遍历已经结束，返回 false 即可；否则，把下一个键值对推入栈顶，返回 true。

12.2.3 实现 next() 函数

我们会在本书第四部分详细讨论 Lua 标准库，本节先实现 next() 函数的简化版。请读者打开本章的 main.go 文件，在里面实现这个函数，代码如下所示。

```
func next(ls LuaState) int {
    ls.SetTop(2) // 如果参数 2 不存在则设置为 nil
    if ls.Next(1) {
        return 2
    } else {
        ls.PushNil()
        return 1
    }
}
```

由于 next() 函数的第二个参数（键）是可选的，所以我们首先调用 SetTop() 方法以便在用户没有提供该参数时给它补上缺省值 nil。这样就能保证栈里肯定有两个值，索引 1 处是表，索引 2 处是上一个键。然后我们通过索引 1 调用 Next() 方法，它会把键从栈顶弹出。如果 Next() 方法返回 true，说明遍历还没有结束，下一个键值对已经在栈顶了，我们返回 2 即可；否则，遍历已经结束，我们需要自己往栈顶推入 nil，然后返回 1。

到这里，next() 函数就介绍完毕了，下面我们来讨论通用 for 循环相关指令。

12.3 通用 for 循环指令

由第 6 章可知，数值 for 循环是借助 FORPREP 和 FORLOOP 这两条指令来实现的。与之类似，通用 for 循环也是用 TFORCALL 和 TFORLOOP 这两条指令实现的。其中 TFORCALL 指令（iABC 模式）可以用如下伪代码表示。

```
R(A+3), ... ,R(A+2+C) := R(A)(R(A+1), R(A+2));
```

TFORLOOP 指令（iAsBx 模式）可以用如下伪代码表示。

```
if R(A+1) ~= nil then {
    R(A)=R(A+1); pc += sBx
}
```

这两条指令不是很直观，所以我们先来看一个更有代表性的例子。

```
for k,v in pairs(t) do print(k,v) end
```

使用 "luac -l -l" 命令观察上面的脚本，输出如下所示。

```
main <stdin:0,0> (11 instructions at 0x7f85fc500a40)
0+ params, 8 slots, 1 upvalue, 5 locals, 3 constants, 0 functions
    1 [1] GETTABUP   0 0 -1 ; _ENV "pairs"
    2 [1] GETTABUP   1 0 -2 ; _ENV "t"
    3 [1] CALL       0 2 4
    4 [1] JMP        0 4    ; to 9
    5 [1] GETTABUP   5 0 -3 ; _ENV "print"
    6 [1] MOVE       6 3
    7 [1] MOVE       7 4
    8 [1] CALL       5 3 1
    9 [1] TFORCALL   0 2
   10 [1] TFORLOOP   2 -6   ; to 5
   11 [1] RETURN     0 1
constants (3) for 0x7f85fc500a40:
    1 "pairs"
    2 "t"
    3 "print"
locals (5) for 0x7f85fc500a40:
    0 (for generator)    4   11
    1 (for state)        4   11
    2 (for control)      4   11
    3 k                  5   9
    4 v                  5   9
upvalues (1) for 0x7f85fc500a40:
    0 _ENV    1 0
```

可以看到，类似数值 for 循环，编译器为了实现通用 for 循环也使用了三个特殊的局部变量，这三个特殊变量对应 12.1 节提到的 _f、_s 和 _var。编译器给通用 for 循环生成的指令可以分为三个部分。第一部分指令利用 in 和 do 之间的表达式列表给三个特殊变量赋值，第二部分执行 for 循环体，第三部分就是 TFORCALL 和 TFORLOOP 指令。

以上面的输出为例，前三条指令可以用代码表示为 _f、_s、_var = pairs(t)，第四条是一个跳转指令，把控制跳转到 TFORCALL 指令。这四条指令属于第一部分；接下来的四条指令对应循环体，属于第二部分；然后是 TFORCALL 和 TFORLOOP 指令，属于第三部分。前面给出的通用 for 循环指令伪代码使用了寄存器编号，所以不太好理解，换成图会好很多。上面例子中的 TFORCALL 指令可以用图 12-2 表示。

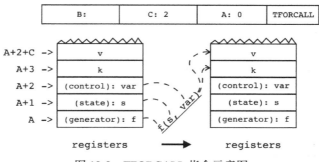

图 12-2　TFORCALL 指令示意图

由此可以清楚地看到，编译器使用的第一个特殊变量存放的就是迭代器。TFORCALL 指令会使用其他两个特殊变量来调用迭代器，把结果保存到用户定义的变量里。我们再来看上例中的 TFORLOOP 指令，如图 12-3 所示。

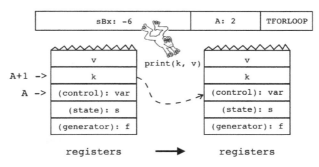

图 12-3　TFORLOOP 指令示意图

如果迭代器返回的第一个值不是 nil，则把该值拷贝到 _var，然后跳转到循环体；若是 nil，循环结束。虽然通用 for 循环指令解释起来有点费劲，但是实现起来还是比较容易的。请读者打开 inst_call.go 文件（在 $LUAGO/go/ch12/src/luago/vm 目录下），在里面实现 TFORCALL 指令，代码如下所示。

```go
func tForCall(i Instruction, vm LuaVM) {
    a, _, c := i.ABC()
    a += 1

    _pushFuncAndArgs(a, 3, vm)
```

```
    vm.Call(2, c)
    _popResults(a+3, c+1, vm)
}
```

由于 TFORCALL 指令的实现和其他函数调用类指令很像，所以我们把它和函数调用相关指令放在一起。请读者打开 inst_for.go 文件（和 inst_call.go 文件在同一目录下），在里面实现 TFORLOOP 指令，代码如下所示。

```
func tForLoop(i Instruction, vm LuaVM) {
    a, sBx := i.AsBx()
    a += 1

    if !vm.IsNil(a + 1) {
        vm.Copy(a+1, a)
        vm.AddPC(sBx)
    }
}
```

这两个指令的实现基本上就是把前面的伪代码翻译成真实的 Go 语言代码，所以就不多解释了。到这里，通用 for 循环指令就实现好了。我们还需要编辑 opcodes.go 文件，修改指令表，把这两条指令的实现函数注册进去。具体改动请读者参考第 7 章的做法进行修改。下面我们来进行测试。

12.4　测试本章代码

如前所述，Lua 标准库提供了 pairs() 和 ipairs() 函数，用于对表和数组进行迭代。请读者打开本章的 main.go 文件，在里面添加 pairs() 函数，代码如下所示。

```
func pairs(ls LuaState) int {
    ls.PushGoFunction(next) /* will return generator, */
    ls.PushValue(1)         /* state, */
    ls.PushNil()
    return 3
}
```

pairs() 函数实际上就是返回了 next 函数（对应 _f）、表（对应 _s）以及 nil（对应 _var）这三个值而已。如果用 Lua 实现，代码看起来是下面这样。

```
function pairs(t)
    return next, t, nil
end
```

继续编辑 main.go 文件，在里面添加 iPairs() 函数，代码如下所示。

```go
func iPairs(ls LuaState) int {
    ls.PushGoFunction(_iPairsAux) /* iteration function */
    ls.PushValue(1)               /* state */
    ls.PushInteger(0)             /* initial value */
    return 3
}
```

ipairs() 函数实现起来反而麻烦一些，因为我们需要自己实现一个数组版的 next() 函数，也就是上面用到的 _iPairsAux() 辅助函数，代码如下所示。

```go
func _iPairsAux(ls LuaState) int {
    i := ls.ToInteger(2) + 1
    ls.PushInteger(i)
    if ls.GetI(1, i) == LUA_TNIL {
        return 1
    } else {
        return 2
    }
}
```

如果用 Lua 实现 _iPairsAux() 函数，代码看起来是下面这样。

```lua
function inext(t, i)
    local nextIdx = i + 1
    local nextVal = t[nextIdx]
    if nextVal == nil then
        return nil
    else
        return nextIdx, nextVal
    end
end
```

最后修改 main() 函数，把 pairs()、ipairs() 和 12.2 节就已经实现好的 next() 函数注册到全局环境里，改动如下所示。

```go
func main() {
    if len(os.Args) > 1 {
        ... // 其他代码不变
        ls.Register("next", next)
        ls.Register("pairs", pairs)
        ls.Register("ipairs", iPairs)
        ls.Load(data, "chunk", "b")
        ls.Call(0, 0)
    }
}
```

到这里，本章的 Go 语言代码就全部给出了。请读者在 $LUAGO/lua/ch12 目录下面创建 test.lua 文件，把下面的测试脚本输入进去。

```
t = {a = 1, b = 2, c = 3}
for k, v in pairs(t) do
    print(k, v)
end

t = {"a", "b", "c"}
for k, v in ipairs(t) do
    print(k, v)
end
```

请读者执行下面的命令编译本章代码。

```
$ cd $LUAGO/go/
$ export GOPATH=$PWD/ch12
$ go install luago
```

如果看不到任何输出，那就表示编译成功了，在 ch12/bin 目录下会出现可执行文件 luago。请读者执行下面的命令，把 test.lua 脚本编译成二进制 chunk 文件，然后用它来测试我们的最新版虚拟机。

```
$ luac ../lua/ch12/test.lua
$ ./ch12/bin/luago luac.out
b   2
c   3
a   1
1   a
2   b
3   c
```

我们已经能够对表进行遍历了！

12.5　本章小结

本章我们以表的遍历操作为切入点对 Lua 迭代器进行了讨论。Lua 迭代器的支持由编译器和虚拟机配合完成，这其中的关键就是 TFORCALL 和 TFORLOOP 指令。这两条指令也是本书里实现的最后两条指令，到这里，Lua 虚拟机全部 47 条指令都已经实现完毕了。随着本章的结束，本书第三部分也接近尾声了。在第 13 章，我们将讨论异常和错误处理。

第 13 章　异常和错误处理

经过长达 12 章的努力，我们的 Lua 虚拟机已经非常强大了，能够执行全部 47 条指令，还支持 Go 函数调用和元编程等。不过，如果如此强大的虚拟机遇到一点小问题就崩溃，那也是不好的，所以本章就来讨论异常和错误处理。在继续往下阅读之前，请读者运行下面的命令，把本章所需的目录结构和编译环境准备好。

```
$ cd $LUAGO/go/
$ cp -r ch12/ ch13
$ export GOPATH=$PWD/ch13
$ mkdir $LUAGO/lua/ch13
```

13.1　异常和错误处理介绍

目前主流的编程语言大部分都在语法层面支持异常处理，其中最常见的写法是利用 throw 关键字抛出异常，利用 try-catch-finally 结构处理可能会产生异常的代码。比如 C++、C#、Java、JavaScript、PHP 等语言都是使用这种写法。其他语言虽然在写法上大同小异（比如 Python 和 Ruby 语言使用 raise 关键字抛出异常），但在语义上并没有什么太大差别。以 Java 语言为例，下面的代码演示了如何抛出和捕获异常。

```
public void lock2seconds(Lock lock) {
```

```java
    if (!lock.tryLock()) {
        throw new RuntimeException("Unable to acquire the lock!");
    }
    try {
        Thread.sleep(2000);
    } catch (InterruptedException e) {
        // ignore
    } finally {
        lock.unlock();
    }
}
```

Lua 语言并没有在语法层面直接支持异常处理，但是在标准库中提供了一些函数，可以用来抛出或者捕获异常。我们把上面的 Java 例子用 Lua 代码重新实现，如下所示。

```lua
function lock2seconds(lock)
    if not lock:tryLock() then
        error("Unable to acquire the lock!")
    end
    pcall(function()
        sleep(2000)
    end)
    lock:unlock()
end
```

Lua 没有提供 throw 或者 raise 这样的关键字，但是通过标准库提供了 error() 函数，其作用是一样的：抛出异常。异常抛出之后，正常的函数执行终止，然后异常逐步向外传播，直到被 pcall() 函数捕获为止。通常我们可以使用字符串来表示异常信息，但实际上，error() 函数可以把任何 Lua 值当作异常抛出。

```lua
error({err = "Unable to acquire the lock!"})
```

如果我们抛出的异常是字符串或者表，由于 Lua 的函数调用语法糖允许我们在有且仅有一个参数，且该参数是字符串字面量或者表构造器时省略圆括号（详见第 15 章），所以我们也可以让 error() 函数看起来更像一个关键字。

```lua
error {err = "Unable to acquire the lock!"}
```

在前面的例子中，我们使用匿名函数来保护可能会抛出异常的代码块，然后交给 pcall() 去调用。对于这个例子来说，我们完全没必要使用匿名函数，直接把被调函数和参数一并传递给 pcall() 即可。

```lua
function lock2seconds(lock)
```

```
        lock:lock()
        pcall(sleep, 2000)
        lock:unlock()
    end
```

pcall() 会在保护模式下调用被调函数。如果一切正常，**pcall()** 返回 **true** 和被调函数返回的全部值；如果调用过程中有异常抛出，**pcall()** 捕获异常，返回 **false** 和异常。通常我们需要检查 **pcall()** 的第一个返回值，看调用是否正常，然后根据情况进一步处理，就像下面这样。

```
function lock2seconds(lock)
    lock:lock()
    local ok, msg = pcall(sleep, 2000)
    lock:unlock()

    if ok then
        print("ok")
    else
        print("error: " .. msg)
    end
end
```

实际上 **error()** 函数还有一个可选参数 **level**，**pcall()** 函数还有另一个版本 **xpcall()**，不过本章我们暂时忽略这些细节，留到第三部分再进行补充。下面我们来看与异常和错误处理相关的 API 方法。

13.2　异常和错误处理 API

Lua API 提供了两个方法——**Error()** 和 **PCall()**，正好与标准库里的 **error()** 和 **pcall()** 函数相对应。请读者打开 lua_state.go 文件（在 $LUAGO/go/ch13/src/luago/api 目录下），给 **LuaState** 接口添加这两个方法，改动如下所示。

```
type LuaState interface {
    ... // 其他方法省略，下面是新添加的方法
    Error() int
    PCall(nArgs, nResults, msgh int) int
}
```

接下来我们会详细介绍并实现这两个方法，不过在此之前请读者打开 consts.go 文件（也在 luago/api 目录下），在里面添加一些常量定义，代码如下所示。

```
const (
    LUA_OK = iota
    LUA_YIELD
    LUA_ERRRUN
    LUA_ERRSYNTAX
    LUA_ERRMEM
    LUA_ERRGCMM
    LUA_ERRERR
    LUA_ERRFILE
)
```

这些常量用来表示函数加载或者执行的状态，其中 **LUA_OK** 和 **LUA_ERRRUN** 会在 **PCall()** 方法里用到，其他的常量在后面的章节中会陆续介绍。另外，在第 8 章，我们实现 API 方法 **Load()** 时把返回值直接写成了 0，现在可以改成 **LUA_OK** 了。

13.2.1　Error()

Error() 方法，从栈顶弹出一个 Lua 值，把该值作为错误抛出。虽然方法以整数为返回值，但是实际上该方法是没办法正常返回的，之所以有返回值，完全是为了方便用户使用。比如我们正在实现某个 Go 函数，并且在某处需要调用 **Error()** 方法抛出异常，那么就可以通过直接返回 **Error()** 方法的返回值来简化代码。

```
func myGoFunc(ls LuaState) int {
    ... // 忽略其他代码
    return ls.Error()
}
```

以图 13-1 所示为例，栈里原有 4 个值，栈顶是错误对象。执行 **Error()** 方法之后，错误对象从栈顶弹出，然后被抛出。

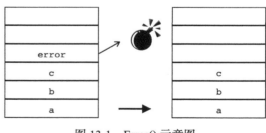

图 13-1　Error() 示意图

请读者打开 api_misc.go 文件（在 $LUAGO/go/ch13/src/luago/state 目录下），在里面实现这个方法，代码如下所示。

```
func (self *luaState) Error() int {
    err := self.stack.pop()
    panic(err)
}
```

方法的实现代码也比较直接，我们从栈顶把错误对象弹出，然后调用 Go 语言内置的 **panic()** 函数把它抛出即可。

13.2.2　PCall()

PCall() 方法和我们在第 8 章实现的 **Call()** 方法很像，区别在于 **PCall()** 会捕获函数调用过程中产生的错误，而 **Call()** 会把错误传播出去。如果没有错误产生，那么 **PCall()** 的行为和 **Call()** 完全一致，最后返回 **LUA_OK**。如果有错误产生，那么 **PCall()** 会捕获错误，把错误对象留在栈顶，并且会返回相应的错误码。**PCall()** 的第三个参数用于指定错误处理器，本章暂不考虑错误处理器。

以图 13-2 所示为例，栈里原有 5 个值，索引 2 处是要调用的函数（f），索引 3、4、5 处是要传递给被调函数的参数（a、b、c）。我们执行 **PCall(3, -1, 0)** 调用函数，假设函数调用过程中会抛出错误，那么被调函数和参数已经从栈顶弹出，取而代之的是错误对象。

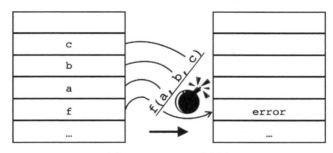

图 13-2　PCall() 示意图

请读者打开 api_call.go 文件（和 api_misc.go 文件在同一个目录下），在里面实现这个方法，代码如下所示。

```go
func (self *luaState) PCall(nArgs, nResults, msgh int) (status int) {
    caller := self.stack
    status = LUA_ERRRUN

    // catch error
    defer func() {
        ... // 代码后面给出
    }()

    self.Call(nArgs, nResults)
    status = LUA_OK
    return
}
```

既然我们使用 Go 语言内置的 **panic()** 函数抛出错误，那么自然就需要使用 defer-recover 机制来捕获异常。为了避免重复代码，我们把函数调用逻辑交给 **Call()** 方法去处理：如果一切正常，返回 **LUA_OK**；否则，捕获并处理错误。请看下面的代码。

```
defer func() {
    if err := recover(); err != nil {
        for self.stack != caller {
            self.popLuaStack()
        }
        self.stack.push(err)
    }
}()
```

我们调用 Go 语言内置的 **recover()** 函数从错误中恢复，然后从调用栈顶依次弹出调用帧，直到到达发起调用的调用帧为止，然后把错误对象推入栈顶，返回 **LUA_ERRRUN**。到这里，**Error()** 和 **PCall()** 方法就实现好了，下面我们来实现标准库函数。

13.3　error() 和 pcall() 函数

有了 API 方法 **Error()** 和 **PCall()**，实现标准库函数 **error()** 和 **pcall()** 就是小菜一碟了。和前面几章实现的标准库函数一样，我们先在 main.go 文件里临时实现简化版，完整版代码会在本书第四部分给出。请读者打开本章的 main.go 文件，先在里面实现 **error()** 函数，代码如下所示。

```
func error(ls LuaState) int {
    return ls.Error()
}
```

我们暂时认定 **error()** 函数只接收一个参数，所以错误对象已经在栈顶了，直接调用 **Error()** 方法抛出错误即可。请读者继续编辑 main.go 文件，在里面实现 **pcall()** 函数，代码如下所示。

```
func pCall(ls LuaState) int {
    nArgs := ls.GetTop() - 1
    status := ls.PCall(nArgs, -1, 0)
    ls.PushBoolean(status == LUA_OK)
    ls.Insert(1)
    return ls.GetTop()
}
```

这个函数不算复杂：调用 **PCall()** 方法并插入一个布尔类型的返回值。**PCall()** 方法会把被调函数和参数从栈顶弹出，然后把返回值或者错误对象留在栈顶。我们只要根据

PCall() 返回的状态码往栈顶推入一个布尔值，然后把它挪到栈底，让它成为返回给 Lua 的第一个值即可。

到此，简化版的标准库函数 **error()** 和 **pcall()** 就算是实现好了，把它们注册到全局环境里就可以开始测试了。请读者继续编辑 main.go 文件，修改主方法，改动如下所示。

```
func main() {
    if len(os.Args) > 1 {
        ... // 其他代码省略
        ls.Register("error", error)
        ls.Register("pcall", pCall)
        ls.Load(data, "chunk", "b")
        ls.Call(0, 0)
    }
}
```

下面就来测试吧。

13.4 测试本章代码

因为在 13.3 节已经把 main.go 文件修改好了，所以这一节只要准备一个测试脚本就可以了。请读者在 $LUAGO/lua/ch13 目录下面创建 test.lua 文件，把下面的代码输入进去。

```
function div0(a, b)
    if b == 0 then
        error("DIV BY ZERO !")
    else
        return a / b
    end
end

function div1(a, b) return div0(a, b) end
function div2(a, b) return div1(a, b) end

ok, result = pcall(div2, 4, 2); print(ok, result)
ok, err = pcall(div2, 5, 0);    print(ok, err)
ok, err = pcall(div2, {}, {});  print(ok, err)
```

我们先定义了一个函数 **div0()**，该函数在正常情况下会对参数进行除法运算并返回结果，但是如果第二个参数是 0 就调用 **error()** 函数抛出异常。定义 **div1()** 和 **div2()** 函数纯粹是为了测试异常的传播。最后我们用不同的参数通过 **pcall()** 调用

div2() 函数，并打印出结果以便观察。

请读者执行下面的命令编译本章代码。

```
$ cd $LUAGO/go/
$ export GOPATH=$PWD/ch13
$ go install luago
```

如果看不到任何输出，那就表示编译成功了，在 ch13/bin 目录下会出现可执行文件 luago。请读者执行下面的命令，把刚刚准备好的 test.lua 脚本编译成二进制 chunk 文件，然后用它来考验一下我们最新版的 Lua 虚拟机。

```
$ luac ../lua/ch13/test.lua
$ ./ch13/bin/luago luac.out
true     2
false    DIV BY ZERO !
false    arithmetic error!
```

一切正常。在生活中我们可能也会遇到一些异常情况，但是只要能够像 Lua 这样捕获并谨慎地处理它们，就不会有大的问题，不是吗？

13.5　本章小结

Lua 语言没有提供专门的异常处理语法，不过标准库函数 error() 和 pcall() 有效弥补了这一不足。在本章，我们对 Lua 异常和错误处理机制进行了深入探讨。本章也是本书第二部分的最后一章，到此为止，我们的 Lua 虚拟机开发工作就告一段落了。在本书第三部分（从第 14 章开始，一直到第 17 章结束），我们将详细讨论 Lua 语法并实现 Lua 编译器。在第四部分我们将讨论并实现 Lua 标准库。

通过长达 12 章的努力，虽然我们已经对 Lua 虚拟机和 Lua API 有了非常深入的理解，但多少也会有点厌倦和疲惫。好在下一章就要开始全新的话题了，请大家稍作休息，然后全力以赴来打造我们自己的 Lua 编译器！

第三部分 *Part 3*

Lua 语法和编译器

第 14 章　词法分析

我们已经知道，Lua 虽然是脚本语言，但其内部执行方式和 Java 语言相似：先将脚本编译成字节码，然后再由虚拟机解释执行字节码。本书的第二部分详细介绍了 Lua 虚拟机和指令集，从这一章开始，我们将用 4 章的篇幅讨论并实现 Lua 编译器。本章讨论 Lua 词法规则、编写词法分析器；第 15 章讨论 Lua 语法规则、定义抽象语法树；第 16 章讨论语法分析器；第 17 章讨论代码生成。

在继续往下阅读之前，请读者运行下面的命令，把本章所需的目录结构和编译环境准备好。

```
$ cd $LUAGO/go/
$ cp -r ch13/ ch14
$ export GOPATH=$PWD/ch14
$ mkdir -p ch14/src/luago/compiler/lexer
```

14.1　编译器介绍

从广义上讲，任何一种可以将编程语言（源语言）转换为另外一种编程语言（目标语言）的程序都可以称为编译器。不过我们通常所说的编译器，一般特指高级语言编译器。其源语言是 C、C++、Java 或者 Lua 这样的高级编程语言，目标语言则是机器语言或者虚拟机字节码这样的低级语言。其他类型的编译器通常有自己特定的名称，比如将低级语言翻译为高级语言的编译器称为反编译器。

编写编译器并不是一件很轻松的事情，为了降低编写难度，在编写编译器时往往会把编译过程分为不同的阶段，每个阶段单独编写，各个阶段通过输入和输出串联起来最终形成完整的编译器。主要的编译阶段包括预处理、词法分析、语法分析、语义分析、中间代码生成、中间代码优化、目标代码生成等。

为了尽可能重复利用编译器代码，上述编译阶段又可以进一步归为三个大的阶段：前端（Front End）、中端（Middle End）和后端（Back End）。预处理、词法分析、语法分析、语义分析和中间代码生成属于前端；中间代码优化属于中端；目标代码生成属于后端。这样就可以为不同的语言编写前端编译器从而共用后端编译器以节约工作量，或者为同一种语言编写不同的后端编译器从而达到跨平台的目的，如图 14-1 所示（图片来自 Wikipedia）。

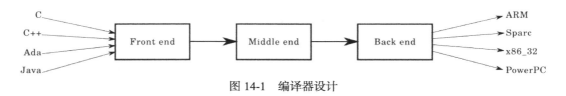

图 14-1　编译器设计

Lua 语言比较简单，不支持宏等特性，不需要进行预处理，所以我们不讨论预处理阶段。语义分析最重要的一项工作是类型检查。由于 Lua 是动态类型语言，在编译期不需要进行类型检查，所以我们也不讨论语义分析阶段。另外，为了节约篇幅，我们也不会讨论中间语言生成和优化阶段。本书仅讨论词法分析、语法分析和代码生成这三个阶段，如图 14-2 所示。

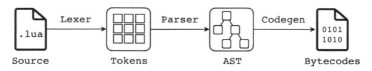

图 14-2　本书编译器设计

有很多工具可以根据规则帮助我们生成词法分析器和语法分析器，比如著名的 lex 和 yacc 程序，不过在本书中，我们将完全自己编写词法分析器和语法分析器。本章剩余的内容会重点讨论 Lua 词法规则并编写词法分析器，第 15 章讨论 Lua 语法规则并定义抽象语法树（Abstract Syntax Tree，AST），第 16 章讨论语法分析阶段并编写解析器以生成 AST，第 17 章讨论代码生成阶段时会直接利用 AST 生成 Lua 虚拟机字节码。

14.2　Lua 词法介绍

我们在阅读英文时，大脑并不是以字母为单位，而是以单词为单位来处理信息的。与此类似，编译器在编译源代码时，也不是以字符为单位，而是以"token"为单位进行处理的。词法分析器的作用就是根据编程语言的词法规则，把源代码（字符流）分解为token 流。

token 按其作用可以分为不同的类型，比较常见的类型注释、关键字、标识符、字面量、运算符、分隔符等。下面我们分别介绍这些 token 类型在 Lua 语言里的词法规则。

1. 空白字符

大部分主流编程语言都是使用特定的 token 来界定代码块（Python 语言是个例外，使用缩进界定代码块），比如 C、C++ 或者 Java 语言使用花括号界定代码块，Bash 脚本则是使用关键字界定代码块。在这些语言里，空白字符（White Spaces）没什么特别含义，仅仅起到分隔其他 token 以及格式化代码的作用。编译器除了需要使用换行符计算行号以外，会完全忽略空白字符。这样的语言叫作自由格式（Free-form，或者 Free-format）语言。

Lua 也属于自由格式语言，使用关键字界定代码块。Lua 编译器会忽略换行符（\n）、回车符（\r）、横向制表符（\t）、纵向制表符（\v）、换页符（\f）和空格符这 6 个空白字符。

2. 注释

和空白字符类似，注释也只是给人类看的，编译器可以完全忽略注释。Lua 支持长短两种形式的注释：短注释以两个连续的减号开始，到行尾结束；长注释以两个连续的减号和左长方括号开始，可以跨越多行，直到右长方括号结束。

所谓长方括号，是指两个方括号和中间任意个等号所构成的序列。长方括号也分左右两种，必须成对使用，中间的等号数量必须相同。我们在后文介绍字符串字面量时会看到，长注释其实就是两个减号紧跟一个长字符串字面量。

下面给出一些注释的例子。

```
print("hello") -- short comment
print("world") --> another short comment
print() --[[ long comment ]]
--[===[
```

```
        another
        long comment
]===]
```

3. 标识符

标识符（Identifier）主要用来命名变量。Lua 标识符以字母或下划线开头，后跟数字、字母或者下划线的任意组合。Lua 是大小写敏感语言，因此 var、Var 和 VAR 是三个不同的标识符。按照惯例，应该避免在程序中使用以下划线开头，后跟一个或多个大写字母的标识符（比如 _ENV）。

4. 关键字

关键字（Keyword）具有特殊含义，由编程语言保留，不能当作标识符使用。下面是Lua 语言所保留的关键字（共 22 个）。

```
and       break     do        else      elseif    end
false     for       function  goto      if        in
local     nil       not       or        repeat    return
then      true      until     while
```

5. 数字字面量

Lua 数字字面量写法非常灵活。最简单的是十进制整数写法，比如 3、314。当使用小数写法时，整数部分和小数部分都可以省略，比如 3.、3.14、.14。还可以加上指数部分写成科学计数法，比如 0.314E1、314e-2。Lua 十进制数字字面量的词法规则可以用图 14-3 表示。

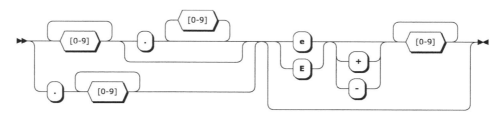

图 14-3　Lua 十进制数字字面量词法规则

十六进制写法以 0x 或者 0X 开头，比如 0xff、0X3A、0x3.243F6A8885A。十六进制也可以使用科学计数法，但是指数部分用字母 p（或者 P）表示，只能使用十进制数字，并且表示的是 2 的多少次方，比如 0xA23p-4。Lua 十六进制数字字面量的词法规则可以用图 14-4 表示。

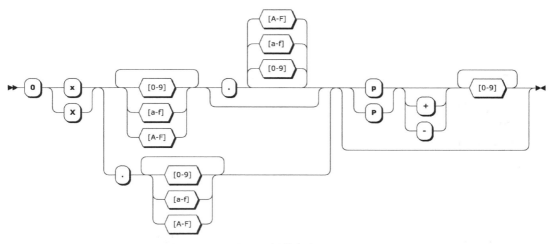

图 14-4　Lua 十六进制数字字面量词法规则

如果数字字面量不包含小数和指数部分，也没有超出 Lua 整数的表示范围，则会被 Lua 解释成整数值，否则会被 Lua 解释成浮点数值。

6. 字符串字面量

Lua 字符串字面量分为长字符串和短字符串两种。短字符串使用单引号或者双引号分隔，里面可以包含转义序列。Lua 字符串字面量所支持的大部分转义序列在其他编程语言里也很常见，这里就不一一解释了。表 14-1 列出了所有转义序列、转义之后的 ASCII 码及其简要的说明。

表 14-1　Lua 字符串转义序列

转义序列	ASCII 码	说明
\a	0x07	响铃（Alert，Beep）
\b	0x08	退格符
\t	0x09	横向制表符
\n	0x0A	换行符
\v	0x0B	纵向制表符
\f	0x0C	换页符
\r	0x0D	回车符
\"	0x22	双引号

（续）

转义序列	ASCII 码	说明
\'	0x27	单引号
\\	0x5C	反斜杠
\z	none	删除自己和紧随其后的空白字符（包括换行）
\nnn	nnn	nnn 可以是 1 到 3 个十进制数字，用于在字符串中插入任意 ASCII 字符
\xXX	0xXX	XX 是 2 个十六进制数字，用于在字符串中插入任意 ASCII 字符
\u{XXX}	none	XXX 是一到多个十六进制数字，用于在字符串中插入 Unicode 字符

Lua 短字符串字面量不能跨行（可以使用转义序列插入回车或者换行符），唯一的例外是 \z 转义序列，该转义序列会删除自己，以及紧随其后的空白字符。下面是一个例子：

```
print("hello, \z
        world!") --> hello, world!
```

如果需要在代码中输入跨越多行的字符串（比如 JSON、HTML 等），Lua 提供了长字符串字面量。长字符串字面量使用长方括号分隔，不支持转义序列。长字符串内出现的换行符序列（\r\n、\n\r、\n、\r）会被 Lua 统一替换为换行符 \n，另外，紧跟在左长方括号后面的第一个换行符会被 Lua 删掉。下面是《Lua 5.3 Reference Manual》里的一个例子，里面的所有字符串字面量都表示相同的字符串。

```
a = 'alo\n123"'
a = "alo\n123\""
a = '\97lo\10\04923"'
a = [[alo
123"]]
a = [==[
alo
123"]==]
```

7. 运算符和分隔符

其他类型的 token 包括运算符和分隔符等，下面列出这些 token。

```
+       -       *       /       %       ^       #
&       ~       |       <<      >>      //
==      ~=      <=      >=      <       >       =
(       )       {       }       [       ]       ::
;       :       ,       .       ..      ...
```

到此为止 Lua 的词法规则就介绍完了，下一节我们将编写 Lua 词法分析器。

14.3 实现词法分析器

词法分析器一般使用有限状态机（Finite-state Machine，FSM）实现。鉴于篇幅所限，这里就不对 FSM 进行详细介绍了。我们以 Lua 语言里的减号和注释为例，其分析过程可以表示为图 14-5 所示的 FSM。

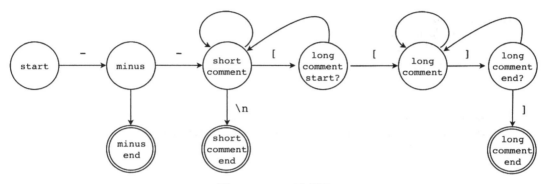

图 14-5 FSM 示意图

请读者在 $LUAGO/go/ch14/src/luago/compiler/lexer 目录下面创建 lexer.go 文件，在里面定义 Lexer 结构体，代码如下所示。

```
package lexer

import "bytes"
import "fmt"
import "regexp"
import "strconv"
import "strings"

type Lexer struct {
    chunk     string // 源代码
    chunkName string // 源文件名
    line      int    // 当前行号
}
```

我们给 Lexer 结构体定义了三个字段。其中 chunk 字段保存将要进行词法分析的源代码，line 字段记录当前行号，这两个字段构成词法分析器的内部状态。chunkName 字段记录源文件名，仅用于在词法分析过程出错时生成错误信息。继续编辑 lexer.go 文件，在里面添加 NewLexer() 函数，代码如下所示。

```
func NewLexer(chunk, chunkName string) *Lexer {
```

```
    return &Lexer{chunk, chunkName, 1}
}
```

NewLexer() 函数根据源文件名和源代码创建 Lexer 结构体实例，并将初始行号设置为 1。请读者继续编辑 lexer.go 文件，给 Lexer 结构体定义最为核心的 NextToken()方法，部分代码如下所示。

```
func (self *Lexer) NextToken() (line, kind int, token string) {
    self.skipWhiteSpaces()
    if len(self.chunk) == 0 {
        return self.line, TOKEN_EOF, "EOF"
    }

    switch self.chunk[0] {
    case ';': self.next(1); return self.line, TOKEN_SEP_SEMI, "."
    case ',': self.next(1); return self.line, TOKEN_SEP_COMMA, ","
    ... // 剩余代码在后面给出
}
```

NextToken() 方法跳过空白字符和注释，返回下一个 token（包括行号和类型），如果源代码已经全部分析完毕，返回表示分析结束的特殊 token。FSM 可以用 switch-case 语句来实现，我们的词法分析器也是这样。由于 Lua 词法规则比较复杂，所以 NextToken() 方法也很长，在后面的小节里，我们会根据 Lua 词法规则分别介绍这个方法的各个部分。在此之前，我们先把 token 类型定义好。

14.3.1 定义 Token 类型

请读者在 lexer 目录下面创建 token.go 文件，在里面定义表示 token 类型的常量，代码如下所示。

```
package lexer

const ( // token kind
    TOKEN_EOF         = iota          // end-of-file
    TOKEN_VARARG                      // ...
    TOKEN_SEP_SEMI                    // ;
    TOKEN_SEP_COMMA                   // ,
    TOKEN_SEP_DOT                     // .
    TOKEN_SEP_COLON                   // :
    TOKEN_SEP_LABEL                   // ::
    TOKEN_SEP_LPAREN                  // (
    TOKEN_SEP_RPAREN                  // )
    TOKEN_SEP_LBRACK                  // [
```

```
TOKEN_SEP_RBRACK                     // ]
TOKEN_SEP_LCURLY                     // {
TOKEN_SEP_RCURLY                     // }
TOKEN_OP_ASSIGN                      // =
TOKEN_OP_MINUS                       // - (sub or unm)
TOKEN_OP_WAVE                        // ~ (bnot or bxor)
TOKEN_OP_ADD                         // +
TOKEN_OP_MUL                         // *
TOKEN_OP_DIV                         // /
TOKEN_OP_IDIV                        // //
TOKEN_OP_POW                         // ^
TOKEN_OP_MOD                         // %
TOKEN_OP_BAND                        // &
TOKEN_OP_BOR                         // |
TOKEN_OP_SHR                         // >>
TOKEN_OP_SHL                         // <<
TOKEN_OP_CONCAT                      // ..
TOKEN_OP_LT                          // <
TOKEN_OP_LE                          // <=
TOKEN_OP_GT                          // >
TOKEN_OP_GE                          // >=
TOKEN_OP_EQ                          // ==
TOKEN_OP_NE                          // ~=
TOKEN_OP_LEN                         // #
TOKEN_OP_AND                         // and
TOKEN_OP_OR                          // or
TOKEN_OP_NOT                         // not
TOKEN_KW_BREAK                       // break
TOKEN_KW_DO                          // do
TOKEN_KW_ELSE                        // else
TOKEN_KW_ELSEIF                      // elseif
TOKEN_KW_END                         // end
TOKEN_KW_FALSE                       // false
TOKEN_KW_FOR                         // for
TOKEN_KW_FUNCTION                    // function
TOKEN_KW_GOTO                        // goto
TOKEN_KW_IF                          // if
TOKEN_KW_IN                          // in
TOKEN_KW_LOCAL                       // local
TOKEN_KW_NIL                         // nil
TOKEN_KW_REPEAT                      // repeat
TOKEN_KW_RETURN                      // return
TOKEN_KW_THEN                        // then
TOKEN_KW_TRUE                        // true
TOKEN_KW_UNTIL                       // until
TOKEN_KW_WHILE                       // while
TOKEN_IDENTIFIER                     // identifier
TOKEN_NUMBER                         // number literal
```

```
    TOKEN_STRING                                // string literal
    TOKEN_OP_UNM        = TOKEN_OP_MINUS  // unary minus
    TOKEN_OP_SUB        = TOKEN_OP_MINUS
    TOKEN_OP_BNOT       = TOKEN_OP_WAVE
    TOKEN_OP_BXOR       = TOKEN_OP_WAVE
)
```

除了字面量和标识符，我们给其他每一种 token 都分配了单独的常量值。另外需要说明的是，由于在词法分析阶段没办法区分减号到底是二元减法运算符还是一元取负运算符，所以我们将其命名为 TOKEN_OP_MINUS，并且定义了 TOKEN_OP_UNM 和 TOKEN_OP_SUB 常量，这三个常量有相同的常量值。同理，TOKEN_OP_WAVE、TOKEN_OP_BNOT 和 TOKEN_OP_BXOR 这三个常量也有相同常量值。

请读者继续编辑 token.go 文件，在里面定义一个关联数组，将关键字和常量值一一对应，代码如下所示。

```
var keywords = map[string]int{
    "and":      TOKEN_OP_AND,
    "break":    TOKEN_KW_BREAK,
    "do":       TOKEN_KW_DO,
    "else":     TOKEN_KW_ELSE,
    "elseif":   TOKEN_KW_ELSEIF,
    "end":      TOKEN_KW_END,
    "false":    TOKEN_KW_FALSE,
    "for":      TOKEN_KW_FOR,
    "function": TOKEN_KW_FUNCTION,
    "goto":     TOKEN_KW_GOTO,
    "if":       TOKEN_KW_IF,
    "in":       TOKEN_KW_IN,
    "local":    TOKEN_KW_LOCAL,
    "nil":      TOKEN_KW_NIL,
    "not":      TOKEN_OP_NOT,
    "or":       TOKEN_OP_OR,
    "repeat":   TOKEN_KW_REPEAT,
    "return":   TOKEN_KW_RETURN,
    "then":     TOKEN_KW_THEN,
    "true":     TOKEN_KW_TRUE,
    "until":    TOKEN_KW_UNTIL,
    "while":    TOKEN_KW_WHILE,
}
```

14.3.2 空白字符

我们回到 lexer.go 文件，在里面定义 skipWhiteSpaces() 方法，代码如下所示。

```
func (self *Lexer) skipWhiteSpaces() {
    for len(self.chunk) > 0 {
        if self.test("--") {
            self.skipComment()
        } else if self.test("\r\n") || self.test("\n\r") {
            self.next(2)
            self.line += 1
        } else if isNewLine(self.chunk[0]) {
            self.next(1)
            self.line += 1
        } else if isWhiteSpace(self.chunk[0]) {
            self.next(1)
        } else {
            break
        }
    }
}
```

　　skipWhiteSpaces() 方法不仅跳过了空白字符（更新了行号），也一并跳过了注释。
test() 方法判断剩余的源代码是否以某种字符串开头，代码如下所示。

```
func (self *Lexer) test(s string) bool {
    return strings.HasPrefix(self.chunk, s)
}
```

　　next() 方法跳过 *n* 个字符，代码如下所示：

```
func (self *Lexer) next(n int) {
    self.chunk = self.chunk[n:]
}
```

　　isWhiteSpace() 函数判断字符是否是空白字符，代码如下所示。

```
func isWhiteSpace(c byte) bool {
    switch c {
    case '\t', '\n', '\v', '\f', '\r', ' ':
        return true
    }
    return false
}
```

　　isNewLine() 函数判断字符是否是回车或者换行符，代码如下所示。

```
func isNewLine(c byte) bool {
    return c == '\r' || c == '\n'
}
```

14.3.3 注释

`skipComment()` 方法跳过注释，代码如下所示。

```
func (self *Lexer) skipComment() {
    self.next(2) // skip --
    if self.test("[") { // long comment ?
        if reOpeningLongBracket.FindString(self.chunk) != "" {
            self.scanLongString()
            return
        }
    }
    // short comment
    for len(self.chunk) > 0 && !isNewLine(self.chunk[0]) {
        self.next(1)
    }
}
```

如前文所述，长注释实际上是两个减号紧跟一个长字符串。如果遇到长注释，只要跳过两个减号，然后提取一个长字符串扔掉就可以了；如果是短字符串，则跳过两个减号和后续所有字符，直到遇到换行字符为止。为了简化代码，我们借助正则表达式来探测左长方括号，请读者在 `import` 语句的后面定义该正则表达式，代码如下所示。

```
var reOpeningLongBracket = regexp.MustCompile(`^\[=*\[`)
```

14.3.4 分隔符和运算符

分隔符和运算符数量比较多，所以 `NextToken()` 方法的整个 switch-case 语句几乎都是用来读这两种 token 的，如下所示。

```
func (self *Lexer) NextToken() (line, kind int, token string) {
    ... // 前面的代码省略
    switch self.chunk[0] {
    case ';': self.next(1); return self.line, TOKEN_SEP_SEMI,   ";"
    case ',': self.next(1); return self.line, TOKEN_SEP_COMMA,  ","
    case '(': self.next(1); return self.line, TOKEN_SEP_LPAREN, "("
    case ')': self.next(1); return self.line, TOKEN_SEP_RPAREN, ")"
    case ']': self.next(1); return self.line, TOKEN_SEP_RBRACK, "]"
    case '{': self.next(1); return self.line, TOKEN_SEP_LCURLY, "{"
    case '}': self.next(1); return self.line, TOKEN_SEP_RCURLY, "}"
    case '+': self.next(1); return self.line, TOKEN_OP_ADD,     "+"
    case '-': self.next(1); return self.line, TOKEN_OP_MINUS,   "-"
    case '*': self.next(1); return self.line, TOKEN_OP_MUL,     "*"
    case '^': self.next(1); return self.line, TOKEN_OP_POW,     "^"
```

```
case '%': self.next(1); return self.line, TOKEN_OP_MOD,     "%"
case '&': self.next(1); return self.line, TOKEN_OP_BAND,    "&"
case '|': self.next(1); return self.line, TOKEN_OP_BOR,     "|"
case '#': self.next(1); return self.line, TOKEN_OP_LEN,     "#"
case ':':
    if self.test("::") {
        self.next(2); return self.line, TOKEN_SEP_LABEL, "::"
    } else {
        self.next(1); return self.line, TOKEN_SEP_COLON, ":"
    }
case '/':
    if self.test("//") {
        self.next(2); return self.line, TOKEN_OP_IDIV, "//"
    } else {
        self.next(1); return self.line, TOKEN_OP_DIV, "/"
    }
case '~':
    if self.test("~=") {
        self.next(2); return self.line, TOKEN_OP_NE, "~="
    } else {
        self.next(1); return self.line, TOKEN_OP_WAVE, "~"
    }
case '=':
    if self.test("==") {
        self.next(2); return self.line, TOKEN_OP_EQ, "=="
    } else {
        self.next(1); return self.line, TOKEN_OP_ASSIGN, "="
    }
case '<':
    if self.test("<<") {
        self.next(2); return self.line, TOKEN_OP_SHL, "<<"
    } else if self.test("<=") {
        self.next(2); return self.line, TOKEN_OP_LE, "<="
    } else {
        self.next(1); return self.line, TOKEN_OP_LT, "<"
    }
case '>':
    if self.test(">>") {
        self.next(2); return self.line, TOKEN_OP_SHR, ">>"
    } else if self.test(">=") {
        self.next(2); return self.line, TOKEN_OP_GE, ">="
    } else {
        self.next(1); return self.line, TOKEN_OP_GT, ">"
    }
case '.':
    if self.test("...") {
        self.next(3); return self.line, TOKEN_VARARG, "..."
    } else if self.test("..") {
        self.next(2); return self.line, TOKEN_OP_CONCAT, ".."
```

```
        } else if len(self.chunk) == 1 || !isDigit(self.chunk[1]) {
            self.next(1); return self.line, TOKEN_SEP_DOT, "."
        }
    case '[':
        if self.test("[[") || self.test("[=") {
            return self.line, TOKEN_STRING, self.scanLongString()
        } else {
            self.next(1); return self.line, TOKEN_SEP_LBRACK, "["
        }
    case '\'', '"':
        return self.line, TOKEN_STRING, self.scanShortString()
    }
    ... // 剩余代码在后面给出
}
```

虽然分隔符和运算符数量多，但每个 case 语句都不算复杂，这里就不详细解释了。最后两个 case 语句提取了字符串字面量，下面我们具体看一下 `scanLongString()` 和 `scanShortString()` 这两个方法。

14.3.5　长字符串字面量

下面是 `scanLongString()` 方法的代码。

```
func (self *Lexer) scanLongString() string {
    openingLongBracket := reOpeningLongBracket.FindString(self.chunk)
    if openingLongBracket == "" {
        self.error("invalid long string delimiter near '%s'",
            self.chunk[0:2])
    }

    closingLongBracket := strings.Replace(openingLongBracket, "[", "]", -1)
    closingLongBracketIdx := strings.Index(self.chunk, closingLongBracket)
    if closingLongBracketIdx < 0 {
        self.error("unfinished long string or comment")
    }

    str := self.chunk[len(openingLongBracket):closingLongBracketIdx]
    self.next(closingLongBracketIdx + len(closingLongBracket))

    str = reNewLine.ReplaceAllString(str, "\n")
    self.line += strings.Count(str, "\n")
    if len(str) > 0 && str[0] == '\n' {
        str = str[1:]
    }

    return str
}
```

我们先寻找左右长方括号，如果任何一个找不到，则说明源代码有语法错误，调用 `error()` 方法汇报错误并终止分析。接下来提取字符串字面量，把左右长方括号去掉，把换行符序列统一转换成换行符 `\n`，再把开头的第一个换行符（如果有的话）去掉，就是最终的字符串。`error()` 方法利用源文件名、当前行号，以及传入的格式和参数抛出错误信息，代码如下所示。

```go
func (self *Lexer) error(f string, a ...interface{}) {
    err := fmt.Sprintf(f, a...)
    err = fmt.Sprintf("%s:%d: %s", self.chunkName, self.line, err)
    panic(err)
}
```

同样为了简化代码，我们利用正则表达式来处理换行符序列。请读者在 `import` 语句的后面定义这个正则表达式，代码如下所示。

```go
var reNewLine = regexp.MustCompile("\r\n|\n\r|\n|\r")
```

14.3.6 短字符串字面量

下面是 `scanShortString()` 方法的代码。

```go
func (self *Lexer) scanShortString() string {
    if str := reShortStr.FindString(self.chunk); str != "" {
        self.next(len(str))
        str = str[1 : len(str)-1]
        if strings.Index(str, `\`) >= 0 {
            self.line += len(reNewLine.FindAllString(str, -1))
            str = self.escape(str)
        }
        return str
    }
    self.error("unfinished string")
    return ""
}
```

我们先使用正则表达式提取短字符串，如果提取失败，说明源代码语法有问题，调用 `error()` 方法汇报错误。接下来去掉字面量两端的引号，并在必要时调用 `escape()` 方法对转义序列进行处理，得到最终的字符串。请读者在 lexer.go 文件里定义短字符串字面量正则表达式，代码如下所示。

```go
var reShortStr = regexp.MustCompile(`(?s)(^'(\\\|\\ ' |\\\n|\\z\s*|[^' \
n])*' )|(^"(\\\|\\"|\\\n|\\z\s*|[^"\n])*")`)
```

`escape()` 方法比较复杂，代码如下所示。

```
func (self *Lexer) escape(str string) string {
    var buf bytes.Buffer

    for len(str) > 0 {
        if str[0] != '\\' {
            buf.WriteByte(str[0])
            str = str[1:]
            continue
        }
        if len(str) == 1 {
            self.error("unfinished string")
        }
        switch str[1] {
        case 'a' : buf.WriteByte('\a'); str = str[2:]; continue
        case 'b' : buf.WriteByte('\b'); str = str[2:]; continue
        case 'f' : buf.WriteByte('\f'); str = str[2:]; continue
        case 'n' : buf.WriteByte('\n'); str = str[2:]; continue
        case '\n': buf.WriteByte('\n'); str = str[2:]; continue
        case 'r' : buf.WriteByte('\r'); str = str[2:]; continue
        case 't' : buf.WriteByte('\t'); str = str[2:]; continue
        case 'v' : buf.WriteByte('\v'); str = str[2:]; continue
        case '"' : buf.WriteByte('"');  str = str[2:]; continue
        case '\'': buf.WriteByte('\''); str = str[2:]; continue
        case '\\': buf.WriteByte('\\'); str = str[2:]; continue
        case '0' , ... // \ddd
        case 'x' : ... // \xXX
        case 'u' : ... // \u{XXX}
        case 'z' : ...
        }
        self.error("invalid escape sequence near '\\%c'", str[1])
    }

    return buf.String()
}
```

\r 和 \n 等转义序列的处理比较简单，就不一一解释了，下面是 \ddd 转义序列的处理代码。

```
case '0', '1', '2', '3', '4', '5', '6', '7', '8', '9': // \ddd
    if found := reDecEscapeSeq.FindString(str); found != "" {
        d, _ := strconv.ParseInt(found[1:], 10, 32)
        if d <= 0xFF {
            buf.WriteByte(byte(d))
            str = str[len(found):]
            continue
```

```
        }
        self.error("decimal escape too large near '%s'", found)
    }
```

我们用正则表达式提取转义序列，然后把它解析为整数值，如果整数值超过 0xFF，则调用 error() 方法汇报错误。下面是 \xXX 转义序列的处理代码。

```
case 'x': // \xXX
    if found := reHexEscapeSeq.FindString(str); found != "" {
        d, _ := strconv.ParseInt(found[2:], 16, 32)
        buf.WriteByte(byte(d))
        str = str[len(found):]
        continue
    }
```

我们同样用正则表达式提取转义序列，然后把它解析为整数（不会超过 0xFF）。下面是 \u{XXX} 转义序列的处理代码。

```
case 'u': // \u{XXX}
    if found := reUnicodeEscapeSeq.FindString(str); found != "" {
        d, err := strconv.ParseInt(found[3:len(found)-1], 16, 32)
        if err == nil && d <= 0x10FFFF {
            buf.WriteRune(rune(d))
            str = str[len(found):]
            continue
        }
        self.error("UTF-8 value too large near '%s'", found)
    }
```

我们同样用正则表达式提取转义序列，并把它解析为整数，然后调用 Go 语言标准库提供的方法将 Unicode 代码点按 UTF-8 编码为字节序列。如果代码点超出范围，则调用 error() 方法汇报异常。下面是 \z 转义序列的处理代码。

```
case 'z':
    str = str[2:]
    for len(str) > 0 && isWhiteSpace(str[0]) {
        str = str[1:]
    }
    continue
}
```

我们首先跳过 \z 这个转义序列，然后跳过紧随其后的空白字符，最后需要定义提取转义序列的正则表达式，代码如下所示。

```
var reDecEscapeSeq = regexp.MustCompile(`^\\[0-9]{1,3}`)
var reHexEscapeSeq = regexp.MustCompile(`^\\x[0-9a-fA-F]{2}`)
var reUnicodeEscapeSeq = regexp.MustCompile(`^\\u\{[0-9a-fA-F]+\}`)
```

14.3.7　数字字面量

数字字面量以点号或者数字开头，标识符和关键字以字母或者下划线开头，我们把提取这些 token 的代码写在 switch-case 语句的外面。下面是数字字面量相关的代码。

```
func (self *Lexer) NextToken() (line, kind int, token string) {
    ... // 其他代码省略
    switch self.chunk[0] { ... }

    c := self.chunk[0]
    if c == '.' || isDigit(c) {
        token := self.scanNumber()
        return self.line, TOKEN_NUMBER, token
    }
    ... // 剩余代码在后面给出
}
```

如果发现下一个 token 是数字字面量，则调用 scanNumber() 方法提取 token，isDigit() 函数判断字符是否是数字，代码如下所示。

```
func isDigit(c byte) bool {
    return c >= '0' && c <= '9'
}
```

scanNumber() 方法只是简单的调用了 scan() 方法，代码如下所示。

```
func (self *Lexer) scanNumber() string {
    return self.scan(reNumber)
}
```

为了简化数字字面量和标识符的提取逻辑，scan() 方法也借助了正则表达式，代码如下所示。

```
func (self *Lexer) scan(re *regexp.Regexp) string {
    if token := re.FindString(self.chunk); token != "" {
        self.next(len(token))
        return token
    }
    panic("unreachable!")
}
```

请读者定义表示数字字面量的正则表达式，代码如下所示。

```
var reNumber = regexp.MustCompile(`^0[xX][0-9a-fA-F]*(\.[0-9a-fA-F]*)?([pP]
[+\-]?[0-9]+)?|^[0-9]*(\.[0-9]*)?([eE][+\-]?[0-9]+)?`)
```

14.3.8　标识符和关键字

现在只剩下标识符和关键字还没有处理，下面给出这部分代码。

```
func (self *Lexer) NextToken() (line, kind int, token string) {
    ... // 其他代码省略
    if isDigit(c) { ... }
    if c == '_' || isLetter(c) {
        token := self.scanIdentifier()
        if kind, found := keywords[token]; found {
            return line, kind, token // keyword
        } else {
            return self.line, TOKEN_IDENTIFIER, token
        }
    }

    self.error("unexpected symbol near %q", c)
    return
}
```

如果发现下一个 token 是标识符，则调用 scanIdentifier() 方法提取 token。拿到 token 之后依据它是普通的标识符还是关键字，分情况返回。isLetter() 函数判断字符是否是字母，代码如下所示。

```
func isLetter(c byte) bool {
    return c >= 'a' && c <= 'z' || c >= 'A' && c <= 'Z'
}
```

和 scanNumber() 方法类似，scanIdentifier() 方法也只是简单地调用了 scan() 方法，代码如下所示。

```
func (self *Lexer) scanIdentifier() string {
    return self.scan(reIdentifier)
}
```

请读者定义表示标识符的正则表达式，代码如下所示。

```
var reIdentifier = regexp.MustCompile(`^[_\d\w]+`)
```

到这里，`NextToken()` 方法的代码基本上就都介绍完毕了。为了方便语法分析器调用，我们还会给 `Lexer` 结构体定义其他几个方法，这些方法在 14.4 节讨论。

14.4 LookAhead() 和其他方法

我们已经定义好了 `Lexer` 结构体，也实现了 `NextToken()` 方法，这个方法提供了最基本的词法分析功能，每次调用都会读取并返回下一个 token。不过有时候我们并不想跳过下一个 token，只是想看看下一个 token 是哪种类型。这个操作也很好实现，只要备份词法分析器的状态，然后读取下一个 token，记录类型，然后恢复状态即可。不过既然已经提取了下一个 token，就干脆做点优化，把它缓存下来。请读者打开 lexer.go 文件，修改 `Lexer` 结构体，给它添加三个字段，改动如下所示。

```
type Lexer struct {
    ... // 其他字段省略
    nextToken     string
    nextTokenKind int
    nextTokenLine int
}
```

这三个字段缓存下一个 token 的信息，有了这几个字段，就可以实现 `LookAhead()` 方法了，代码如下所示。

```
func (self *Lexer) LookAhead() int {
    if self.nextTokenLine > 0 {
        return self.nextTokenKind
    }
    currentLine := self.line
    line, kind, token := self.NextToken()
    self.line = currentLine
    self.nextTokenLine = line
    self.nextTokenKind = kind
    self.nextToken = token
    return kind
}
```

我们通过 `nextTokenLine` 字段来判断缓存里是否有下一个 token 的信息，如果有，则直接返回 token 的类型即可；否则，调用 `NextToken()` 方法提取下一个 token 并缓存起来。接下来修改 `NextToken()` 方法，如果发现缓存里有下一个 token 信息就可以直接从缓存取，然后清空缓存，改动如下所示。

```go
func (self *Lexer) NextToken() (line, kind int, token string) {
    if self.nextTokenLine > 0 {
        line = self.nextTokenLine
        kind = self.nextTokenKind
        token = self.nextToken
        self.line = self.nextTokenLine
        self.nextTokenLine = 0
        return
    }
    ... // 其他代码不变
}
```

下面我们再给 **Lexer** 结构体添加一个 **NextTokenOfKind()** 方法，用来提取指定类型的 token，代码如下所示。

```go
func (self *Lexer) NextTokenOfKind(kind int) (line int, token string) {
    line, _kind, token := self.NextToken()
    if kind != _kind {
        self.error("syntax error near '%s'", token)
    }
    return line, token
}
```

然后是 **NextIdentifier()** 方法，用于提取标识符，代码如下所示。

```go
func (self *Lexer) NextIdentifier() (line int, token string) {
    return self.NextTokenOfKind(TOKEN_IDENTIFIER)
}
```

最后添加 **Line()** 方法，返回当前行号，代码如下所示。

```go
func (self *Lexer) Line() int {
    return self.line
}
```

到这里，词法分析器就完全实现好了，下面我们来对它进行一些简单的测试。

14.5 测试本章代码

请读者打开本章的 main.go 文件，修改 import 语句和 main() 方法，把其他 Lua 虚拟机相关的测试函数暂时先删掉，改动如下所示。

```go
package main
```

```
import "fmt"
import "io/ioutil"
import "os"
import . "luago/compiler/lexer"

func main() {
    if len(os.Args) > 1 {
        data, err := ioutil.ReadFile(os.Args[1])
        if err != nil { panic(err) }
        testLexer(string(data), os.Args[1])
    }
}
```

我们根据命令行参数读取测试脚本，然后交给 **testLexer()** 函数去处理，代码如下所示。

```
func testLexer(chunk, chunkName string) {
    lexer := NewLexer(chunk, chunkName)
    for {
        line, kind, token := lexer.NextToken()
        fmt.Printf("[%2d] [%-10s] %s\n",
            line, kindToCategory(kind), token)
        if kind == TOKEN_EOF {
            break
        }
    }
}
```

testLexer() 函数先根据源文件名和脚本创建 **Lexer** 结构体实例，然后循环调用 **NextToken()** 方法对脚本进行词法分析，打印出每个 token 的行号、种类和内容，直到整个脚本都分析完毕为止。**kindToCategory()** 函数把 token 的类型转换成更容易理解的字符串形式，代码如下所示。

```
func kindToCategory(kind int) string {
    switch {
    case kind <  TOKEN_SEP_SEMI:   return "other"
    case kind <= TOKEN_SEP_RCURLY: return "separator"
    case kind <= TOKEN_OP_NOT:     return "operator"
    case kind <= TOKEN_KW_WHILE:   return "keyword"
    case kind == TOKEN_IDENTIFIER: return "identifier"
    case kind == TOKEN_NUMBER:     return "number"
    case kind == TOKEN_STRING:     return "string"
    default:                       return "other"
    }
}
```

请读者执行下面的命令编译本章代码。

```
$ cd $LUAGO/go/
$ export GOPATH=$PWD/ch14
$ go install luago
```

如果看不到任何输出，那么编译就成功了，在 ch14/bin 目录下会出现可执行文件 luago。请读者执行下面的命令，用第 2 章的 "Hello, World!" 脚本测试词法分析器。

```
$ ./ch14/bin/luago ../lua/ch02/hello_world.lua
[ 1] [identifier] print
[ 1] [separator ] (
[ 1] [string    ] Hello, World!
[ 1] [separator ] )
[ 2] [other     ] EOF
```

从输出来看一切正常。为了节约篇幅，这里只测试了一个最简单的脚本，读者可以使用其他更复杂的脚本进行测试。

14.6　本章小结

在本章我们详细讨论了 Lua 词法规则并编写了词法分析器，词法分析器通常基于有限状态机（FSM）实现，有很多现成的工具可以通过词法规则描述自动生成词法分析器代码，不过为了更好地理解词法分析过程，我们并没有借助这些工具（仅使用了正则表达式简化代码）。在下一章我们将讨论 Lua 语法规则，定义抽象语法树（AST）结构体，为第 16 章编写语法分析器做准备。

第 15 章　抽象语法树

字符可以任意组合，词法规则定义了怎样的组合可以构成合法的 token。同理，token 也可以任意组合，语法规则定义了怎样的组合可以构成合法的程序。前一章我们讨论了 Lua 词法规则，并且编写了词法分析器。本章我们会讨论 Lua 语法规则，定义抽象语法树（AST）结构体。第 16 章我们将编写语法分析器，讨论如何把 Lua 源代码转换成 AST。在继续往下阅读之前，请读者运行下面的命令，把本章所需的目录结构和编译环境准备好。

```
$ cd $LUAGO/go/
$ cp -r ch14/ ch15
$ export GOPATH=$PWD/ch15
$ mkdir -p ch15/src/luago/compiler/ast
```

15.1　抽象语法树介绍

如第 14 章所述，为了简化编译器开发，编译阶段被人为分成了好几个阶段。整个源代码可以看成一个字符序列，词法分析阶段根据词法规则将字符序列分解为 token 序列，接下来的语法分析阶段根据语法规则将 token 序列解析为抽象语法树（AST）。

与抽象语法树相对应的是具体语法树（Concrete Syntax Tree，CST）也叫作解析树（Parse Tree，或者 Parsing Tree）。顾名思义，CST，也就是解析树，是源代码的解析结果，它完整保留了源代码里的各种信息。不过对于编译器来说，CST 包含的许多信息（比如分号、关键字等）都是多余的，这些信息在后续编译阶段并没有太大用处。把 CST 里多余的信息去掉，仅留下必要的信息，化繁为简，那么得到的就是一棵 AST。

以算术表达式为例，由于运算符有不同的优先级，所以在必要时，我们需要使用圆括号来改变运算符优先级，比如 a * (b + c)。CST 会如实记录圆括号，但是由于树状结构本身就可以隐含运算符优先级，所以 AST 完全可以省略圆括号。CST 和 AST 的区别如图 15-1 所示。

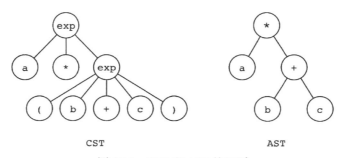

图 15-1　CST 和 AST 的区别

大部分编译器并不是先把源代码解析为 CST，然后再转换为 AST，而是直接产生 AST。因此，CST 往往只存在于概念阶段。此外，AST 也不一定非要用"树"这种数据结构来表示。本章我们将直接使用结构体来表示 AST 的各种节点。

计算机编程语言一般使用上下文无关文法（Context-free Grammar，CFG）来描述，而 CFG 一般使用巴科斯范式（Backus-Naur Form，BNF）或者其扩展 EBNF（Extended BNF）来书写，BNF 或者 EBNF 又可以用语法图（因为看起来像铁路，所以也叫铁路图）来直观的表示。对于 CFG、BNF 和 EBNF 的详细介绍超出了本书讨论范围，感兴趣的读者可以阅读其他编译原理相关的书籍或者资料。

《Lua 5.3 Reference Manual》第 9 节以 EBNF 的形式给出了 Lua 语法的完整描述，本书将其放在了附录 B 中以供读者参考。本章剩余的内容将结合 EBNF 和语法图对 Lua 语法进行讨论，并定义 AST 节点。

15.2　Chunk 和块

我们在第 2 章中曾提到过，在 Lua 的行话里，一段完整的（可以被 Lua 虚拟机解释执

行）Lua 代码就称为 chunk。那么从语法的角度，chunk 究竟是什么呢？下面来看 chunk 的
EBNF 描述。

```
chunk ::= block
```

在 EBNF 里，"::="表示"被定义为"的意思。可见，chunk 本质上就是一个代码块。
我们再来看一下代码块的 EBNF 描述。

```
block ::= {stat} [retstat]
retstat ::= return [explist] [';']
explist ::= exp {',' exp}
```

在 EBNF 里，{A} 表示 A 可以出现任意次（0 次或多次），[A] 表示 A 可选（可以出
现 0 次或 1 次）。由此可知，代码块是任意多条语句再加上一条可选的返回语句；返回语
句是关键字 return 后跟可选的表达式列表，以及一个可选的分号；表达式列表则是 1 到
多个表达式，由逗号分隔。如果不展开语句和表达式，那么代码块可以用图 15-2 表示。

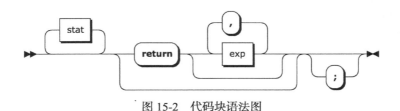

图 15-2　代码块语法图

请读者在 $LUAGO/go/ch15/src/luago/compiler/ast 目录下面创建 block.go 文件，在里
面定义 Block 结构体，代码如下所示。

```
package ast

type Block struct {
    LastLine int
    Stats    []Stat
    RetExps  []Exp
}
```

由于 chunk 实际上等同于代码块，所以我们只定义了 **Block** 结构体。**Block** 结构体
仅包含了后续处理所必要的信息，包括语句序列和返回语句里的表达式序列等，至于关键
字、分号、逗号等信息全部丢弃，这就是我们称其为 AST 的缘故。**LastLine** 字段记录了
代码块的末尾行号，在代码生成阶段（详见第 17 章）需要使用这个信息。接下来的 15.3 节
会定义 **Stat** 类型并详细介绍 Lua 语句，15.4 节会定义 **Exp** 类型并详细介绍 Lua 表达式。

15.3 语句

在命令式编程语言里，语句（Statement）是最基本的执行单位，表达式（Expression）则是构成语句的要素之一。语句和表达式的主要区别在于：语句只能执行不能用于求值，而表达式只能用于求值不能单独执行。

语句和表达式也并非泾渭分明，比如在 Lua 里，函数调用既可以是表达式，也可以是语句。Lua 一共有 15 种语句，下面是 Lua 语句的 EBNF 描述（竖线表示"或"）。

```
stat ::=  ';'
    | varlist '=' explist
    | functioncall
    | label
    | break
    | goto Name
    | do block end
    | while exp do block end
    | repeat block until exp
    | if exp then block {elseif exp then block} [else block] end
    | for Name '=' exp ',' exp [',' exp] do block end
    | for namelist in explist do block end
    | function funcname funcbody
    | local function Name funcbody
    | local namelist ['=' explist]
```

Lua 语句大致可以分为控制语句、声明和赋值语句、以及其他语句三类。声明和赋值语句用于声明局部变量、给变量赋值或者往表里写入值，包括局部变量声明语句（见15.3.6 节）、赋值语句（见 15.3.7 节）、局部函数定义语句（见 15.3.9 节）和非局部函数定义语句（见 15.3.8 节）。控制语句用于改变执行流程，包括 while 和 repeat 语句（见 15.3.2 节）、if 语句（见 15.3.3 节）、for 循环语句（见 15.3.4 和 15.3.5 节）、break 语句及 label 和 goto 语句。其他语句包括空语句、do 语句和函数调用语句。

请读者在 compiler/ast 目录下创建 stat.go 文件，在里面定义 **Stat** 接口，代码如下所示。

```
package ast

type Stat interface{}
```

下面具体介绍每一种语句。

15.3.1　简单语句

空语句、break 语句、do 语句、函数调用语句、标签和 goto 语句比较简单，放在一起介绍。请读者在 stat.go 文件里定义这几种语句，代码如下所示。

```
type EmptyStat struct{}                    // `;`
type BreakStat struct{ Line int }          // break
type LabelStat struct{ Name string }       // `::` Name `::`
type GotoStat  struct{ Name string }       // goto Name
type DoStat    struct{ Block *Block }      // do block end
type FuncCallStat = FuncCallExp            // functioncall
```

空语句没有任何语义，仅起分割作用，所以 EmptyStat 结构体也没有任何字段。break 语句会在代码生成阶段产生一条跳转指令，所以我们需要记录其行号。标签和 goto 语句搭配使用，用来实现任意跳转，所以我们需要记录标签名。do 语句仅仅是为了给语句块引入新的作用域，所以 DoStat 结构体也只有一个 Block 字段。函数调用既可以是语句，也可以是表达式，所以我们仅仅是起了一个别名。函数调用推迟到 15.4.8 节再介绍。

15.3.2　while 和 repeat 语句

while 和 repeat 语句用于实现条件循环，下面是它们的 EBNF 描述。

```
while exp do block end
repeat block until exp
```

这两种语句的语法图如图 15-3 所示。

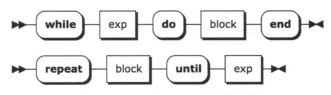

图 15-3　while 和 repeat 语句语法图

请读者在 stat.go 文件里定义这两种语句，代码如下所示。

```
type WhileStat struct {
    Exp    Exp
    Block *Block
}

type RepeatStat struct {
```

```
    Block *Block
    Exp    Exp
}
```

这两种语句在语法结构上也不算复杂，这里就不做过多解释了。

15.3.3　if 语句

if 语句用于实现条件分支，下面是其 EBNF 描述：

```
if exp then block {elseif exp then block} [else block] end
```

我们可以把 if 语句分为三个部分。开头是 if-then 表达式和块，中间可以出现任意次 elseif-then 表达式和块，最后是可选的 else 块。图 15-4 是 if 语句的语法图。

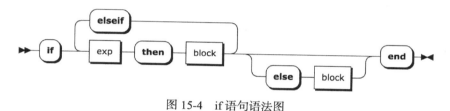

图 15-4　if 语句语法图

为了简化 AST 和后面的代码生成，我们对 if 语句进行改造，把最后可选的 else 块改成 elseif 块，改写后的 EBNF 如下所示。

```
if exp then block {elseif exp then block} [elseif true then block] end
```

如果把 elseif 块合并，EBNF 可以简化为。

```
if exp then block {elseif exp then block} end
```

图 15-5 是简化后的 if 语句语法图。

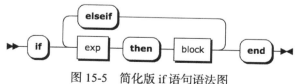

图 15-5　简化版 if 语句语法图

我们会在语法分析阶段对 if 语句进行转换，详见第 16 章。请读者在 stat.go 文件里定义 if 语句，代码如下所示。

```
type IfStat struct {
```

```
    Exps    []Exp
    Blocks []*Block
}
```

我们把表达式收集到 `Exps` 字段里，把语句块收集到 `Blocks` 字段里。表达式和语句块按索引一一对应，索引 0 处是 if-then 表达式和块，其余索引处是 elseif-then 表达式和块。

15.3.4　数值 for 循环语句

Lua 有两种形式的 for 循环语句：数值 for 循环语句和通用 for 循环语句。我们在第 6 章讨论过数值 for 循环语句，下面是它的 EBNF 描述。

```
for Name '=' exp ',' exp [',' exp] do block end
```

数值 for 循环以关键字 `for` 开始，接着是标识符和等号，然后是逗号分隔的初始值、限制和可选的步长表达式，后跟一条 do 语句。图 15-6 是数值 for 循环语句的语法图。

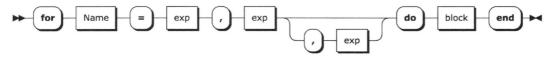

图 15-6　数值 for 循环语句语法图

请读者在 stat.go 文件里定义数值 for 循环语句，代码如下所示。

```
type ForNumStat struct {
    LineOfFor int
    LineOfDo  int
    VarName   string
    InitExp   Exp
    LimitExp  Exp
    StepExp   Exp
    Block     *Block
}
```

我们需要把关键字 `for` 和 `do` 所在的行号记录下来，以供代码生成阶段使用。其他字段都比较容易理解，这里就不做过多解释了。

15.3.5　通用 for 循环语句

我们在第 12 章讨论过通用 for 循环语句，下面是它的 EBNF 描述。

```
for namelist in explist do block end
```

```
namelist ::= Name {',' Name}
explist ::= exp {',' exp}
```

通用 for 循环也以关键字 **for** 开始，接着是逗号分隔的标识符列表，然后是关键字 **in** 和逗号分隔的表达式列表，最后是 do 语句。图 15-7 是通用 for 循环语句的语法图。

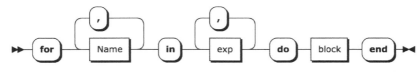

图 15-7　通用 for 循环语句语法图

请读者在 stat.go 文件里定义通用 for 循环语句，代码如下所示。

```go
type ForInStat struct {
    LineOfDo int
    NameList []string
    ExpList  []Exp
    Block    *Block
}
```

我们需要把关键字 do 所在的行号记录下来，以供代码生成阶段使用。和 if 语句类似，我们把关键字 in 左侧的标识符列表记录在 NameList 字段里，右侧的表达式列表记录在 ExpList 字段里。不过和 if 语句不同，标识符和表达式并不是一一对应的。

15.3.6　局部变量声明语句

由于 Lua 支持多重赋值，所以声明和赋值语句比较复杂。其中局部变量声明语句用于声明（并初始化）新的局部变量，下面是它的 EBNF 描述。

```
local namelist ['=' explist]
namelist ::= Name {',' Name}
explist ::= exp {',' exp}
```

局部变量声明语句以关键字 **local** 开始，后跟逗号分隔的标识符列表，接着是可选的等号和逗号分隔的表达式列表。图 15-8 是局部变量声明语句的语法图。

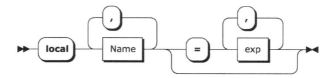

图 15-8　局部变量声明语句语法图

请读者在 stat.go 文件里定义局部变量声明语句，代码如下所示。

```
type LocalVarDeclStat struct {
    LastLine int
    NameList []string
    ExpList  []Exp
}
```

我们需要把末尾行号记录下来，以供代码生成阶段使用。和通用 for 循环类似，我们把等号左侧的标识符列表记录在 **NameList** 字段里，右侧的表达式列表记录在 **ExpList** 字段里。标识符和表达式也不是一一对应的，且表达式列表可以为空。

15.3.7 赋值语句

赋值语句用于给变量（包括已经声明的局部变量、Upvalue 或者全局变量）赋值、根据键给表赋值或者修改记录的字段，下面是它的 EBNF 描述。

```
varlist '=' explist
varlist ::= var {',' var}
var ::=  Name | prefixexp '[' exp ']' | prefixexp '.' Name
explist ::= exp {',' exp}
```

赋值语句被等号分为了两部分，左边是逗号分隔的 var 表达式列表，右边是逗号分隔的任意表达式列表。我们将在 15.4.5 节进一步讨论前缀和 var 表达式，这里暂时先把 var 表达式展开，图 15-9 是赋值语句的语法图。

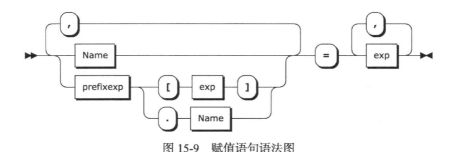

图 15-9　赋值语句语法图

请读者在 stat.go 文件里定义赋值语句，代码如下所示。

```
type AssignStat struct {
    LastLine int
    VarList  []Exp
    ExpList  []Exp
}
```

和局部变量声明语句一样，我们需要把末尾行号记录下来，以供代码生成阶段使用。等号左侧的 var 表达式列表记录在 **VarList** 字段里，右侧的任意表达式列表记录在 **ExpList** 字段里。

15.3.8 非局部函数定义语句

由第 10 章可知，函数定义语句实际上是赋值语句的语法糖。函数定义语句又分为局部函数定义语句和非局部函数定义语句两种。我们先来看非局部函数定义语句，下面是其 EBNF 描述。

```
function funcname funcbody
funcname ::= Name {'.' Name} [':' Name]
funcbody ::= '(' [parlist] ')' block end
```

非局部函数定义语句以关键字 function 开始，然后是函数名（并非简单的标识符），接着是被圆括号括起来的可选参数列表，最后是语句块和关键字 end。由于非局部函数定义语句稍微有点复杂，所以先不展开参数列表，图 15-10 是它的语法图。

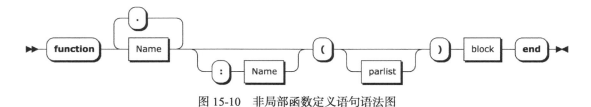

图 15-10 非局部函数定义语句语法图

下面是参数列表的 EBNF 描述。

```
parlist ::= namelist [',' '...'] | '...'
namelist ::= Name {',' Name}
```

可见，参数列表可以是逗号分隔的标识符列表，后跟可选的逗号和 vararg 符号，或者就单一个 vararg 符号。图 15-11 是参数列表的语法图。

函数名里的冒号写法实际上也是 Lua 添加的一块语法糖，用来模拟面向对象里的方法定义。比如下面这三条语句在语义上完全等价。

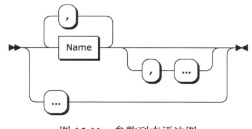

图 15-11 参数列表语法图

```
function t.a.b.c:f (params) body end        -- 方法定义
function t.a.b.c.f (self, params) body end  -- 函数定义
t.a.b.c.f = function (self, params) body end -- 赋值
```

我们在语法分析阶段（详见第 16 章）会把非局部函数定义语句的冒号语法糖去掉，并且会把它转换为赋值语句，所以不需要给它定义专门的结构体。

15.3.9　局部函数定义语句

和非局部函数定义语句类似，局部函数定义语句实际上是局部变量声明语句的语法糖。下面是它的 EBNF 描述。

```
local function Name funcbody
```

局部函数定义语句以关键字 `local` 开头，后跟关键字 `function`，然后是标识符。从圆括号开始，剩下的部分和非局部函数定义语句完全一样。图 15-12 是局部函数定义语句的语法图。

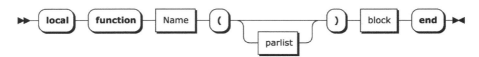

图 15-12　局部函数定义语句语法图

请读者注意，和非局部函数定义语句略有不同，为了方便递归函数的编写，局部函数定义语句会被转换为局部变量声明和赋值两条语句。比如下面这条语句。

```
local function f (params) body end
```

实际上会被转换为下面这两条语句：

```
local f; f = function (params) body end
```

为了简化代码生成，我们部分地保留了这块语法糖。请读者在 stat.go 文件里定义局部函数定义语句，代码如下所示。

```go
type LocalFuncDefStat struct {
    Name string
    Exp  *FuncDefExp
}
```

其中 `Name` 字段对应函数名，`Exp` 字段对应函数定义表达式。到此，语句就全部介绍完毕了，下面介绍表达式。

15.4　表达式

Lua 一共有 11 种表达式，这些表达式又可以分为 5 类：字面量表达式、构造器表达式、运算符表达式、vararg 表达式和前缀表达式。字面量表达式包括 nil、布尔、数字和字符串表达式。构造器表达式包括表构造器和函数构造器表达式。运算符表达式包括一元和二元运算符表达式。下面是表达式的 EBNF 描述。

```
exp ::=  nil | false | true | Numeral | LiteralString | '...'
    | functiondef | prefixexp | tableconstructor
    | exp binop exp | unop exp
```

请读者在 compiler/ast 目录下创建 exp.go 文件，在里面定义 **Exp** 接口，代码如下所示。

```
package ast

type Exp interface{}
```

下面我们分别介绍每一种表达式。

15.4.1　简单表达式

字面量、vararg、名字表达式比较简单，这里统一介绍。请读者在 exp.go 文件里定义这些表达式，代码如下所示。

```
type NilExp     struct{ Line int }
type TrueExp    struct{ Line int }
type FalseExp   struct{ Line int }
type VarargExp  struct{ Line int }
type IntegerExp struct{ Line int; Val int64   }
type FloatExp   struct{ Line int; Val float64 }
type StringExp  struct{ Line int; Str string  }
type NameExp    struct{ Line int; Name string }
```

布尔、nil 和 vararg 表达式只记录行号即可，为了简化代码生成器，我们把布尔表达式进一步分成了真假两种。数字字面量表达式除了记录行号，还需解析并记录数值。同样，为了简化代码生成器，我们把数字字面量表达式进一步分成了整数和浮点数两种。字符串字面量表达式需要记录行号和字符串本身，名字表达式（见 15.4.5 节）则需要记录行号和名字（也就是标识符）。

15.4.2　运算符表达式

如前所述，运算符表达式分为一元和二元运算符表达式两种，请读者在 exp.go 文件里定义一元运算符表达式，代码如下所示。

```
type UnopExp struct {
    Line int // line of operator
    Op   int // operator
    Exp  Exp
}
```

我们记录了表达式以及运算符和运算符所在的行号。请读者在 exp.go 文件里定义二元运算符表达式，代码如下所示。

```
type BinopExp struct {
    Line int // line of operator
    Op   int // operator
    Exp1 Exp
    Exp2 Exp
}
```

由于拼接运算符的特殊性，我们需要单独给它定义结构体。请读者在 exp.go 文件里定义拼接表达式，代码如下所示。

```
type ConcatExp struct {
    Line int // line of last ..
    Exps []Exp
}
```

在语法分析阶段（详见第 16 章），我们会把连续的多个拼接操作收集在一起，这样就可以很方便地在代码生成阶段（详见第 17 章）使用一条 CONCAT 指令来优化拼接操作。

15.4.3　表构造表达式

我们在第 7 章简单讨论过表构造器，下面给出它的 EBNF。

```
tableconstructor ::= '{' [fieldlist] '}'
fieldlist ::= field {fieldsep field} [fieldsep]
field ::= '[' exp ']' '=' exp | Name '=' exp | exp
fieldsep ::= ',' | ';'
```

表构造器由花括号包围，里面是可选字段列表；字段列表由逗号或分号分隔，并且末位可以有一个可选的逗号或分号。字段可以类似索引赋值或者变量赋值，也可以是一个简单的表达式。图 15-13 是表构造器表达式的语法图。

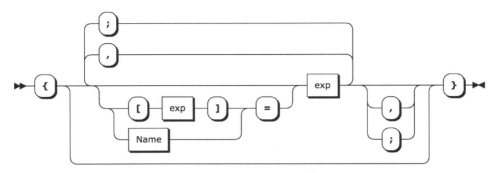

图 15-13　表构造器表达式语法图

之所以表构造器语法图看起来比较复杂，是因为 Lua 在里面放了几块字段语法糖。在花括号内，k = v 完全等价于 ["k"] = v，单独的表达式 exp 则基本等价于 [n] = exp（n 是整数，从 1 开始递增）。请读者在 exp.go 文件里定义表构造器表达式，代码如下所示。

```
type TableConstructorExp struct {
    Line     int // line of `{`
    LastLine int // line of `}`
    KeyExps  []Exp
    ValExps  []Exp
}
```

我们需要记录花括号所在的行号，以供代码生成阶段使用。在语法分析阶段（详见第 16 章），我们会把字段语法糖都去掉，这样就可以统一把键和值表达式收集在 **KeyExps** 和 **ValExps** 字段里。

15.4.4　函数定义表达式

由第 10 章可知，函数定义表达式也可以叫作函数构造器，其求值结果是一个匿名函数。下面是函数定义表达式的 EBNF 描述。

```
functiondef ::= function funcbody
funcbody ::= '(' [parlist] ')' block end
parlist ::= namelist [',' '...'] | '...'
namelist ::= Name {',' Name}
```

函数定义表达式和函数定义语句很像，区别在于前者省略了函数名。图 15-14 是它的语法图。

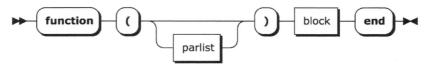

图 15-14 函数定义表达式语法图

请读者在 exp.go 文件里定义函数定义表达式，代码如下所示。

```
type FuncDefExp struct {
    Line     int
    LastLine int // line of `end`
    ParList  []string
    IsVararg bool
    Block    *Block
}
```

我们需要记录花括号所在的行号，以供代码生成阶段使用。其他字段的作用都比较直观，这里就不过多解释了。

15.4.5 前缀表达式

前缀表达式并没有前面介绍的表达式那么直观，所以下面先给出其 EBNF 描述。

```
prefixexp ::= var | functioncall | '(' exp ')'
var ::=  Name | prefixexp '[' exp ']' | prefixexp '.' Name
functioncall ::=  prefixexp args | prefixexp ':' Name args
```

前缀表达式包括 var 表达式、函数调用表达式和圆括号表达式三种。var 表达式是能够出现在赋值语句等号左侧的表达式，又包括名字表达式、表访问表达式和记录访问表达式三种。为了更直观的理解前缀表达式，我们把上面的 EBNF 改写一下，变成下面这样。

```
prefixexp ::= Name
        | '(' exp ')'
        | prefixexp '[' exp ']'
        | prefixexp '.' Name
        | prefixexp [':' Name] args
```

可见，之所以叫作"前缀"表达式，是因为可以作为表访问表达式、记录访问表达式和函数调用表达式的前缀。图 15-15 是前缀表达式的语法图。

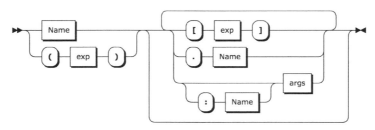

图 15-15　前缀表达式语法图

名字表达式已经在前面定义。记录访问表达式其实是表访问表达式的语法糖，在语义上，`t.k` 完全等价于 `t["k"]`。我们在语法分析阶段会把记录访问表达式转换成表访问表达式，所以没有必要专门定义记录访问表达式。下面三节介绍圆括号表达式、表访问表达式和函数调用表达式。

15.4.6　圆括号表达式

圆括号表达式主要有两个用途：改变运算符的优先级或者结合性（详见第 16 章），或者在多重赋值时将 vararg 和函数调用的返回值固定为 1（详见第 8 章）。如前文所述，运算符的优先级可以隐含在 AST 里，所以可以在语法分析阶段扔掉这部分圆括号。但是对于其他情况，为了简化语法分析和代码生成阶段，还是需要保留圆括号。请读者在 exp.go 文件里定义圆括号表达式，代码如下所示。

```
type ParensExp struct {
    Exp Exp
}
```

15.4.7　表访问表达式

表访问表达式的 EBNF 描述已经在前面给出，请读者在 exp.go 文件里定义该表达式，代码如下所示。

```
type TableAccessExp struct {
    LastLine  int // line of `]`
    PrefixExp Exp
    KeyExp    Exp
}
```

我们把右方括号所在的行号记录在 `LastLine` 字段里，以供词法分析阶段使用。其他两个字段比较好理解，此处不做过多解释。

15.4.8　函数调用表达式

第 8 章简要介绍过函数调用语法，下面给出函数调用表达式的 EBNF 描述。

```
functioncall ::=  prefixexp [':' Name] args
args ::=  '(' [explist] ')' | tableconstructor | LiteralString
```

函数调用表达式以前缀表达式开始，后跟可选的冒号和标识符，然后是表构造器、字符串字面量或者由圆括号包围起来的可选参数列表。图 15-16 是函数调用表达式的语法图。

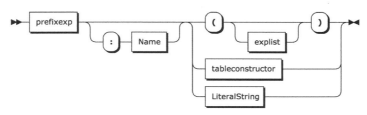

图 15-16　函数调用表达式语法图

Lua 在函数调用表达式里加了两块语法糖：第一块语法糖允许我们在有且仅有一个参数，且参数是字符串字面量或者表构造器时省略圆括号（第 13 章提到过这个语法糖）；第二块语法糖是为了模拟面向对象语言里的方法调用而加入的（在第 8 章讨论过这个语法糖）。在语义上，**v:name(args)** 完全等价于 **v.name(v, args)**。请读者在 exp.go 文件里定义函数调用表达式，代码如下所示。

```go
type FuncCallExp struct {
    Line      int // line of `(`
    LastLine  int // line of `)`
    PrefixExp Exp
    NameExp   *StringExp
    Args      []Exp
}
```

圆括号所在的行号记录在 **Line** 和 **LastLine** 字段里，这两个行号在代码生成阶段会用到。虽然方法调用是语法糖，不过 Lua 编译器会针对方法调用生成 SELF 指令（详见第 8 章），所以我们需要把这个语法糖保留下来，记录在 **NameExp** 字段里。省略圆括号的语法糖则可以完全去掉，这样就可以把参数表统一起来，记录在 **Args** 字段里。

到此，Lua 语法就全部介绍完毕了。由于本章没有编写逻辑代码，所以也不需要测试。读者只要执行下面的命令编译本章代码，并确保没有编译错误即可。

```
$ export GOPATH=$PWD/ch15
$ go install luago/compiler/ast
```

15.5　本章小结

计算机编程语言一般使用上下文无关文法（CFG）来描述，而 CFG 一般使用巴科斯范式（BNF）或者其扩展 EBNF 来书写，也可以用语法图来直观地表示。本章我们结合 EBNF 和语法图对 Lua 语法进行了详细讨论，并且定义了抽象语法树（AST）结构体。下一章，我们将编写语法分析器，把 Lua 脚本真正转换成 AST。

第 16 章　语法分析

前一章介绍了 Lua 语法规则，并且定义了抽象语法树（AST）结构体。本章我们讨论如何把 Lua 脚本解析为 AST，并编写语法分析器。在继续往下阅读之前，请读者运行下面的命令，把本章所需的目录结构和编译环境准备好。

```
$ cd $LUAGO/go/
$ cp -r ch15/ ch16
$ export GOPATH=$PWD/ch16
$ mkdir -p ch16/src/luago/compiler/parser
```

16.1　语法分析介绍

由第 15 章可知，计算机编程语言一般使用上下文无关文法（CFG）描述，我们称这些语言为上下文无关语言。CFG 一般使用巴科斯范式（BNF）或者其扩展形式 EBNF 来书写，还可以用更容易理解的语法图（铁路图）来表示。语法分析器的作用就是按照某种语言的 BNF 描述将这种语言的源代码转换成抽象语法树（AST）以供后续阶段使用。

本节简要介绍语法分析阶段将要面临的一些问题，以及如何解决这些问题，接下来的三节会编写代码实现 Lua 语法分析器。为了避免本书成为一本枯燥的编译原理教科书，我们将尽量用通俗的语言来解释一些重要的概念，想要深入了解这些概念的读者请参考其他资料。

16.1.1　歧义

假定某种语言 L 是上下文无关语言，那么我们可以把用 L 语言编写（也就是符合 L 语法规则）的源代码转换成解析树（CST）。由第 15 章可知，CST 和 AST 类似，只不过保留了大量的细节。对于任何一段 L 源代码，如果仅能被转换成唯一一棵 CST，那么我们称 L 语言无歧义（Unambiguous）。反之，我们称 L 语言有歧义（Ambiguous）。

关于歧义，最著名的例子是 C 语言里的悬挂 else 问题。下面是 C 语言 if-else 语句的 EBNF 描述（省略了其他无关的部分）。

```
stat ::= ... 其他语句省略
    | if '(' exp ')' stat [else stat]
```

比如下面这条语句：

```
if (a) if (b) s1; else s2;
```

如果不加其他限制，就会产生歧义，可以转换成两棵 CST，如图 16-1 所示（为了便于观察，隐藏了很多细节）。

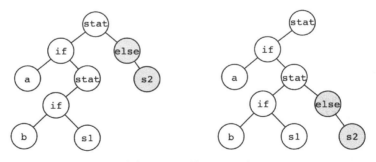

图 16-1　悬挂 else 问题

语法规则中存在的歧义必须通过其他规则去除，否则语法分析器遇到有歧义的代码就会不知所措。C 语言规定 else 和离它最近的那个 if 关联，因此前面那条示例语句会被转换为图 16-1 右侧这棵语法树，这样就解决了歧义和悬挂 else 问题。

Lua 的 if 语句语法规则更加严格，所以没有歧义。不过 Lua 语法中仍然存在有歧义的地方，就是一元和二元运算符表达式。以二元运算符表达式为例，我们来回顾一下它的语法，下面是其 EBNF 描述。

```
exp binop exp
```

那么 a + b * c 应该解释为 (a + b) * c 还是 a + (b * c) 呢？a + b + c 又应该解释为 (a + b) + c 还是 a + (b + c) 呢？我们可以通过运算符优先级和结合性来解决歧义，这个问题将在 16.4.1 节详细讨论。

16.1.2　前瞻和回溯

假设我们需要手动把一段 Lua 脚本转换为语法树，我们会怎么办呢？我们肯定会先扮演词法分析器的角色，从源代码中提取第一个 token，然后切换到语法分析器的角色，根据这个 token 看看下一步该干嘛。比如这个 token 是关键字 if，那么我们就会尝试解析一个 if 语句，然后继续。如果这个 token 是关键字 for，我们会尝试解析一个 for 循环语句，然后继续。

可是如果拿到的 token 是关键字 local 该怎么办呢？是尝试解析局部变量声明语句还是局部函数定义语句呢？我们无能为力，只好从源代码中再多提取一个 token，如果它是关键字 function，那么就尝试解析局部函数定义语句，否则尝试解析局部变量声明语句。

可是有时候即使提取再多的 token 也是徒劳，比如说赋值语句和函数调用语句，下面是这两种语句相关语法的 EBNF 描述。

```
stat ::=  ... 其他语句省略
    | varlist '=' explist
    | functioncall

varlist ::= var {',' var}
var ::=  Name | prefixexp '[' exp ']' | prefixexp '.' Name
prefixexp ::= var | functioncall | '(' exp ')'

functioncall ::=  prefixexp [':' Name] args
```

假设我们已经通过下一个 token 排除了其他可能，只需要尝试解析赋值语句或函数调用语句，可问题是这两种语句都以前缀表达式开始，而前缀表达式又可以是任意长，所以没办法知道到底要提取多少 token 才能最终决定要解析哪种语句，那该如何是好呢？也不是没有办法，我们可以先记住源代码已经分析到了哪里，然后尝试解析赋值语句。如果运气好，真的就解析出了一条赋值语句，继续后面的工作即可。如果运气差，那当然就解析失败了，回到刚才的位置，重新尝试解析函数调用语句即可。

像这种通过预先读取后面的几个 token 来决定下一步解析策略的做法叫作**前瞻**

（Lookahead），前瞻失败后记录状态进行尝试并可能回退的做法叫作**回溯**（Backtracking）。如果上下文无关语言 L 不需要借助回溯就可以完成解析，那么我们称 L 为确定性（Deterministic）语言。确定性语言一定没有歧义，下面是上下文无关语言、无歧义语言和确定性语言三者的包含关系图如图 16-2 所示。

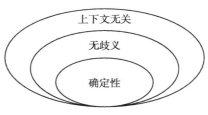

回溯最大的问题就是会导致解析器无法在线性时间内完成工作，因此要尽可能避免。我们将使用一些简单的技巧来解决 Lua 语法规则里的不确定性，从而避免回溯，具体请看 16.3.5 节。

图 16-2　上下文无关语言、无歧义语言和确定性语言之间的关系

16.1.3　解析方式

现实世界中的树是朝上生长的，树根在最底下。不过计算机科学里的"树"却正好相反，画在纸上时往往树根在最上面。上一小节大概介绍了如何把某种语言的源代码转变成语法树，使用这种方法，我们需要先构造根节点，然后是非叶节点，最后是叶节点，如此往复直到构造出一颗完整的语法树。由于树根画在上面，所以这种方式叫作自顶向下（Top-down）法。实际上还有另外一种方式，可以先构造叶节点，然后是非叶节点，最后是根节点，这样也可以构造出语法树。这种方式叫作自底向上（Bottom-up）法。

自底向上的解析器包括 LR 解析器和 CYK 解析器等，自顶向下的解析器包括 LL 解析器和递归下降解析器（Recursive Descent Parser）等。对于 LR 和 LL 等解析器的详细介绍超出了本书讨论范围，请读者参考其他编译原理相关资料。在接下来的三节里，我们将讨论并编写 Lua 递归下降解析器。

16.2　解析块

递归下降解析器采用自顶向下的方式进行解析，所以我们直接从 AST 的根节点入手。由于 Lua 脚本实际上就是一个代码块，所以解析结果应该是一个 **Block** 结构体实例。为了方便读者参考，图 16-3 所示为 Lua 语句块的语法图。

请读者在 $LUAGO/go/ch16/src/luago/compiler/parser 目录下创建 parse_block.go 文件，在里面定义 **parseBlock()** 函数，代码如下所示。

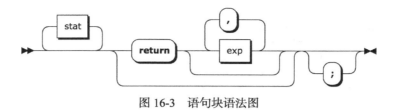

图 16-3　语句块语法图

```
package parser

import . "luago/compiler/ast"
import . "luago/compiler/lexer"

// block ::= {stat} [retstat]
func parseBlock(lexer *Lexer) *Block {
    return &Block{
        Stats:    parseStats(lexer),
        RetExps:  parseRetExps(lexer),
        LastLine: lexer.Line(),
    }
}
```

我们创建 Block 结构体实例，调用 parseStats() 函数解析语句序列，调用 parseRetExps() 函数解析可选的返回语句，并记录末尾行号，这样五行代码就完成了 Lua 脚本解析。当然还需要解释大量的细节，下面我们来看 parseStats() 函数，代码如下所示。

```
func parseStats(lexer *Lexer) []Stat { // {stat}
    stats := make([]Stat, 0, 8)
    for !_isReturnOrBlockEnd(lexer.LookAhead()) {
        stat := parseStat(lexer)
        if _, ok := stat.(*EmptyStat); !ok {
            stats = append(stats, stat)
        }
    }
    return stats
}
```

我们循环调用 parseStat() 函数解析语句，直到通过前瞻看到关键字 return 或者发现块已经结束为止。那么如何知道块在哪里结束呢？我们只要把所有和块相关的语法规则都列出来，就可以找到规律。

```
block ::= {stat} [retstat]
stat ::= ... 其他语句省略
```

```
| do block end
| while exp do block end
| repeat block until exp
| if exp then block {elseif exp then block} [else block] end
| for Name '=' exp ',' exp [',' exp] do block end
| for namelist in explist do block end
| function funcname '(' [parlist] ')' block end
| local function Name '(' [parlist] ')' block end
```

可见，如果出现在其他语句里，块的后面只能是关键字 end、else、elseif 或者 until。如果是作为单独的 chunk，且没有返回语句，那么块的后面不能再有任何非空白 token。我们把这些判断放在 _isReturnOrBlockEnd() 函数里，代码如下所示。

```
func _isReturnOrBlockEnd(tokenKind int) bool {
    switch tokenKind {
    case TOKEN_KW_RETURN, TOKEN_EOF, TOKEN_KW_END,
        TOKEN_KW_ELSE, TOKEN_KW_ELSEIF, TOKEN_KW_UNTIL:
        return true
    }
    return false
}
```

接下来我们看 parseRetExps() 函数，代码如下所示。

```
// retstat ::= return [explist] [';']
func parseRetExps(lexer *Lexer) []Exp {
    if lexer.LookAhead() != TOKEN_KW_RETURN {
        return nil
    }

    lexer.NextToken()
    switch lexer.LookAhead() {
    case TOKEN_EOF, TOKEN_KW_END,
        TOKEN_KW_ELSE, TOKEN_KW_ELSEIF, TOKEN_KW_UNTIL:
        return []Exp{}
    case TOKEN_SEP_SEMI:
        lexer.NextToken()
        return []Exp{}
    default:
        exps := parseExpList(lexer)
        if lexer.LookAhead() == TOKEN_SEP_SEMI {
            lexer.NextToken()
        }
        return exps
    }
}
```

我们通过词法分析器前瞻下一个 token，如果不是关键字 return，说明没有返回语句，直接返回 nil 即可；否则跳过关键字 return，前瞻下一个 token。如果发现块已经结束或者分号，那么返回语句没有任何表达式，跳过分号（如果有），返回空的 Exp 列表即可；否则，调用 parseExpList() 函数解析表达式序列，并跳过可选的分号。

以上所有函数都在 parse_block.go 文件里，请读者在 parser 目录下创建 parse_exp.go 文件，在里面定义 parseExpList() 函数，代码如下所示。

```
package parser

import . "luago/compiler/ast"
import . "luago/compiler/lexer"
import "luago/number"

func parseExpList(lexer *Lexer) []Exp {
    exps := make([]Exp, 0, 4)
    exps = append(exps, parseExp(lexer))        // exp
    for lexer.LookAhead() == TOKEN_SEP_COMMA {  // {
        lexer.NextToken()                        // `,`
        exps = append(exps, parseExp(lexer))     // exp
    }                                            // }
    return exps
}
```

有了前面的铺垫，parseExpList() 也不难理解，这里就不多解释了。到此，parseBlock() 函数就介绍完毕了。在 16.3 节我们会展开讨论 parseStat() 函数，在 16.4 节会展开讨论 parseExp() 函数。

16.3　解析语句

我们已经知道，Lua 有 15 种语句。为了方便读者参考，这里再一次给出这些语句的 EBNF 描述。

```
stat ::=  ';'
    |  break
    |  '::' Name '::'
    |  goto Name
    |  do block end
    |  while exp do block end
    |  repeat block until exp
    |  if exp then block {elseif exp then block} [else block] end
```

```
| for Name '=' exp ',' exp [',' exp] do block end
| for namelist in explist do block end
| function funcname funcbody
| local function Name funcbody
| local namelist ['=' explist]
| varlist '=' explist
| functioncall
```

通过前瞻一个 token，我们可以锁定其中的 13 种语句。对于局部变量声明和局部函数定义语句，需要前瞻 2 个 token 才能确定要解析哪一种；对于 for 循环语句，则需要前瞻 3 个 token 才能确定要解析数值 for 循环还是通用 for 循环。还剩下函数调用和赋值两种语句，只能另想别的办法了。请读者在 parser 目录下创建 parse_stat.go 文件，在里面定义 **parseStat()** 函数，代码如下所示。

```
package parser

import . "luago/compiler/ast"
import . "luago/compiler/lexer"

func parseStat(lexer *Lexer) Stat {
    switch lexer.LookAhead() {
    case TOKEN_SEP_SEMI:      return parseEmptyStat(lexer)
    case TOKEN_KW_BREAK:      return parseBreakStat(lexer)
    case TOKEN_SEP_LABEL:     return parseLabelStat(lexer)
    case TOKEN_KW_GOTO:       return parseGotoStat(lexer)
    case TOKEN_KW_DO:         return parseDoStat(lexer)
    case TOKEN_KW_WHILE:      return parseWhileStat(lexer)
    case TOKEN_KW_REPEAT:     return parseRepeatStat(lexer)
    case TOKEN_KW_IF:         return parseIfStat(lexer)
    case TOKEN_KW_FOR:        return parseForStat(lexer)
    case TOKEN_KW_FUNCTION:   return parseFuncDefStat(lexer)
    case TOKEN_KW_LOCAL:      return parseLocalAssignOrFuncDefStat(lexer)
    default:                  return parseAssignOrFuncCallStat(lexer)
    }
}
```

代码很好理解，我们前瞻一个 token，然后根据类型来调用相应的函数解析语句。下面具体来看一下这些解析函数。

16.3.1 简单语句

空语句、break、label、goto、do、while、repeat 这 7 种语句的解析函数相对比较简单，放在这一小节统一介绍。对于空语句，跳过分号即可，下面是其解析函数的代码。

```
func parseEmptyStat(lexer *Lexer) *EmptyStat {
    lexer.NextTokenOfKind(TOKEN_SEP_SEMI) // `;`
    return &EmptyStat{}
}
```

对于 break 语句，跳过关键字并记录行号即可，下面是其解析函数的代码。

```
func parseBreakStat(lexer *Lexer) *BreakStat {
    lexer.NextTokenOfKind(TOKEN_KW_BREAK) // break
    return &BreakStat{lexer.Line()}
}
```

对于 label 语句，跳过分隔符并记录标签名即可，下面是其解析函数的代码。

```
func parseLabelStat(lexer *Lexer) *LabelStat {
    lexer.NextTokenOfKind(TOKEN_SEP_LABEL) // `::`
    _, name := lexer.NextIdentifier()      // Name
    lexer.NextTokenOfKind(TOKEN_SEP_LABEL) // `::`
    return &LabelStat{name}
}
```

对于 goto 语句，跳过关键字并记录标签名即可，下面是其解析函数的代码。

```
func parseGotoStat(lexer *Lexer) *GotoStat {
    lexer.NextTokenOfKind(TOKEN_KW_GOTO) // goto
    _, name := lexer.NextIdentifier()     // Name
    return &GotoStat{name}
}
```

对于 do 语句，先跳过关键字 do，然后调用 parseBlock() 函数解析块，最后跳过关键字 end，下面是其解析函数的代码。

```
func parseDoStat(lexer *Lexer) *DoStat {
    lexer.NextTokenOfKind(TOKEN_KW_DO)  // do
    block := parseBlock(lexer)          // block
    lexer.NextTokenOfKind(TOKEN_KW_END) // end
    return &DoStat{block}
}
```

下面是 while 语句解析函数的代码。

```
func parseWhileStat(lexer *Lexer) *WhileStat {
    lexer.NextTokenOfKind(TOKEN_KW_WHILE) // while
    exp := parseExp(lexer)                // exp
    lexer.NextTokenOfKind(TOKEN_KW_DO)    // do
    block := parseBlock(lexer)            // block
```

```go
    lexer.NextTokenOfKind(TOKEN_KW_END)    // end
    return &WhileStat{exp, block}
}
```

下面是 repeat 语句解析函数的代码。

```go
func parseRepeatStat(lexer *Lexer) *RepeatStat {
    lexer.NextTokenOfKind(TOKEN_KW_REPEAT) // repeat
    block := parseBlock(lexer)             // block
    lexer.NextTokenOfKind(TOKEN_KW_UNTIL)  // until
    exp := parseExp(lexer)                 // exp
    return &RepeatStat{block, exp}
}
```

请读者注意，我们在 16.2 节定义的 **parseBlock()** 函数最终可能会调用到 **parseDoStat()** 等函数，而 **parseDoStat()** 等函数又会调用到 **parseBlock()** 函数，所以块和语句解析函数存在递归调用关系，递归下降解析器因此得名。

16.3.2　if 语句

由于 if 语句稍微复杂一些，为了方便读者参考，图 16-4 所示为它的语法图。

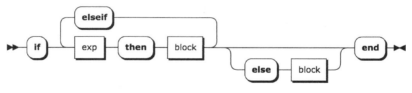

图 16-4　if 语句语法图

请读者继续编辑 parse_stat.go 文件，在里面定义 if 语句解析函数，代码如下所示。

```go
func parseIfStat(lexer *Lexer) *IfStat {
    exps := make([]Exp, 0, 4)
    blocks := make([]*Block, 0, 4)

    lexer.NextTokenOfKind(TOKEN_KW_IF)           // if
    exps = append(exps, parseExp(lexer))         // exp
    lexer.NextTokenOfKind(TOKEN_KW_THEN)         // then
    blocks = append(blocks, parseBlock(lexer))   // block

    for lexer.LookAhead() == TOKEN_KW_ELSEIF {   // {
        lexer.NextToken()                        // elseif
        exps = append(exps, parseExp(lexer))     // exp
        lexer.NextTokenOfKind(TOKEN_KW_THEN)     // then
```

```
        blocks = append(blocks, parseBlock(lexer))  // block
    }                                                // }

    // else block => elseif true then block
    if lexer.LookAhead() == TOKEN_KW_ELSE {          // [
        lexer.NextToken()                            // else
        exps = append(exps, &TrueExp{lexer.Line()})  //
        blocks = append(blocks, parseBlock(lexer))   // block
    }                                                // ]

    lexer.NextTokenOfKind(TOKEN_KW_END)              // end
    return &IfStat{exps, blocks}
}
```

按部就班解析每一个语法元素即可。唯一要说明的是，为了简化代码生成器（详见第 17 章），我们把最后可选的 else 块转换成了 elseif 块。

16.3.3 for 循环语句

我们已经知道，Lua 有两种 for 循环：数值 for 循环和通用 for 循环。为了方便读者参考，这里再次附上这两种循环的语法图。图 16-5 所示是数值 for 循环语句的语法图。

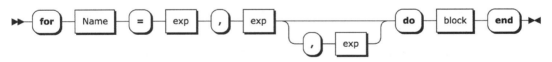

图 16-5 数值 for 循环语句语法图

图 16-6 所示是通用 for 循环语句的语法图。

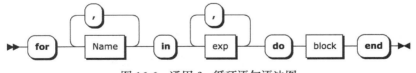

图 16-6 通用 for 循环语句语法图

请读者在 parse_stat.go 文件里定义 for 循环语句解析函数，代码如下所示。

```
func parseForStat(lexer *Lexer) Stat {
    lineOfFor, _ := lexer.NextTokenOfKind(TOKEN_KW_FOR)
    _, name := lexer.NextIdentifier()
    if lexer.LookAhead() == TOKEN_OP_ASSIGN {
        return _finishForNumStat(lexer, lineOfFor, name)
    } else {
```

```
        return _finishForInStat(lexer, name)
    }
}
```

由于两种 for 循环都以关键字 for 开始，后跟一个标识符，所以跳过关键字 for 以后，还需要前瞻两个 token 才能判断到底是哪种 for 循环。不过为了简化词法分析器，尽量通过只前瞻一个 token 来完成解析。这里采取了不同的做法。我们先跳过关键字 for，接下来提取标识符，然后前瞻一个 token，如果是等号就按照数值 for 循环来解析，否则按照通用 for 循环来解析。下面是数值 for 循环解析函数的代码。

```
func _finishForNumStat(lexer *Lexer,
                    lineOfFor int, varName string) *ForNumStat {
    lexer.NextTokenOfKind(TOKEN_OP_ASSIGN)          // for name `=`
    initExp := parseExp(lexer)                      // exp
    lexer.NextTokenOfKind(TOKEN_SEP_COMMA)          // `,`
    limitExp := parseExp(lexer)                     // exp

    var stepExp Exp
    if lexer.LookAhead() == TOKEN_SEP_COMMA {       // [
        lexer.NextToken()                           // `,`
        stepExp = parseExp(lexer)                   // exp
    } else {                                        // ]
        stepExp = &IntegerExp{lexer.Line(), 1}
    }

    lineOfDo, _ := lexer.NextTokenOfKind(TOKEN_KW_DO) // do
    block := parseBlock(lexer)                       // block
    lexer.NextTokenOfKind(TOKEN_KW_END)              // end

    return &ForNumStat{lineOfFor, lineOfDo,
        varName, initExp, limitExp, stepExp, block}
}
```

关键字 for 和标识符已经读取，直接从等号开始解析即可。需要解释的是，为了简化代码生成器，我们给步长补上了缺省值 1。下面再来看通用 for 循环解析函数，代码如下所示。

```
func _finishForInStat(lexer *Lexer, name0 string) *ForInStat {
    nameList := _finishNameList(lexer, name0)       // for namelist
    lexer.NextTokenOfKind(TOKEN_KW_IN)              // in
    expList := parseExpList(lexer)                  // explist
    lineOfDo, _ := lexer.NextTokenOfKind(TOKEN_KW_DO) // do
    block := parseBlock(lexer)                       // block
    lexer.NextTokenOfKind(TOKEN_KW_END)              // end
```

```
    return &ForInStat{lineOfDo, nameList, expList, block}
}
```

关键字 `for` 和第一个标识符已经读取，我们继续把标识符列表解析完，然后按部就班解析其他语法元素即可。下面是 `_finishNameList()` 函数的代码。

```
func _finishNameList(lexer *Lexer, name0 string) []string {
    names := []string{name0}                    // Name
    for lexer.LookAhead() == TOKEN_SEP_COMMA {   // {
        lexer.NextToken()                        // `,`
        _, name := lexer.NextIdentifier()        // Name
        names = append(names, name)              //
    }                                            // }
    return names
}
```

16.3.4 局部变量声明和函数定义语句

局部变量声明和局部函数定义语句都以关键字 `local` 开头，下面是这两种语句的解析函数代码。

```
func parseLocalAssignOrFuncDefStat(lexer *Lexer) Stat {
    lexer.NextTokenOfKind(TOKEN_KW_LOCAL)
    if lexer.LookAhead() == TOKEN_KW_FUNCTION {
        return _finishLocalFuncDefStat(lexer)
    } else {
        return _finishLocalVarDeclStat(lexer)
    }
}
```

做法和 `for` 循环解析一样，跳过关键字 `local`，然后前瞻一个 token，如果是关键字 `function` 就解析局部函数定义语句，否则解析局部变量声明语句。我们先来看局部函数定义语句解析函数，代码如下所示。

```
func _finishLocalFuncDefStat(lexer *Lexer) *LocalFuncDefStat {
    lexer.NextTokenOfKind(TOKEN_KW_FUNCTION) // local function
    _, name := lexer.NextIdentifier()         // Name
    fdExp := parseFuncDefExp(lexer)           // funcbody
    return &LocalFuncDefStat{name, fdExp}
}
```

这里跳过了关键字 `function`，读取了标识符，剩下的工作由 `parseFuncDefExp()` 函数完成，这个函数推迟到 16.4.3 节再介绍。接下来看局部变量声明语句解析函数，为了方便读者参考，图 16-7 所示为该语句的语法图。

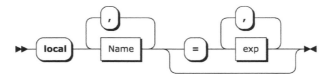

图 16-7　局部变量声明语句语法图

下面是局部变量声明语句解析函数的代码。

```
func _finishLocalVarDeclStat(lexer *Lexer) *LocalVarDeclStat {
    _, name0 := lexer.NextIdentifier()              // local Name
    nameList := _finishNameList(lexer, name0) // {`,` Name}
    var expList []Exp = nil
    if lexer.LookAhead() == TOKEN_OP_ASSIGN { // [
        lexer.NextToken()                           // `=`
        expList = parseExpList(lexer)               // explist
    }                                               // ]
    lastLine := lexer.Line()
    return &LocalVarDeclStat{lastLine, nameList, expList}
}
```

16.3.5　赋值和函数调用语句

如前所述，赋值语句和函数调用语句都以前缀表达式开始，而前缀表达式又是任意长，所以我们需要有前瞻无限个 token 的能力才能区分这两种语句，或者借助回溯来解析。不过分析这两种语句的语法规则不难发现，函数调用既可以是语句，也可以是前缀表达式，但一定不是 var 表达式。据此我们可以先解析一个前缀表达式，然后看它是否是函数调用：如果是，那么解析出来的实际是一条函数调用语句；否则，解析出来的必须是一个var 表达式，继续解析剩余的赋值语句即可。

请读者在 parse_stat.go 文件里定义 parseAssignOrFuncCallStat() 函数，代码如下所示。

```
func parseAssignOrFuncCallStat(lexer *Lexer) Stat {
    prefixExp := parsePrefixExp(lexer)
    if fc, ok := prefixExp.(*FuncCallExp); ok {
        return fc
    } else {
        return parseAssignStat(lexer, prefixExp)
    }
}
```

parsePrefixExp() 函数推迟到 16.4.5 节再介绍，下面我们来看赋值语句解析函数，为了方便读者参考，图 16-8 所示为该语句的语法图。

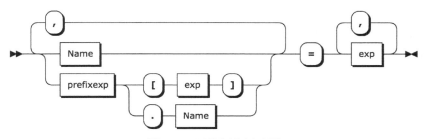

图 16-8　赋值语句语法图

请读者在 parse_stat.go 文件里定义赋值语句解析函数，代码如下所示。

```go
func parseAssignStat(lexer *Lexer, var0 Exp) *AssignStat {
    varList := _finishVarList(lexer, var0) // varlist
    lexer.NextTokenOfKind(TOKEN_OP_ASSIGN) // `=`
    expList := parseExpList(lexer)         // explist
    lastLine := lexer.Line()
    return &AssignStat{lastLine, varList, expList}
}
```

下面是 _finishVarList() 函数的代码。

```go
func _finishVarList(lexer *Lexer, var0 Exp) []Exp {
    vars := []Exp{_checkVar(lexer, var0)}        // var
    for lexer.LookAhead() == TOKEN_SEP_COMMA {   // {
        lexer.NextToken()                         // `,`
        exp := parsePrefixExp(lexer)              // var
        vars = append(vars, _checkVar(lexer, exp)) //
    }                                             // }
    return vars
}
```

我们通过 _checkVar 函数确保解析出来的都是 var 表达式，否则借助词法分析器汇报错误，终止解析。下面是 _checkVar() 函数的代码。

```go
// var ::=  Name / prefixexp `[` exp `]` / prefixexp `.` Name
func _checkVar(lexer *Lexer, exp Exp) Exp {
    switch exp.(type) {
    case *NameExp, *TableAccessExp:
        return exp
    }
```

```
    lexer.NextTokenOfKind(-1) // trigger error
    panic("unreachable!")
}
```

16.3.6 非局部函数定义语句

其他语句的解析函数都介绍完了，还剩下非局部函数定义语句。为了方便读者参考，图 16-9 所示为该语句的语法图。

图 16-9 非局部函数定义语句语法图

请读者在 parse_stat.go 文件里定义非局部函数定义语句解析函数，代码如下所示。

```
func parseFuncDefStat(lexer *Lexer) *AssignStat {
    lexer.NextTokenOfKind(TOKEN_KW_FUNCTION) // function
    fnExp, hasColon := _parseFuncName(lexer) // funcname
    fdExp := parseFuncDefExp(lexer)          // funcbody
    if hasColon { // v:name(args) => v.name(self, args)
        fdExp.ParList = append(fdExp.ParList, "")
        copy(fdExp.ParList[1:], fdExp.ParList)
        fdExp.ParList[0] = "self"
    }

    return &AssignStat{
        LastLine: fdExp.Line,
        VarList:  []Exp{fnExp},
        ExpList:  []Exp{fdExp},
    }
}
```

有两点需要说明。第一，我们去掉了冒号语法糖，在参数列表里插入了 **self** 参数。第二，我们将把非局部函数定义语句转换成了赋值语句。下面是 **_parseFuncName()** 函数的代码。

```
// funcname ::= Name {`.` Name} [`:` Name]
func _parseFuncName(lexer *Lexer) (exp Exp, hasColon bool) {
    line, name := lexer.NextIdentifier()
    exp = &NameExp{line, name}
```

```
    for lexer.LookAhead() == TOKEN_SEP_DOT {
        lexer.NextToken()
        line, name := lexer.NextIdentifier()
        idx := &StringExp{line, name}
        exp = &TableAccessExp{line, exp, idx}
    }
    if lexer.LookAhead() == TOKEN_SEP_COLON {
        lexer.NextToken()
        line, name := lexer.NextIdentifier()
        idx := &StringExp{line, name}
        exp = &TableAccessExp{line, exp, idx}
        hasColon = true
    }

    return
}
```

去掉冒号语法糖之后，函数名实际上是一串记录访问表达式。记录访问也是语法糖，去掉之后是一串表索引访问表达式。到此，全部语句的解析函数都介绍完了，下面我们来看表达式解析。

16.4 解析表达式

前一节介绍了如何利用前瞻和一些技巧来解析语句，不过由于运算符表达式语法存在歧义，所以这个方法并不能直接用来解析表达式。为了套用这个方法，我们必须借助语义规则把表达式语法中存在的歧义消除，这个语义规则就是 Lua 运算符的优先级和结合性。第 5 章介绍过，Lua 一共定义了 25 种运算符。这些运算符按照优先级可以分为 12 个等级，从低到高排列如下（乘方运算符的优先级最高，逻辑或运算符的优先级最低）。

```
or
and
<     >     <=    >=    ~=    ==
|
~
&
<<    >>
..
+     -
*     /     //    %
unary operators (not   #     -     ~)
^
```

我们根据运算符优先级把表达式的语法规则重写，下面是重写后的 EBNF 描述。

```
exp   ::= exp12
exp12 ::= exp11 {or exp11}
exp11 ::= exp10 {and exp10}
exp10 ::= exp9 {('<' | '>' | '<=' | '>=' | '~=' | '==') exp9}
exp9  ::= exp8 {'|' exp8}
exp8  ::= exp7 {'~' exp7}
exp7  ::= exp6 {'&' exp6}
exp6  ::= exp5 {('<<' | '>>') exp5}
exp5  ::= exp4 {'..' exp4}
exp4  ::= exp3 {('+' | '-')exp3}exp3::=exp2{('*' | '/' | '//' | '%') exp2}
exp2  ::= {('not' | '#' | '-' | '~')} exp1
exp1  ::= exp0 {'^' exp2}
exp0  ::= nil | false | true | Numeral | LiteralString
          | '...' | functiondef | prefixexp | tableconstructor
```

有了重写之后的语法规则，表达式解析函数也就水到渠成了。请读者打开前面创建的 parse_exp.go 文件，在里面定义 **parseExp()** 函数，代码如下所示。

```
func parseExp(lexer *Lexer) Exp {
    return parseExp12(lexer)
}
```

由于运算符分 12 个优先级，因此需要编写 **parseExp12()** 到 **parseExp1()** 这 12 个函数，我们在 16.4.1 节讨论这些函数，在 16.4.2 节讨论 **parseExp0()** 函数。

16.4.1　运算符表达式

由于 **parseExp12()** 到 **parseExp1()** 这 12 个函数的实现大同小异，为了节约篇幅，这里仅介绍其中几个有代表性的函数，其他函数则留给读者作为练习。我们先来看逻辑或表达式的解析函数，代码如下所示。

```
func parseExp12(lexer *Lexer) Exp { // exp11 {or exp11}
    exp := parseExp11(lexer)
    for lexer.LookAhead() == TOKEN_OP_OR {
        line, op, _ := lexer.NextToken()
        exp = &BinopExp{line, op, exp, parseExp11(lexer)}
    }
    return exp
}
```

我们已经知道，在二元运算符中只有拼接（**..**）和乘方（**^**）具有右结合性，其他均具有左结合性。由于逻辑或运算符具有左结合性，所以我们在循环里调用 **parseExp11()** 函数解析更高优先级的运算符表达式。以表达式 **a or b or c** 为例，解析后的 AST 如

图 16-10 所示。

作为对比，我们来看看乘方运算符表达式的解析函数，代码如下所示。

```
func parseExp1(lexer *Lexer) Exp { // exp0 {`^` exp2}
    exp := parseExp0(lexer)
    if lexer.LookAhead() == TOKEN_OP_POW {
        line, op, _ := lexer.NextToken()
        exp = &BinopExp{line, op, exp, parseExp2(lexer)}
    }
    return exp
}
```

由于乘方运算符具有右结合性，所以 **parseExp1()** 函数递归调用自己解析后面的乘方运算符表达式。以表达式 **a ^ b ^ c** 为例，解析后的 AST 如图 16-11 所示。

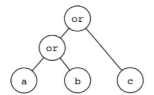
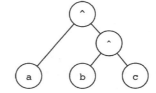

图 16-10　逻辑或运算符表达式 AST　　　图 16-11　乘方运算符表达式 AST

我们再来看看一元运算符表达式的解析函数，代码如下所示。

```
func parseExp2(lexer *Lexer) Exp { // {(`not` | `#` | `-` | `~`)} exp1
    switch lexer.LookAhead() {
    case TOKEN_OP_UNM, TOKEN_OP_BNOT, TOKEN_OP_LEN, TOKEN_OP_NOT:
        line, op, _ := lexer.NextToken()
        return &UnopExp{line, op, parseExp2(lexer)}
    }
    return parseExp1(lexer)
}
```

可以认为一元运算符也具有右结合性，所以 **parseExp2()** 需要调用自己解析后面的一元运算符表达式。最后我们来看一下拼接运算符表达式的解析函数，代码如下所示。

```
func parseExp5(lexer *Lexer) Exp { // exp4 {`..` exp4}
    exp := parseExp4(lexer)
    if lexer.LookAhead() != TOKEN_OP_CONCAT {
        return exp
    }

    line := 0
```

```
    exps := []Exp{exp}
    for lexer.LookAhead() == TOKEN_OP_CONCAT {
        line, _, _ = lexer.NextToken()
        exps = append(exps, parseExp4(lexer))
    }
    return &ConcatExp{line, exps}
}
```

虽然拼接运算符也具有右结合性，但是由于其对应的 Lua 虚拟机指令 CONCAT 比较特别，所以我们对它进行了特殊处理。对于拼接运算符表达式，我们解析生成的并不是二叉树，而是多叉树。以表达式 a .. b .. c 为例，解析后的 AST 如图 16-12 所示。

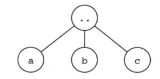

图 16-12　拼接运算符表达式 AST

16.4.2　非运算符表达式

运算符表达式之外的其他表达式由 **parseExp0()** 函数解析，代码如下所示。

```
func parseExp0(lexer *Lexer) Exp {
    switch lexer.LookAhead() {
    case TOKEN_VARARG: // `...`
        line, _, _ := lexer.NextToken(); return &VarargExp{line}
    case TOKEN_KW_NIL: // nil
        line, _, _ := lexer.NextToken(); return &NilExp{line}
    case TOKEN_KW_TRUE: // true
        line, _, _ := lexer.NextToken(); return &TrueExp{line}
    case TOKEN_KW_FALSE: // false
        line, _, _ := lexer.NextToken(); return &FalseExp{line}
    case TOKEN_STRING: // LiteralString
        line, _, token := lexer.NextToken(); return &StringExp{line, token}
    case TOKEN_NUMBER: // Numeral
        return parseNumberExp(lexer)
    case TOKEN_SEP_LCURLY: // tableconstructor
        return parseTableConstructorExp(lexer)
    case TOKEN_KW_FUNCTION: // functiondef
        lexer.NextToken(); return parseFuncDefExp(lexer)
    default: // prefixexp
        return parsePrefixExp(lexer)
    }
}
```

和语句类似，我们前瞻一个 token 来决定具体要解析哪种表达式。由于 vararg 和非数字字面量表达式较为简单，所以直接写在了 case 语句里。数字字面量表达式解析函数也不算复杂，代码如下所示。

```
func parseNumberExp(lexer *Lexer) Exp {
    line, _, token := lexer.NextToken()
    if i, ok := number.ParseInteger(token); ok {
        return &IntegerExp{line, i}
    } else if f, ok := number.ParseFloat(token); ok {
        return &FloatExp{line, f}
    } else {
        panic("not a number: " + token)
    }
}
```

函数定义、表构造器和前缀表达式较为复杂，放在后面详细介绍。

16.4.3　函数定义表达式

为了方便读者参考，图 16-13 所示为函数定义表达式的语法图。

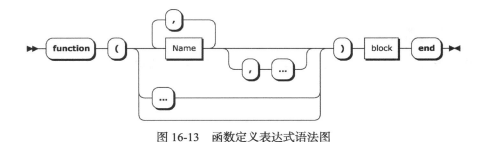

图 16-13　函数定义表达式语法图

请读者在 parse_exp.go 文件里定义函数定义表达式解析函数，代码如下所示。

```
func parseFuncDefExp(lexer *Lexer) *FuncDefExp {
    line := lexer.Line() // 关键字 function 已经跳过
    lexer.NextTokenOfKind(TOKEN_SEP_LPAREN)          // `(`
    parList, isVararg := _parseParList(lexer)        // [parlist]
    lexer.NextTokenOfKind(TOKEN_SEP_RPAREN)          // `)`
    block := parseBlock(lexer)                       // block
    lastLine, _ := lexer.NextTokenOfKind(TOKEN_KW_END) // end
    return &FuncDefExp{line, lastLine, parList, isVararg, block}
}
```

为了在其他地方重用这个函数，我们跳过了关键字 function，只解析函数定义表达式的其余部分。可选的参数列表由 **_parseParList()** 函数解析，下面是它的代码。

```
func _parseParList(lexer *Lexer) (names []string, isVararg bool) {
    switch lexer.LookAhead() {
    case TOKEN_SEP_RPAREN: return nil, false
```

```
        case TOKEN_VARARG:        lexer.NextToken(); return nil, true
        }

        _, name := lexer.NextIdentifier()
        names = append(names, name)
        for lexer.LookAhead() == TOKEN_SEP_COMMA {
            lexer.NextToken()
            if lexer.LookAhead() == TOKEN_IDENTIFIER {
                _, name := lexer.NextIdentifier()
                names = append(names, name)
            } else {
                lexer.NextTokenOfKind(TOKEN_VARARG)
                isVararg = true
                break
            }
        }
        return
    }
```

16.4.4 表构造表达式

表构造表达式比较复杂，为了方便读者参考，图 16-14 所示为它的语法图。

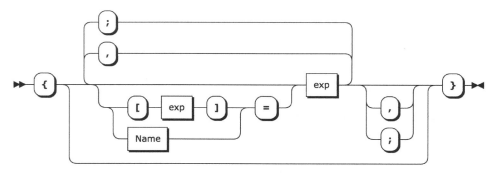

图 16-14 表构造表达式语法图

请读者在 parse_exp.go 文件里定义表构造表达式解析函数，代码如下所示。

```
func parseTableConstructorExp(lexer *Lexer) *TableConstructorExp {
    line := lexer.Line()
    lexer.NextTokenOfKind(TOKEN_SEP_LCURLY)    // {
    keyExps, valExps := _parseFieldList(lexer) // [fieldlist]
    lexer.NextTokenOfKind(TOKEN_SEP_RCURLY)    // }
    lastLine := lexer.Line()
    return &TableConstructorExp{line, lastLine, keyExps, valExps}
}
```

可选的字段列表由 `_parseFieldList()` 函数解析, 下面是它的代码。

```go
func _parseFieldList(lexer *Lexer) (ks, vs []Exp) {
    if lexer.LookAhead() != TOKEN_SEP_RCURLY {
        k, v := _parseField(lexer)                      // field
        ks = append(ks, k); vs = append(vs, v)          //
        for _isFieldSep(lexer.LookAhead()) {            // {
            lexer.NextToken()                           // fieldsep
            if lexer.LookAhead() != TOKEN_SEP_RCURLY {  //
                k, v := _parseField(lexer)              // field
                ks = append(ks, k); vs = append(vs, v)  //
            } else {                                    // }
                break                                   // [fieldsep]
            }
        }
    }
    return
}
```

由于字段列表的末尾允许有一个可选的分隔符, 所以解析起来稍微麻烦一些。字段分隔符可以是逗号或者分号, 下面是 `_isFieldSep()` 函数的代码。

```go
func _isFieldSep(tokenKind int) bool {
    return tokenKind == TOKEN_SEP_COMMA || tokenKind == TOKEN_SEP_SEMI
}
```

字段由 `_parseField()` 函数解析, 下面是它的代码。

```go
// field ::= `[` exp `]` `=` exp / Name `=` exp / exp
func _parseField(lexer *Lexer) (k, v Exp) {
    if lexer.LookAhead() == TOKEN_SEP_LBRACK {
        lexer.NextToken()                           // `[`
        k = parseExp(lexer)                         // exp
        lexer.NextTokenOfKind(TOKEN_SEP_RBRACK)     // `]`
        lexer.NextTokenOfKind(TOKEN_OP_ASSIGN)      // =
        v = parseExp(lexer)                         // exp
        return
    }

    exp := parseExp(lexer)
    if nameExp, ok := exp.(*NameExp); ok {
        if lexer.LookAhead() == TOKEN_OP_ASSIGN {
            // Name `=` exp => `[` LiteralString `]` = exp
            lexer.NextToken()
            k = &StringExp{nameExp.Line, nameExp.Name}
            v = parseExp(lexer)
            return
```

```
        }
    }
    return nil, exp
}
```

字段分三种情况解析即可，需要说明的是我们去掉了 k = v 里的语法糖，把它打回了 ["k"] = v 原形。到这里，非前缀表达式都介绍完毕了，下面我们来看前缀表达式的解析函数。

16.4.5 前缀表达式

为了方便读者参考，图 16-15 所示为前缀表达式的语法图。

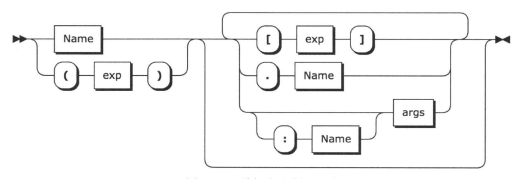

图 16-15 前缀表达式语法图

为了避免 parse_exp.go 文件变得太长，我们把前缀表达式相关的解析函数放在单独的文件里。请读者在 parser 目录下创建 parse_prefix_exp.go 文件，在里面定义 **parsePrefixExp()** 函数，代码如下所示。

```go
package parser

import . "luago/compiler/ast"
import . "luago/compiler/lexer"

func parsePrefixExp(lexer *Lexer) Exp {
    var exp Exp
    if lexer.LookAhead() == TOKEN_IDENTIFIER {
        line, name := lexer.NextIdentifier() // Name
        exp = &NameExp{line, name}
    } else { // `(` exp `)`
        exp = parseParensExp(lexer)
```

```
        }
        return _finishPrefixExp(lexer, exp)
    }
```

前缀表达式只能以标识符或者左圆括号开始，所以我们先前瞻一个 token，根据情况
解析出标识符或者圆括号表达式，然后调用 **_finishPrefixExp()** 函数完成后续解析。圆
括号解析函数在 16.4.6 节介绍，下面是 **_finishPrefixExp()** 函数的代码。

```
func _finishPrefixExp(lexer *Lexer, exp Exp) Exp {
    for {
        switch lexer.LookAhead() {
        case TOKEN_SEP_LBRACK:
            lexer.NextToken()                      // `[`
            keyExp := parseExp(lexer)              // exp
            lexer.NextTokenOfKind(TOKEN_SEP_RBRACK) // `]`
            exp = &TableAccessExp{lexer.Line(), exp, keyExp}
        case TOKEN_SEP_DOT:
            lexer.NextToken()                      // `.`
            line, name := lexer.NextIdentifier()   // Name
            keyExp := &StringExp{line, name}
            exp = &TableAccessExp{line, exp, keyExp}
        case TOKEN_SEP_COLON,
            TOKEN_SEP_LPAREN, TOKEN_SEP_LCURLY, TOKEN_STRING:
            exp = _finishFuncCallExp(lexer, exp)    // [`:` Name] args
        default:
            return exp
        }
    }
    return exp
}
```

表和字段访问表达式比较简单，所以直接在 case 语句里进行解析，我们还顺便
把字段访问表达式转换成了表访问表达式。函数调用表达式稍微复杂一些，放在 **_
finishFuncCallExp()** 函数里解析，具体请看 16.4.7 节。

16.4.6　圆括号表达式

请读者在 parse_prefix_exp.go 文件里定义圆括号表达式解析函数，代码如下所示。

```
func parseParensExp(lexer *Lexer) Exp {
    lexer.NextTokenOfKind(TOKEN_SEP_LPAREN) // `(`
    exp := parseExp(lexer)                  // exp
    lexer.NextTokenOfKind(TOKEN_SEP_RPAREN) // `)`

    switch exp.(type) {
```

```
    case *VarargExp, *FuncCallExp, *NameExp, *TableAccessExp:
        return &ParensExp{exp}
    }
    return exp
}
```

由于圆括号会改变 vararg 和函数调用表达式的语义（详见第 8 章），所以需要保留这两种语句的圆括号。对于 var 表达式，也需要保留圆括号，否则前面介绍过的 `_checkVar()` 函数就会出现问题。其余表达式两侧的圆括号则完全没必要留在 AST 里。

16.4.7 函数调用表达式

现在只剩下函数调用语句了，为了方便读者参考，图 16-16 所示为它的语法图。

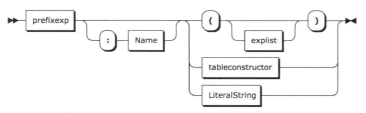

图 16-16　函数调用表达式语法图

请读者在 parse_prefix_exp.go 文件里定义 `_finishFuncCallExp()` 函数，代码如下所示。

```
func _finishFuncCallExp(lexer *Lexer, prefixExp Exp) *FuncCallExp {
    nameExp := _parseNameExp(lexer) // [`:` Name]
    line := lexer.Line()            //
    args := _parseArgs(lexer)       // args
    lastLine := lexer.Line()        //
    return &FuncCallExp{line, lastLine, prefixExp, nameExp, args}
}
```

可选的方法名由 `_parseNameExp()` 函数解析，代码如下所示。

```
func _parseNameExp(lexer *Lexer) *StringExp {
    if lexer.LookAhead() == TOKEN_SEP_COLON {
        lexer.NextToken()
        line, name := lexer.NextIdentifier()
        return &StringExp{line, name}
    }
    return nil
}
```

参数列表由 `_parseArgs()` 函数解析，代码如下所示。

```go
func _parseArgs(lexer *Lexer) (args []Exp) {
    switch lexer.LookAhead() {
    case TOKEN_SEP_LPAREN: // `(` [explist] `)`
        lexer.NextToken()
        if lexer.LookAhead() != TOKEN_SEP_RPAREN {
            args = parseExpList(lexer)
        }
        lexer.NextTokenOfKind(TOKEN_SEP_RPAREN)
    case TOKEN_SEP_LCURLY: // `{` [fieldlist] `}`
        args = []Exp{parseTableConstructorExp(lexer)}
    default: // LiteralString
        line, str := lexer.NextTokenOfKind(TOKEN_STRING)
        args = []Exp{&StringExp{line, str}}
    }
    return
}
```

到此，语法分析器基本上编写完毕了，下面我们简单讨论一下表达式优化。

16.4.8 表达式优化

由第 14 章可知，为了降低开发难度并提高可重用性，可以把编译器分为前端、中端和后端这三个部分，优化一般在中端和后端进行。不过由于本书仅涉及前端的词法分析和语法分析，以及后端的代码生成这三个阶段，为了简化代码生成器，我们将在语法分析阶段进行少量优化。具体而言，我们将对全部由字面量参与的算术、按位和逻辑运算符表达式进行优化。下面先来看一个例子。

```lua
local a = true and false or false or not true
local b = not not not not not false
local c = ((1 | 2) & 3) >> 1 << 1
local d = (3 + 2 - 1) * (5 % 2) // 2 / 2 ^ 2
local e = - - - - -1
local f = ~ ~ ~ ~ ~1
```

用 `luac -l` 命令观察上面脚本的编译结果。

```
main <stdin:0,0> (7 instructions at 0x7f8d00e00070)
0+ params, 6 slots, 1 upvalue, 6 locals, 4 constants, 0 functions
    1   [1] LOADBOOL    0 0 0
    2   [2] LOADBOOL    1 1 0
    3   [3] LOADK       2 -1    ; 2
    4   [4] LOADK       3 -2    ; 0.5
```

```
5  [5] LOADK    4 -3  ; -1
6  [6] LOADK    5 -4  ; -2
7  [6] RETURN   0 1
```

如果运算符表达式的值能够在编译期算出，Lua 编译器会完全把它优化掉。我们可以
在解析运算符表达式时顺便做这个优化，以一元运算符为例，增加优化逻辑之后的解析函
数代码如下所示。

```go
func parseExp2(lexer *Lexer) Exp {
    switch lexer.LookAhead() {
    case TOKEN_OP_UNM, TOKEN_OP_BNOT, TOKEN_OP_LEN, TOKEN_OP_NOT:
        line, op, _ := lexer.NextToken()
        exp := &UnopExp{line, op, parseExp2(lexer)}
        return optimizeUnaryOp(exp) // 优化
    }
    return parseExp1(lexer)
}
```

我们把优化相关的函数放在 optimizer.go 文件里，请读者在 parser 目录下创建这个文
件，在里面定义 optimizeUnaryOp() 函数，代码如下所示。

```go
package parser

import "math"
import "luago/number"
import . "luago/compiler/ast"
import . "luago/compiler/lexer"

func optimizeUnaryOp(exp *UnopExp) Exp {
    switch exp.Op {
    case TOKEN_OP_UNM: return optimizeUnm(exp)
    case TOKEN_OP_NOT: return optimizeNot(exp)
    case TOKEN_OP_BNOT: return optimizeBnot(exp)
    default: return exp
    }
}
```

下面是一元取负运算符表达式的优化函数。

```go
func optimizeUnm(exp *UnopExp) Exp {
    switch x := exp.Exp.(type) {
    case *IntegerExp: x.Val = -x.Val; return x
    case *FloatExp:   x.Val = -x.Val; return x
    default: return exp
    }
}
```

　　这里就不对其他优化函数进行介绍了，请读者查看本章的随书源代码。到此，解析器就算是基本成型了，不过我们还需要提供一个入口函数。请读者在 parser 目录下创建 parser.go 文件，在里面定义 Parse() 函数，代码如下所示。

```go
package parser

import . "luago/compiler/ast"
import . "luago/compiler/lexer"

func Parse(chunk, chunkName string) *Block {
    lexer := NewLexer(chunk, chunkName)
    block := parseBlock(lexer)
    lexer.NextTokenOfKind(TOKEN_EOF)
    return block
}
```

　　先创建词法分析器，然后解析一个语句块，最后确保所有源代码都已经解析完毕即可。下面来进行测试。

16.5　测试本章代码

　　请读者打开本章的 main.go 文件，修改 import 语句和主方法，改动如下所示。

```go
package main

import "encoding/json"
import "io/ioutil"
import "os"
import "luago/compiler/parser"

func main() {
    if len(os.Args) > 1 {
        ... // 其他代码不变
        testParser(string(data), os.Args[1])
    }
}
```

　　我们在 testParser() 函数里对语法分析器进行测试，下面是它的代码。

```go
func testParser(chunk, chunkName string) {
    ast := parser.Parse(chunk, chunkName)
    b, err := json.Marshal(ast)
    if err != nil { panic(err) }
```

```
        println(string(b))
    }
```

先对源代码进行解析得到 AST，然后把 AST 以 JSON 格式打印出来以便观察。请读者执行下面的命令编译本章代码。

```
$ cd $LUAGO/go/
$ export GOPATH=$PWD/ch16
$ go install luago
```

如果看不到任何输出，那就表示编译成功了，在 ch16/bin 目录下会出现可执行文件 luago。请读者执行下面的命令，用第 2 章的"Hello, World!"脚本测试语法分析器。

```
$ ./ch16/bin/luago ../lua/ch02/hello_world.lua
{
  "LastLine": 1,
  "Stats": [{
    "Line": 1,
    "LastLine": 1,
    "PrefixExp": {
      "Line": 1,
      "Name": "print"
    },
    "NameExp": null,
    "Args": [{
      "Line": 1,
      "Str": "Hello, World!"
    }]
  }],
  "RetExps": null
}
```

虽然"Hello, World!"脚本非常简单，但是 AST 里包含的信息还是挺多的，读者可以尝试一下其他更加复杂的脚本。

16.6 本章小结

有很多现成的工具可以根据编程语言的语法规则自动生成语法分析器，这些工具叫作编译器–编译器（Compiler-Compiler），或者编译器生成器。比较有名的编译器生成器包括 YACC、Bison、ANTLR 和 JavaCC 等。不过为了更好地理解语法分析过程，在本章我们并没有借助这些工具，而是手工编写了一个递归下降解析器。下一章我们将编写代码生成器，讨论如何利用 AST 生成 Lua 字节码。

第 17 章　代　码　生　成

俗话说前人栽树，后人乘凉。在前一章我们编写了语法分析器，可以把 Lua 源代码解析成一棵抽象语法树（AST）。本章我们将进一步对这棵树进行处理，利用它生成 Lua 字节码和函数原型，并最终输出二进制 chunk 文件。在继续往下阅读之前，请读者运行下面的命令，把本章所需的目录结构和编译环境准备好。

```
$ cd $LUAGO/go/
$ cp -r ch16/ ch17
$ export GOPATH=$PWD/ch17
$ mkdir -p ch17/src/luago/compiler/codegen
```

17.1　定义 funcInfo 结构体

第 2 章对 Lua 二进制 chunk 格式进行过详细的介绍。我们已经知道，每个 Lua 函数都会被编译为函数原型存放在二进制 chunk 里，另外 Lua 编译器还会为我们生成一个主函数。本章的任务就是编写代码生成器（"代码"在这里指存放在函数原型里的 Lua 虚拟机字节码），把语法分析器输出的 AST 转换为函数原型。为了降低难度，我们把代码生成分为两个阶段：第一个阶段对 AST 进行处理，生成自定义的内部结构；第二个阶段把内部结构转换为函数原型。

在这一节我们将讨论并定义这个内部结构，还会给它定义一些方法以供 AST 处理阶段使用。随后的三节分别介绍如何对块、语句和表达式进行处理，17.5 节介绍如何把这一内部结构转换为函数原型。在 17.6 节我们会对 Lua API 进行增强，让 Load() 方法可以借助编译器直接加载 Lua 源代码，17.7 节会进行简单的测试。

下面请读者在 $LUAGO/go/ch17/src/luago/compiler/codegen 目录下创建 func_info.go 文件，在里面定义我们用来表示函数编译结果的内部结构，代码如下所示。

```go
package codegen

import . "luago/compiler/ast"
import . "luago/compiler/lexer"
import . "luago/vm"

type funcInfo struct {
    // TODO
}
```

接下来我们将逐步完善这个结构体，并给它定义一系列方法。

17.1.1　常量表

由第 2 章可知，每个函数原型都有自己的常量表，里面存放函数体内出现的 nil、布尔、数字或者字符串字面量。请读者修改 funcInfo 结构体，添加 constants 字段，改动如下所示。

```go
type funcInfo struct {
    constants map[interface{}]int
    // TODO
}
```

为了便于查找，我们使用 map 来存储常量，其中键是常量值，值是常量在表中的索引。接下来我们给 funcInfo 结构体定义一个 indexOfConstant() 方法，代码如下所示。

```go
func (self *funcInfo) indexOfConstant(k interface{}) int {
    if idx, found := self.constants[k]; found {
        return idx
    }

    idx := len(self.constants)
    self.constants[k] = idx
```

```
        return idx
}
```

该方法返回常量在表中的索引。如果常量不在表里，先把常量放入表里，再返回索引。索引从 0 开始递增。

17.1.2 寄存器分配

Lua 虚拟机是基于寄存器的机器（详见第 3 章和第 6 章），因此我们在生成指令时需要进行寄存器分配。简单来说，我们需要给每一个局部变量和临时变量都分配一个寄存器，在局部变量退出作用域或者临时变量使用完毕之后，回收寄存器。请读者修改 **funcInfo** 结构体，添加 **usedRegs** 和 **maxRegs** 字段，改动如下所示。

```
type funcInfo struct {
    constants map[interface{}]int
    usedRegs  int
    maxRegs   int
    // TODO
}
```

我们仅记录已分配的寄存器数量和需要的最大寄存器数量即可。**allocReg()** 方法分配一个寄存器，必要时更新最大寄存器数量，并返回寄存器索引，代码如下所示。

```
func (self *funcInfo) allocReg() int {
    self.usedRegs++
    if self.usedRegs >= 255 {
        panic("function or expression needs too many registers")
    }
    if self.usedRegs > self.maxRegs {
        self.maxRegs = self.usedRegs
    }
    return self.usedRegs - 1
}
```

请读者注意，寄存器索引是从 0 开始的，且不能超过 255(详见第 6 章)。**freeReg()** 方法回收最近分配的寄存器，代码如下所示。

```
func (self *funcInfo) freeReg() {
    self.usedRegs--
}
```

allocRegs() 方法分配连续的 n 个寄存器，返回第一个寄存器的索引，代码如下所示。

```
func (self *funcInfo) allocRegs(n int) int {
    for i := 0; i < n; i++ {
        self.allocReg()
    }
    return self.usedRegs - n
}
```

`freeRegs()` 方法回收最近分配的 n 个寄存器，代码如下所示。

```
func (self *funcInfo) freeRegs(n int) {
    for i := 0; i < n; i++ {
        self.freeReg()
    }
}
```

17.1.3　局部变量表

如第 10 章所述，Lua 采用词法作用域。在函数内部，某个局部变量的作用域是包围该变量的最内层语句块。简单来说，每个块都会制造一个新的作用域，在块的内部可以使用局部变量声明语句声明（并初始化）局部变量，每个局部变量都会占用一个寄存器索引。当块结束以后，作用域也随之消失，局部变量不复存在，占用的寄存器也会被回收。对于repeat 和 for 语句里的块，情况稍微有点不同，17.3 节会进一步解释。下面来看一个例子。

```
function f()
    local a, b = 1, 2; print(a, b)        -->    1    2
    local a, b = 3, 4; print(a, b)        -->    3    4
    do
        print(a, b)                       -->    3    4
        local a, b = 5, 6; print(a, b) -->    5    6
    end
    print(a, b)                           -->    3    4
end
```

在函数 f() 内部，第一条局部变量声明语句把名字 a 和寄存器 0 绑定在了一起，把名字 b 和寄存器 1 绑定在了一起。随后第二条局部变量声明语句又把名字 a 和寄存器 2 绑定在了一起，把名字 b 和寄存器 3 绑定在了一起。在 do 语句块内部，由于进入了新的作用域，所以局部变量声明语句又把名字 a 和 b 分别与寄存器 4 和 5 绑定在了一起。do 语句结束之后，名字 a 和 b 重新与寄存器 2 和 3 绑定。读者可以借助 " luac -l " 命令分析上面的脚本，观察局部变量名和寄存器之间的绑定关系。

由于同一个局部变量名可以先后绑定不同的寄存器，为了简化代码，我们使用单向链

表来串联同名的局部变量。请读者在 func_info.go 文件里定义 `locVarInfo` 结构体，代码
如下所示。

```
type locVarInfo struct {
    prev     *locVarInfo
    name     string
    scopeLv  int
    slot     int
    captured bool
}
```

其中 `prev` 字段使 `locVarInfo` 结构体成为单向链表节点，`name` 字段记录局部变量
名，`scopeLv` 字段记录局部变量所在的作用域层次，`slot` 字段记录与局部变量名绑定的
寄存器索引，`captured` 字段表示局部变量是否被闭包捕获。接下来我们修改 `funcInfo`
结构体，给它添加三个字段，改动如下所示。

```
type funcInfo struct {
    ... // 其他字段省略
    scopeLv  int
    locVars  []*locVarInfo
    locNames map[string]*locVarInfo
    // TODO
}
```

其中 `scopeLv` 字段记录当前作用域层次，`locVars` 字段按顺序记录函数内部声明的
全部局部变量，`locNames` 字段则记录当前生效的局部变量。作用域层次从 0 开始，每进
入一个作用域就加 1。假设我们当前正处在前面例子中函数 `f()` 的 do 语句块里，那么局
部变量名和寄存器之间的绑定关系可以用图 17-1 表示（虚线内是作用域）。

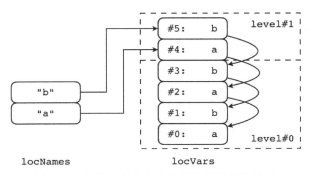

图 17-1　局部变量名和寄存器之间的绑定关系

`enterScope()` 方法用于进入新的作用域，代码如下所示。

```go
func (self *funcInfo) enterScope() {
    self.scopeLv++
}
```

addLocVar() 方法在当前作用域里添加一个局部变量，返回其分配的寄存器索引，代码如下所示。

```go
func (self *funcInfo) addLocVar(name string) int {
    newVar := &locVarInfo{
        name:    name,
        prev:    self.locNames[name],
        scopeLv: self.scopeLv,
        slot:    self.allocReg(), // 分配寄存器
    }
    self.locVars = append(self.locVars, newVar)
    self.locNames[name] = newVar
    return newVar.slot
}
```

slotOfLocVar() 方法检查局部变量名是否已经和某个寄存器绑定，如果是则返回寄存器索引，否则返回 −1。下面是它的代码。

```go
func (self *funcInfo) slotOfLocVar(name string) int {
    if locVar, found := self.locNames[name]; found {
        return locVar.slot
    }
    return -1
}
```

exitScope() 方法用于退出作用域，代码如下所示。

```go
func (self *funcInfo) exitScope() {
    self.scopeLv--
    for _, locVar := range self.locNames {
        if locVar.scopeLv > self.scopeLv { // 离开作用域
            self.removeLocVar(locVar)
        }
    }
}
```

当我们退出作用域之后，需要删除该作用域内的局部变量（解绑局部变量名，回收寄存器）。把这个逻辑封装在 removeLocVar() 方法内，代码如下所示。

```go
func (self *funcInfo) removeLocVar(locVar *locVarInfo) {
    self.freeReg() // 回收寄存器
    if locVar.prev == nil {
```

```
        delete(self.locNames, locVar.name)
    } else if locVar.prev.scopeLv == locVar.scopeLv {
        self.removeLocVar(locVar.prev)
    } else {
        self.locNames[locVar.name] = locVar.prev
    }
}
```

我们首先回收寄存器，然后看是否有其他同名局部变量。如果无，则直接解绑局部变量名即可。如果有，且在同一个作用域内，则递归调用 `removeLocVar()` 方法进行处理。否则，同名局部变量在更外层的作用域里，我们需要把局部变量名与该局部变量重新绑定。

17.1.4 Break 表

在 for、repeat 和 while 循环语句块的内部，可以使用 break 语句打断循环。break 语句处理起来有两个难点。第一，break 语句可能是在更深层次的块里，所以我们需要穿透块找到离 break 语句最近的那个 for、repeat 或者 while 块。第二，break 语句使用跳转指令实现，但是在处理 break 语句时，块可能还没有结束，所以跳转的目标地址还不确定。为了解决这两个问题，我们需要把跳转指令的地址记录在对应的 for、repeat 或者 while 块里，等到块结束时再修复跳转的目标地址。

请读者修改 `funcInfo` 结构体，给它添加 `breaks` 字段，改动如下所示。

```
type funcInfo struct {
    ... // 其他字段省略
    breaks [][]int
    // TODO
}
```

为了便于讨论，以下简称 for、repeat 和 while 循环语句块为**循环块**。我们使用数组来记录循环块内待处理的跳转指令，数组长度和块的深度对应，通过判断数组元素（也是数组）是否为 nil，可以判断对应的块是否是循环块。请读者修改 `enterScope()` 方法，对进入的作用域是否属于循环块进行标记，改动如下所示。

```
func (self *funcInfo) enterScope(breakable bool) {
    self.scopeLv++
    if breakable {
        self.breaks = append(self.breaks, []int{}) // 循环块
    } else {
        self.breaks = append(self.breaks, nil)    // 非循环块
    }
}
```

addBreakJmp() 方法把 break 语句对应的跳转指令添加到最近的循环块里，如果找不到循环块则调用 panic() 函数汇报错误，代码如下所示。

```go
func (self *funcInfo) addBreakJmp(pc int) {
    for i := self.scopeLv; i >= 0; i-- {
        if self.breaks[i] != nil { // 循环块
            self.breaks[i] = append(self.breaks[i], pc)
            return
        }
    }
    panic("<break> at line ? not inside a loop!")
}
```

请读者修改 exitScope() 方法，在退出作用域时修复跳转指令，改动如下所示。

```go
func (self *funcInfo) exitScope() {
    // 新增加的代码
    pendingBreakJmps := self.breaks[len(self.breaks)-1]
    self.breaks = self.breaks[:len(self.breaks)-1]
    a := self.getJmpArgA()
    for _, pc := range pendingBreakJmps {
        sBx := self.pc() - pc
        i := (sBx+MAXARG_sBx)<<14 | a<<6 | OP_JMP
        self.insts[pc] = uint32(i)
    }
    ... // 其他代码不变
}
```

我们调用了 pc() 和 fixSbx() 方法，这两个方法推迟到 17.1.6 节介绍。

17.1.5　Upvalue 表

我们已经知道（详见第 10 章），Upvalue 实际上就是闭包按照词法作用域捕获的外围函数中的局部变量。和局部变量类似，我们也需要把 Upvalue 名和外围函数的局部变量绑定。不过由于 Upvalue 名仅能绑定唯一的 Upvalue，所以不需要使用链表结构。请读者在 func_info.go 文件里定义 upvalInfo 结构体，代码如下所示。

```go
type upvalInfo struct {
    locVarSlot int
    upvalIndex int
    index      int
}
```

如果 Upvalue 捕获的是直接外围函数的局部变量，则 locVarSlot 字段记录该局部变量所占用的寄存器索引；否则 Upvalue 已经被直接外围函数捕获，`upvalIndex` 字段记录该 Upvalue 在直接外围函数 Upvalue 表中的索引。`index` 字段记录 Upvalue 在函数中出现的顺序。接下来我们修改 `funcInfo` 结构体，给它添加 `parent` 和 `Upvalues` 字段，改动如下所示。

```
type funcInfo struct {
    ... // 其他字段省略
    parent    *funcInfo
    upvalues  map[string]upvalInfo
    // TODO
}
```

其中 `Upvalues` 字段存放 Upvalue 表，`parent` 字段则使我们能够定位到外围函数的局部变量表和 Upvalue 表。`indexOfUpval()` 方法判断名字是否已经和 Upvalue 绑定，如果是，返回 Upvalue 索引，否则尝试绑定，然后返回索引。如果绑定失败，则返回 −1。下面是 `indexOfUpval()` 方法的代码。

```
func (self *funcInfo) indexOfUpval(name string) int {
    if upval, ok := self.upvalues[name]; ok {
        return upval.index
    }
    if self.parent != nil {
        if locVar, found := self.parent.locNames[name]; found {
            idx := len(self.upvalues)
            self.upvalues[name] = upvalInfo{locVar.slot, -1, idx}
            locVar.captured = true
            return idx
        }
        if uvIdx := self.parent.indexOfUpval(name); uvIdx >= 0 {
            idx := len(self.upvalues)
            self.upvalues[name] = upvalInfo{-1, uvIdx, idx}
            return idx
        }
    }
    return -1
}
```

17.1.6 字节码

可以说字节码，也就是 Lua 虚拟机指令才是函数原型里的主角，其他信息都是配角。作为主角，理当在 `funcInfo` 结构体里拥有一席之地。请读者给 `funcInfo` 结构体添加 `insts` 字段，改动如下所示。

```go
type funcInfo struct {
    ... // 其他字段省略
    insts []uint32
    // TODO
}
```

我们直接存储编码后的指令。接下来给 `funcInfo` 结构体添加 4 个方法，用于生成 4 种编码模式的指令（关于 Lua 虚拟机指令格式的详细介绍，请参考第 3 章），代码如下所示。

```go
func (self *funcInfo) emitABC(opcode, a, b, c int) {
    i := b<<23 | c<<14 | a<<6 | opcode
    self.insts = append(self.insts, uint32(i))
}

func (self *funcInfo) emitABx(opcode, a, bx int) {
    i := bx<<14 | a<<6 | opcode
    self.insts = append(self.insts, uint32(i))
}

func (self *funcInfo) emitAsBx(opcode, a, b int) {
    i := (b+MAXARG_sBx)<<14 | a<<6 | opcode
    self.insts = append(self.insts, uint32(i))
}

func (self *funcInfo) emitAx(opcode, ax int) {
    i := ax<<6 | opcode
    self.insts = append(self.insts, uint32(i))
}
```

为了提高代码可读性，我们还需要定义 `emitMove()`、`emitLoadNil()` 和 `emitVararg()` 等针对单个指令的方法。不过这些方法大都比较简单，只是调用相应的 `emit<MODE>()` 方法而已，为了节约篇幅，这里就不一一介绍了。少数几个方法比较复杂，会在用到时给予介绍。

为了方便跳转指令生成，我们再定义一个 `pc()` 方法。该方法返回已经生成的最后一条指令的程序计数器（Program Counter），也就是该指令的索引，代码如下所示。

```go
func (self *funcInfo) pc() int {
    return len(self.insts) - 1
}
```

这一小节的最后给出前面提到的 `fixSbx()` 方法的代码，如下所示。

```go
func (self *funcInfo) fixSbx(pc, sBx int) {
    i := self.insts[pc]
```

```
    i = i << 18 >> 18                    // 清除 sBx 操作数
    i = i | uint32(sBx+MAXARG_sBx)<<14   // 重置 sBx 操作数
    self.insts[pc] = i
}
```

17.1.7　其他信息

由第 2 章可知，函数原型是递归结构，因为其内部还可以有子函数原型。与此相应，funcInfo 结构体也需要是递归结构。请读者修改 funcInfo 结构体，添加三个字段，改动如下所示。

```
type funcInfo struct {
    ... // 其他字段省略
    subFuncs   []*funcInfo
    numParams  int
    isVararg   bool
}
```

subFuncs 字段不言自明，用于存放子函数信息。其他两个字段是生成函数原型时所必需的，也需要记录下来。到此，funcInfo 结构体就定义好了，我们再定义一个 newFuncInfo() 函数，用于创建结构体实例，代码如下所示。

```
func newFuncInfo(parent *funcInfo, fd *FuncDefExp) *funcInfo {
    return &funcInfo{
        parent:    parent,
        subFuncs:  []*funcInfo{},
        constants: map[interface{}]int{},
        upvalues:  map[string]upvalInfo{},
        locNames:  map[string]*locVarInfo{},
        locVars:   make([]*locVarInfo, 0, 8),
        breaks:    make([][]int, 1),
        insts:     make([]uint32, 0, 8),
        isVararg:  fd.IsVararg,
        numParams: len(fd.ParList),
    }
}
```

对于 funcInfo 结构体的介绍暂时就告一段落了，接下来的三节讨论如何处理 AST，将其转换为 funcInfo 实例。

17.2　编译块

由于函数的主体实际上就是个语句块，所以我们从块入手进行处理。请读者在

codegen 目录下面创建 cg_block.go 文件，在里面定义 **cgBlock()** 函数，代码如下所示。

```
package codegen

import . "luago/compiler/ast"

func cgBlock(fi *funcInfo, node *Block) {
    for _, stat := range node.Stats {
        cgStat(fi, stat)
    }

    if node.RetExps != nil {
        cgRetStat(fi, node.RetExps)
    }
}
```

函数体由任意条语句和一条可选的返回语句构成，所以我们先循环调用 **cgStat()** 函数处理每一条语句。如果有返回语句，则调用 **cgRetStat()** 函数进行处理。**cgStat()** 函数到 17.3 节再介绍，下面来看 **cgRetStat()** 函数的部分代码。

```
func cgRetStat(fi *funcInfo, exps []Exp) {
    nExps := len(exps)
    if nExps == 0 {
        fi.emitReturn(0, 0)
        return
    }
    ... // 其他代码
}
```

如果返回语句后面没有任何表达式，那么只要生成一条 RETURN 指令即可。如果返回语句后面有表达式，要先对表达式进行处理，然后再生成 RETURN 指令。下面是 **cgRetStat()** 函数的另一部分代码。

```
func cgRetStat(fi *funcInfo, exps []Exp) {
    ... // 前面的代码省略
    multRet := isVarargOrFuncCall(exps[nExps-1])
    for i, exp := range exps {
        r := fi.allocReg()
        if i == nExps-1 && multRet {
            cgExp(fi, exp, r, -1)
        } else {
            cgExp(fi, exp, r, 1)
        }
    }
    fi.freeRegs(nExps)
```

```
    a := fi.usedRegs
    if multRet {
        fi.emitReturn(a, -1)
    } else {
        fi.emitReturn(a, nExps)
    }
}
```

上面的代码之所以复杂，是因为需要对最后一个表达式为 vararg 或者函数调用的情况进行特别处理，请读者结合第 8 章对 RETURN 指令的介绍来理解上面的代码。另外，这里没有处理尾递归调用的情况，留给读者作为练习。**cgExp()** 函数推迟到 17.5 节再介绍，**isVarargOrFuncCall()** 函数的代码比较简单，如下所示。

```
func isVarargOrFuncCall(exp Exp) bool {
    switch exp.(type) {
    case *VarargExp, *FuncCallExp:
        return true
    }
    return false
}
```

17.3　编译语句

Lua 一共有 15 种语句（详见第 15 章），其中空语句不需要处理，非局部函数定义语句已经被转换为赋值语句（详见第 16 章）。此外，为了节约篇幅，我们不对标签和 goto 语句进行讨论（留给读者作为练习）。请读者在 codegen 目录下创建 cg_stat.go 文件，在里面定义 **cgStat()** 函数，对其他 11 种语句进行处理，代码如下所示。

```
package codegen

import . "luago/compiler/ast"

func cgStat(fi *funcInfo, node Stat) {
    switch stat := node.(type) {
    case *FuncCallStat:    cgFuncCallStat(fi, stat)
    case *BreakStat:       cgBreakStat(fi, stat)
    case *DoStat:          cgDoStat(fi, stat)
    case *RepeatStat:      cgRepeatStat(fi, stat)
    case *WhileStat:       cgWhileStat(fi, stat)
    case *IfStat:          cgIfStat(fi, stat)
    case *ForNumStat:      cgForNumStat(fi, stat)
    case *ForInStat:       cgForInStat(fi, stat)
```

```
    case *AssignStat:        cgAssignStat(fi, stat)
    case *LocalVarDeclStat: cgLocalVarDeclStat(fi, stat)
    case *LocalFuncDefStat: cgLocalFuncDefStat(fi, stat)
    case *LabelStat, *GotoStat: panic("not supported!")
    }
}
```

局部函数定义语句、函数调用语句、break 语句和 do 语句代码比较简单，放在 17.3.1 节一起介绍。while 和 repeat 语句在 17.3.2 节介绍，if 语句在 17.3.3 节介绍，for 循环语句在 17.3.4 节介绍，局部变量声明语句在 17.3.5 节介绍，赋值语句在 17.3.6 节介绍。

17.3.1　简单语句

由第 15 章可知，`local function f() end` 完全等价于 `local f; f = function() end`，所以局部函数定义语句处理起来也比较简单，代码如下所示。

```
func cgLocalFuncDefStat(fi *funcInfo, node *LocalFuncDefStat) {
    r := fi.addLocVar(node.Name)
    cgFuncDefExp(fi, node.Exp, r)
}
```

`cgFuncDefExp()` 函数推迟到 17.4 节再介绍。对于函数调用语句，可以认为是对函数调用表达式进行求值但不需要任何返回值，所以处理起来也比较简单，代码如下所示。

```
func cgFuncCallStat(fi *funcInfo, node *FuncCallStat) {
    r := fi.allocReg()
    cgFuncCallExp(fi, node, r, 0)
    fi.freeReg()
}
```

`cgFuncCallExp()` 函数推迟到 17.4 节再介绍。对于 break 语句，生成一条 JMP 指令并把地址记录到 break 表里即可，等到块退出以后再修补跳转偏移量。下面是 break 语句的处理代码。

```
func cgBreakStat(fi *funcInfo, node *BreakStat) {
    pc := fi.emitJmp(0, 0)
    fi.addBreakJmp(pc)
}
```

由于 do 语句本质上就是一个块，其用途是引入新的作用域，所以处理起来也比较简单，代码如下所示。

```
func cgDoStat(fi *funcInfo, node *DoStat) {
    fi.enterScope(false) // 非循环块
    cgBlock(fi, node.Block)
    fi.closeOpenUpvals()
    fi.exitScope()
}
```

当局部变量退出作用域时，我们调用 `closeOpenUpvals()` 方法将处于开启状态的 Upvalue 闭合。如有需要处理的局部变量，该方法将会产生一条 JMP 指令，其操作数 A 给出需要处理的第一个局部变量的寄存器索引。下面是该方法的代码。

```
func (self *funcInfo) closeOpenUpvals() {
    a := self.getJmpArgA()
    if a > 0 {
        self.emitJmp(a, 0)
    }
}
```

我们通过 `getJmpArgA()` 方法获取 JMP 指令的操作数 A，下面是该方法的代码。

```
func (self *funcInfo) getJmpArgA() int {
    hasCapturedLocVars := false
    minSlotOfLocVars := self.maxRegs
    for _, locVar := range self.locNames {
        if locVar.scopeLv == self.scopeLv {
            for v := locVar; v != nil && v.scopeLv == self.scopeLv; v = v.prev {
                if v.captured {
                    hasCapturedLocVars = true
                }
                if v.slot < minSlotOfLocVars && v.name[0] != '(' {
                    minSlotOfLocVars = v.slot
                }
            }
        }
    }
    if hasCapturedLocVars {
        return minSlotOfLocVars + 1
    } else {
        return 0
    }
}
```

17.3.2 while 和 repeat 语句

while 语句循环对表达式求值，如果结果为真则执行块，继续循环，否则跳过块结束循环。图 17-2 所示是 while 语句的流程图（折线箭头代表跳转）。

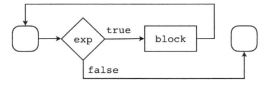

图 17-2　while 语句流程图

我们根据流程图对 while 语句进行处理，代码如下所示。

```go
func cgWhileStat(fi *funcInfo, node *WhileStat) {
    pcBeforeExp := fi.pc()
    // 第 2 步
    r := fi.allocReg()
    cgExp(fi, node.Exp, r, 1)
    fi.freeReg()
    // 第 3 步
    fi.emitTest(r, 0)
    pcJmpToEnd := fi.emitJmp(0, 0)
    // 第 4 步
    fi.enterScope(true)
    cgBlock(fi, node.Block)
    fi.closeOpenUpvals()
    fi.emitJmp(0, pcBeforeExp - fi.pc() - 1)
    fi.exitScope()
    // 第 5 步
    fi.fixSbx(pcJmpToEnd, fi.pc()-pcJmpToEnd)
}
```

我们首先记住当前的 PC，因为后面计算跳转偏移量时要用到；第 2 步分配一个临时变量，对表达式进行求值，然后释放临时变量；第 3 步生成 TEST 和 JMP 指令，实现条件跳转，由于此时还没有对块进行处理，所以跳转的偏移量还没办法给出；第 4 步对块进行处理，生成一条 JMP 指令跳转到最开始；第 5 步修复第一条 JMP 指令的偏移量。

repeat 语句先执行块，然后再对表达式求值，如果结果为真则结束循环，否则继续循环。图 17-3 所示是 repeat 语句的流程图。

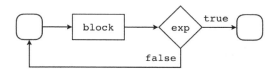

图 17-3　repeat 语句流程图

我们根据流程图对 repeat 语句进行处理，代码如下所示。

```
func cgRepeatStat(fi *funcInfo, node *RepeatStat) {
    fi.enterScope(true)

    pcBeforeBlock := fi.pc()
    cgBlock(fi, node.Block)

    r := fi.allocReg()
    cgExp(fi, node.Exp, r, 1)
    fi.freeReg()

    fi.emitTest(r, 0)
    fi.emitJmp(fi.getJmpArgA(), pcBeforeBlock - fi.pc() - 1)
    fi.closeOpenUpvals()

    fi.exitScope()
}
```

做法和 while 语句类似，就不详细解释了。不过有一点需要说明，那就是 repeat 语句块的作用域是把后面的表达式也覆盖在内的，所以在表达式里可以访问到块里声明的局部变量。

17.3.3 if 语句

Lua 的 if 语句包括必须出现的 if 表达式和块、任意次 elseif 表达式和块以及可选的 else 表达式和块。不过我们在语法分析阶段（详见第 16 章）已经对 if 语句进行了简化，把可选的 else 部分合并到了 elseif 部分里。图 17-4 所示是简化后的 if 语句流程图。

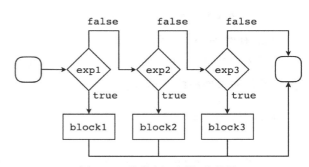

图 17-4　简化版 if 语句流程图

我们根据流程图对 if 语句进行处理，代码如下所示（格式进行了适当调整）。

```
func cgIfStat(fi *funcInfo, node *IfStat) {
    pcJmpToEnds := make([]int, len(node.Exps))
    pcJmpToNextExp := -1

    for i, exp := range node.Exps {
        if pcJmpToNextExp >= 0 {
```

```
            fi.fixSbx(pcJmpToNextExp, fi.pc()-pcJmpToNextExp)
        }

        r := fi.allocReg(); cgExp(fi, exp, r, 1); fi.freeReg()
        fi.emitTest(r, 0); pcJmpToNextExp = fi.emitJmp(0, 0)

        fi.enterScope(false);
        cgBlock(fi, node.Blocks[i]); fi.closeOpenUpvals()
        fi.exitScope()
        if i < len(node.Exps)-1 {
            pcJmpToEnds[i] = fi.emitJmp(0, 0)
        } else {
            pcJmpToEnds[i] = pcJmpToNextExp
        }
    }

    for _, pc := range pcJmpToEnds {
        fi.fixSbx(pc, fi.pc()-pc)
    }
}
```

由于需要生成和处理的跳转指令比较多，所以代码比 while 和 repeat 语句复杂一些。不过有了前面的铺垫，理解起来也不算特别困难，这里就不详细解释了。

17.3.4   for 循环语句

Lua 有两种 for 循环，其中数值 for 循环需要借助 FORPREP 和 FORLOOP 指令实现（详见第 6 章），通用 for 循环需要借助 TFORCALL 和 TFORLOOP 指令实现（详见第 12 章）。我们先来处理数值 for 循环，代码如下所示。

```
func cgForNumStat(fi *funcInfo, node *ForNumStat) {
    fi.enterScope(true)
    // 第 1 步
    cgLocalVarDeclStat(fi, &LocalVarDeclStat{
        NameList: []string{"(for index)", "(for limit)", "(for step)"},
        ExpList:  []Exp{node.InitExp, node.LimitExp, node.StepExp},
    })
    fi.addLocVar(node.VarName)
    // 第 2 步
    a := fi.usedRegs - 4
    pcForPrep := fi.emitForPrep(a, 0)
    cgBlock(fi, node.Block); fi.closeOpenUpvals()
    pcForLoop := fi.emitForLoop(a, 0)
    // 第 3 步
    fi.fixSbx(pcForPrep, pcForLoop-pcForPrep-1)
```

```
    fi.fixSbx(pcForLoop, pcForPrep-pcForLoop)

    fi.exitScope()
}
```

数值 for 循环使用了三个特殊的局部变量，分别存储索引、限制和步长。所以第一步就是声明这三个局部变量，并且使用初始、限制和步长表达式的值初始化这三个变量，另外跟在关键字 for 后面的名字也声明了一个局部变量；第 2 步生成 FORPREP 指令，处理块，然后生成 FORLOOP 指令；第三步把指令里的调整偏移量修复即可。下面来处理通用 for 循环，代码如下所示。

```
func cgForInStat(fi *funcInfo, node *ForInStat) {
    fi.enterScope(true)
    // 第 1 步
    cgLocalVarDeclStat(fi, &LocalVarDeclStat{
        NameList: []string{"(for generator)", "(for state)", "(for control)"},
        ExpList:  node.ExpList,
    })
    for _, name := range node.NameList {
        fi.addLocVar(name)
    }
    // 第 2 步
    pcJmpToTFC := fi.emitJmp(0, 0)
    cgBlock(fi, node.Block); fi.closeOpenUpvals()
    fi.fixSbx(pcJmpToTFC, fi.pc()-pcJmpToTFC)
    // 第 3 步
    rGenerator := fi.slotOfLocVar("(for generator)")
    fi.emitTForCall(rGenerator, len(node.NameList))
    fi.emitTForLoop(rGenerator+2, pcJmpToTFC-fi.pc()-1)

    fi.exitScope()
}
```

通用 for 循环也使用了三个特殊的局部变量，另外跟在关键字 for 后面的名字也全都会被声明为局部变量。其他细节请读者结合 TFORCALL 和 TFORLOOP 指令来理解，这里就不详细解释了。

17.3.5　局部变量声明语句

由于局部变量声明语句可以一次声明多个局部变量，并对变量进行初始化，所以处理起来比较麻烦。我们先来看第一部分代码。

```
func cgLocalVarDeclStat(fi *funcInfo, node *LocalVarDeclStat) {
```

```
            nExps := len(exps)
            nNames := len(node.NameList)

            oldRegs := fi.usedRegs
            if nExps == nNames {
                for _, exp := range exps {
                    a := fi.allocReg()
                    cgExp(fi, exp, a, 1)
                }
            } else if nExps > nNames { ... // 其他代码
        }
```

如果等号左侧声明的局部变量和等号右侧提供的表达式一样多，那么处理起来最简单。请读者注意，新声明的局部变量只有在声明语句结束之后才生效，所以我们先分配临时变量，对表达式求值，然后再将局部变量名和寄存器绑定（见第四部分代码）。如果表达式比局部变量多，处理起来也不麻烦，下面是第二部分代码。

```
func cgLocalVarDeclStat(fi *funcInfo, node *LocalVarDeclStat) {
    ... // 其他代码省略
    } else if nExps > nNames {
        for i, exp := range exps {
            a := fi.allocReg()
            if i == nExps-1 && isVarargOrFuncCall(exp) {
                cgExp(fi, exp, a, 0)
            } else {
                cgExp(fi, exp, a, 1)
            }
        }
    } else { ... // 其他代码
}
```

多余的表达式也一样要求值，另外如果最后一个表达式是 vararg 或者函数调用，还需要特别处理一下。如果表达式比局部变量少，处理起来最为麻烦，下面是第三部分代码。

```
func cgLocalVarDeclStat(fi *funcInfo, node *LocalVarDeclStat) {
    ... // 其他代码省略
    } else { // nNames > nExps
        multRet := false
        for i, exp := range exps {
            a := fi.allocReg()
            if i == nExps-1 && isVarargOrFuncCall(exp) {
                multRet = true
                n := nNames - nExps + 1
                cgExp(fi, exp, a, n)
                fi.allocRegs(n - 1)
            } else {
```

```
                    cgExp(fi, exp, a, 1)
                }
            }
            if !multRet {
                n := nNames - nExps
                a := fi.allocRegs(n)
                fi.emitLoadNil(a, n)
            }
        }
    }
    ... // 其他代码
}
```

这里又分两种情况。如果最后一个表达式是 vararg 或者函数调用，则需要使用多重赋值初始化其余的局部变量，否则必须生成 LOADNIL 指令来初始化剩余的局部变量。最后我们释放临时变量，声明局部变量即可，下面是最后一部分代码。

```
func cgLocalVarDeclStat(fi *funcInfo, node *LocalVarDeclStat) {
    ... // 其他代码省略
    fi.usedRegs = oldRegs
    for _, name := range node.NameList {
        fi.addLocVar(name)
    }
}
```

17.3.6 赋值语句

赋值语句不仅支持多重赋值，而且还可以同时给局部变量、Upvalue、全局变量赋值或者根据索引修改表，所以处理起来最为麻烦。由于代码比较复杂，所以我们还是分成几个部分讨论。下面是第一部分的代码。

```
func cgAssignStat(fi *funcInfo, node *AssignStat) {
    nExps := len(exps)
    nVars := len(node.VarList)
    oldRegs := fi.usedRegs
    tRegs := make([]int, nVars)
    kRegs := make([]int, nVars)
    vRegs := make([]int, nVars)
    ... // 其他代码
}
```

由于赋值语句等号左边可以出现 t[k] 这样的表达式，等号右边则可以出现任意表达式，所以我们需要先分配临时变量，对这些表达式进行求值，然后再统一生成赋值指令。tRegs、kRegs 和 vRegs 这三个数组分别记录我们为表、键和值分配的临时变量。下面来看第二部分代码。

```go
func cgAssignStat(fi *funcInfo, node *AssignStat) {
    ... // 其他代码省略
    for i, exp := range node.VarList {
        if taExp, ok := exp.(*TableAccessExp); ok {
            tRegs[i] = fi.allocReg()
            cgExp(fi, taExp.PrefixExp, tRegs[i], 1)
            kRegs[i] = fi.allocReg()
            cgExp(fi, taExp.KeyExp, kRegs[i], 1)
        }
    }
    for i := 0; i < nVars; i++ {
        vRegs[i] = fi.usedRegs + i
    }
    ... // 其他代码
}
```

我们先处理等号左侧的索引表达式，分配临时变量，并对表和键求值。然后统一为等号右侧的表达式计算寄存器索引。下面来看第三部分代码。

```go
func cgAssignStat(fi *funcInfo, node *AssignStat) {
    ... // 其他代码省略
    if nExps >= nVars {
        for i, exp := range exps {
            a := fi.allocReg()
            if i >= nVars && i == nExps-1 && isVarargOrFuncCall(exp) {
                cgExp(fi, exp, a, 0)
            } else {
                cgExp(fi, exp, a, 1)
            }
        }
    } else { // nVars > nExps
        multRet := false
        for i, exp := range exps {
            a := fi.allocReg()
            if i == nExps-1 && isVarargOrFuncCall(exp) {
                multRet = true
                n := nVars - nExps + 1
                cgExp(fi, exp, a, n)
                fi.allocRegs(n - 1)
            } else {
                cgExp(fi, exp, a, 1)
            }
        }
        if !multRet {
            n := nVars - nExps
```

```
            a := fi.allocRegs(n)
            fi.emitLoadNil(a, n)
        }
    }
    ... // 其他代码
}
```

这里的做法和局部变量声明语句类似，需要考虑多重赋值，也需要在必要时补上 LOADNIL 指令，具体就不详细解释了。下面来看最后一部分代码。

```
func cgAssignStat(fi *funcInfo, node *AssignStat) {
    ... // 其他代码省略
    for i, exp := range node.VarList {
        if nameExp, ok := exp.(*NameExp); ok {
            varName := nameExp.Name
            if a := fi.slotOfLocVar(varName); a >= 0 {
                fi.emitMove(a, vRegs[i])
            } else if b := fi.indexOfUpval(varName); b >= 0 {
                fi.emitSetUpval(vRegs[i], b)
            } else { // global var
                a := fi.indexOfUpval("_ENV")
                b := 0x100 + fi.indexOfConstant(varName)
                fi.emitSetTabUp(a, b, vRegs[i])
            }
        } else {
            fi.emitSetTable(tRegs[i], kRegs[i], vRegs[i])
        }
    }
    fi.usedRegs = oldRegs
}
```

我们在循环中对赋值进行处理：如果给局部变量赋值，生成 MOVE 指令；如果给 Upvalue 赋值，生成 SETUPVAL 指令；如果给全局变量赋值，生成 SETTABUP 指令；如果是按索引给表赋值，则生成 SETTABLE 指令。循环结束之后，需要释放所有临时变量。

到此，所有的语句都处理完毕了，接下来我们讨论如何处理表达式。

17.4 编译表达式

Lua 表达式可以大致分为字面量表达式、构造器表达式、运算符表达式、前缀表达式和 vararg 表达式五种。请读者在 codegen 目录下创建 cg_exp.go 文件，在里面定义 cgExp() 函数，代码如下所示。

```
package codegen

import . "luago/compiler/ast"
import . "luago/compiler/lexer"
import . "luago/vm"

func cgExp(fi *funcInfo, node Exp, a, n int) {
    switch exp := node.(type) {
    case *NilExp:                fi.emitLoadNil(a, n)
    case *FalseExp:              fi.emitLoadBool(a, 0, 0)
    case *TrueExp:               fi.emitLoadBool(a, 1, 0)
    case *IntegerExp:            fi.emitLoadK(a, exp.Val)
    case *FloatExp:              fi.emitLoadK(a, exp.Val)
    case *StringExp:             fi.emitLoadK(a, exp.Str)
    case *ParensExp:             cgExp(fi, exp.Exp, a, 1)
    case *VarargExp:             cgVarargExp(fi, exp, a, n)
    case *FuncDefExp:            cgFuncDefExp(fi, exp, a)
    case *TableConstructorExp:   cgTableConstructorExp(fi, exp, a)
    case *UnopExp:               cgUnopExp(fi, exp, a)
    case *BinopExp:              cgBinopExp(fi, exp, a)
    case *ConcatExp:             cgConcatExp(fi, exp, a)
    case *NameExp:               cgNameExp(fi, exp, a)
    case *TableAccessExp:        cgTableAccessExp(fi, exp, a)
    case *FuncCallExp:           cgFuncCallExp(fi, exp, a, n)
    }
}
```

字面量表达式比较简单，只要生成相应的 LOAD 指令即可，所以直接在 case 语句里进行处理。圆括号表达式也比较好处理，所以也直接写在了 case 语句里。其他表达式处理起来则没这么容易，所以有必要定义专门的函数。这里先来看一下 vararg 表达式的处理函数。

```
func cgVarargExp(fi *funcInfo, node *VarargExp, a, n int) {
    if !fi.isVararg {
        panic("cannot use '...' outside a vararg function")
    }
    fi.emitVararg(a, n)
}
```

其实也只是生成了一条 VARARG 指令，但是要确保只有 vararg 函数内才能出现 vararg 表达式。接下来的五个小节会对其他表达式的处理函数进行介绍。

17.4.1　函数定义表达式

Lua 源代码里的函数定义和二进制 chunk 里的函数原型一一对应，因此也和我们创

建的 `funcInfo` 实例一一对应。当遇到函数定义表达式时，我们需要为它创建一个新的 `funcInfo` 实例，专门用来处理该表达式。下面是函数定义表达式的处理代码。

```
func cgFuncDefExp(fi *funcInfo, node *FuncDefExp, a int) {
    subFI := newFuncInfo(fi, node)
    fi.subFuncs = append(fi.subFuncs, subFI)

    for _, param := range node.ParList {
        subFI.addLocVar(param)
    }
    cgBlock(subFI, node.Block)
    subFI.exitScope()
    subFI.emitReturn(0, 0)

    bx := len(fi.subFuncs) - 1
    fi.emitClosure(a, bx)
}
```

我们先创建新的 `funcInfo` 实例，并且让它和外围函数的 `funcInfo` 实例形成父子关系，然后对函数定义表达式进行处理，最后生成一条 CLOSURE 指令。前面两行和后面两行代码都比较容易理解，对于中间的代码，有两点需要说明。第一，函数的固定参数本质上就是局部变量，所以需要预先声明这些变量；第二，Lua 编译器给每个函数都追加了一条 RETURN 指令，我们照做即可。

17.4.2　表构造表达式

Lua 的表构造表达式语法非常灵活，虽然给用户提供了极大的方便，但是编译器处理起来就比较麻烦了。下面是表构造表达式处理函数的第一部分代码。

```
func cgTableConstructorExp(fi *funcInfo, node *TableConstructorExp, a int) {
    nArr := 0
    for _, keyExp := range node.KeyExps {
        if keyExp == nil { nArr++ }
    }
    nExps := len(node.KeyExps)
    multRet := nExps > 0 && isVarargOrFuncCall(node.ValExps[nExps-1])

    fi.emitNewTable(a, nArr, nExps-nArr)

    arrIdx := 0
    // 其他代码
}
```

我们先计算数组部分的长度，以及一些必要的状态，然后生成一条 NEWTABLE 指令。请读者注意，NEWTABLE 指令的操作数使用了浮点字节编码方式，这一编码方式已经在第 7 章详细介绍，此处不再赘述。**emitNewTable()** 方法在 func_info.go 文件中，代码如下所示。

```go
func (self *funcInfo) emitNewTable(a, nArr, nRec int) {
    self.emitABC(OP_NEWTABLE, a, Int2fb(nArr), Int2fb(nRec))
}
```

我们来看表构造表达式处理函数的第二部分代码。

```go
func cgTableConstructorExp(fi *funcInfo, node *TableConstructorExp, a int) {
    ... // 其他代码省略
    arrIdx := 0
    for i, keyExp := range node.KeyExps {
        valExp := node.ValExps[i]
        if keyExp == nil { // 数组
            arrIdx++
            tmp := fi.allocReg()
            if i == nExps-1 && multRet {
                cgExp(fi, valExp, tmp, -1)
            } else {
                cgExp(fi, valExp, tmp, 1)
            }

            if arrIdx%50 == 0 || arrIdx == nArr { // LFIELDS_PER_FLUSH
                n := arrIdx % 50; if n == 0 {n = 50}
                c := (arrIdx-1)/50 + 1
                fi.freeRegs(n)
                if i == nExps-1 && multRet {
                    fi.emitSetList(a, 0, c)
                } else {
                    fi.emitSetList(a, n, c)
                }
            }

            continue
        }
        ... // 其他代码
    }
}
```

这部分代码主要是对表构造器里的数组部分进行处理，请读者结合第 7 章对 SETLIST 指令的介绍来理解上面的代码，这里就不详细解释了。下面是表构造表达式处理函数的剩余代码。

```go
func cgTableConstructorExp(fi *funcInfo, node *TableConstructorExp, a int) {
```

```
... // 其他代码省略
for i, keyExp := range node.KeyExps {
    valExp := node.ValExps[i]
    if keyExp == nil { /* 其他代码省略 */ }
    // 关联表
    b := fi.allocReg()
    cgExp(fi, keyExp, b, 1)
    c := fi.allocReg()
    cgExp(fi, valExp, c, 1)
    fi.freeRegs(2)
    fi.emitSetTable(a, b, c)
}
}
```

这部分代码比较简单，主要是对表构造器里的关联表部分进行处理。对于每一个键值
对，分别给键和值表达式分配局部变量，求值，并生成 SETTABLE 指令即可。

17.4.3　运算符表达式

运算符表达式包括一元和二元两种，一元运算符表达式处理起来比较简单，代码如下
所示。

```
func cgUnopExp(fi *funcInfo, node *UnopExp, a int) {
    b := fi.allocReg()
    cgExp(fi, node.Exp, b, 1)
    fi.emitUnaryOp(node.Op, a, b)
    fi.freeReg()
}
```

先分配一个临时变量，然后对表达式求值，最后释放临时变量并生成相应的一元运算
符指令即可。emitUnaryOp() 方法在 func_info.go 文件中，代码如下所示。

```
func (self *funcInfo) emitUnaryOp(op, a, b int) {
    switch op {
    case TOKEN_OP_NOT:  self.emitABC(OP_NOT,  a, b, 0)
    case TOKEN_OP_BNOT: self.emitABC(OP_BNOT, a, b, 0)
    case TOKEN_OP_LEN:  self.emitABC(OP_LEN,  a, b, 0)
    case TOKEN_OP_UNM:  self.emitABC(OP_UNM,  a, b, 0)
    }
}
```

二元运算符表达式需要分三种情况处理。对于拼接表达式，语法分析器已经为我们生
成了不同的 AST 节点。我们循环处理每一个操作数（分配临时变量、表达式求值），然后
释放临时变量，生成一条 CONCAT 指令即可。下面是拼接表达式处理函数的代码。

```
func cgConcatExp(fi *funcInfo, node *ConcatExp, a int) {
    for _, subExp := range node.Exps {
        a := fi.allocReg()
        cgExp(fi, subExp, a, 1)
    }

    c := fi.usedRegs - 1
    b := c - len(node.Exps) + 1
    fi.freeRegs(c - b + 1)
    fi.emitABC(OP_CONCAT, a, b, c)
}
```

对于逻辑与和逻辑或表达式，因为其求值结果是操作数之一，所以需要特殊对待，生成 TESTSET 和 MOVE 指令。其处理逻辑在 **cgBinopExp()** 函数里，代码如下所示（格式进行了调整）。

```
func cgBinopExp(fi *funcInfo, node *BinopExp, a int) {
    switch node.Op {
    case TOKEN_OP_AND, TOKEN_OP_OR:
        b := fi.allocReg(); cgExp(fi, node.Exp1, b, 1); fi.freeReg()
        if node.Op == TOKEN_OP_AND {
            fi.emitTestSet(a, b, 0)
        } else {
            fi.emitTestSet(a, b, 1)
        }
        pcOfJmp := fi.emitJmp(0, 0)

        b = fi.allocReg(); cgExp(fi, node.Exp2, b, 1); fi.freeReg()
        fi.emitMove(a, b)
        fi.fixSbx(pcOfJmp, fi.pc()-pcOfJmp)
    default: ... // 其他代码
    }
}
```

对于其他二元运算符表达式，给两个操作数分配临时变量并对表达式求值，然后生成相应的二元运算符指令并释放临时变量即可，代码如下所示。

```
func cgBinopExp(fi *funcInfo, node *BinopExp, a int) {
    switch node.Op {
    case TOKEN_OP_AND, TOKEN_OP_OR: ... // 其他代码省略
    default:
        b := fi.allocReg(); cgExp(fi, node.Exp1, b, 1)
        c := fi.allocReg(); cgExp(fi, node.Exp2, c, 1)
        fi.emitBinaryOp(node.Op, a, b, c)
        fi.freeRegs(2)
    }
}
```

下面是 **emitBinaryOp()** 函数的代码（在 func_info.go 文件里）。

```go
func (self *funcInfo) emitBinaryOp(op, a, b, c int) {
    if opcode, found := arithAndBitwiseBinops[op]; found {
        self.emitABC(opcode, a, b, c)
    } else {
        switch op {
        case TOKEN_OP_EQ: self.emitABC(OP_EQ, 1, b, c)
        case TOKEN_OP_NE: self.emitABC(OP_EQ, 0, b, c)
        case TOKEN_OP_LT: self.emitABC(OP_LT, 1, b, c)
        case TOKEN_OP_GT: self.emitABC(OP_LT, 1, c, b)
        case TOKEN_OP_LE: self.emitABC(OP_LE, 1, b, c)
        case TOKEN_OP_GE: self.emitABC(OP_LE, 1, c, b)
        }
        self.emitJmp(0, 1)
        self.emitLoadBool(a, 0, 1)
        self.emitLoadBool(a, 1, 0)
    }
}
```

比较运算符需要读者注意一下，因为对应的指令只有三条，另外需要搭配 JMP 和
LOADBOOL 指令一起使用。其余运算符都有对应的指令，对应关系如下所示（也定义在
func_info.go 文件里）。

```go
var arithAndBitwiseBinops = map[int]int{
    TOKEN_OP_ADD:  OP_ADD,
    TOKEN_OP_SUB:  OP_SUB,
    TOKEN_OP_MUL:  OP_MUL,
    TOKEN_OP_MOD:  OP_MOD,
    TOKEN_OP_POW:  OP_POW,
    TOKEN_OP_DIV:  OP_DIV,
    TOKEN_OP_IDIV: OP_IDIV,
    TOKEN_OP_BAND: OP_BAND,
    TOKEN_OP_BOR:  OP_BOR,
    TOKEN_OP_BXOR: OP_BXOR,
    TOKEN_OP_SHL:  OP_SHL,
    TOKEN_OP_SHR:  OP_SHR,
}
```

17.4.4　名字和表访问表达式

名字表达式的求值结果可能是局部变量、Upvalue 或者全局变量，下面是它的处理函数。

```go
func cgNameExp(fi *funcInfo, node *NameExp, a int) {
    if r := fi.slotOfLocVar(node.Name); r >= 0 {
```

```
        fi.emitMove(a, r)
    } else if idx := fi.indexOfUpval(node.Name); idx >= 0 {
        fi.emitGetUpval(a, idx)
    } else { // x => _ENV['x']
        taExp := &TableAccessExp{
            PrefixExp: &NameExp{0, "_ENV"},
            KeyExp:    &StringExp{0, node.Name},
        }
        cgTableAccessExp(fi, taExp, a)
    }
}
```

如果是局部变量，生成 MOVE 指令；如果是 Upvalue，生成 GETUPVAL 指令；如果是全局变量，则转换成表访问表达式，交给 **cgTableAccessExp()** 函数去处理。**cgTableAccessExp()** 函数的代码如下所示（格式进行了调整）。

```
func cgTableAccessExp(fi *funcInfo, node *TableAccessExp, a int) {
    b := fi.allocReg(); cgExp(fi, node.PrefixExp, b, 1)
    c := fi.allocReg(); cgExp(fi, node.KeyExp, c, 1)
    fi.emitGetTable(a, b, c)
    fi.freeRegs(2)
}
```

我们先后给表和键分配临时变量并对表达式求值，然后生成 GETTABLE 指令并释放临时变量。

17.4.5 函数调用表达式

有了前面其他表达式的处理经验，想必读者已经知道该如何处理函数调用表达式了：先处理前缀表达式，然后依次处理每一个参数表达式，最后生成一条 CALL 指令即可。下面是函数调用表达式的处理代码。

```
func cgFuncCallExp(fi *funcInfo, node *FuncCallExp, a, n int) {
    nArgs := prepFuncCall(fi, node, a)
    fi.emitCall(a, nArgs, n)
}
```

主要逻辑都在 **prepFuncCall()** 函数里，代码如下所示。

```
func prepFuncCall(fi *funcInfo, node *FuncCallExp, a int) int {
    nArgs := len(node.Args)
    lastArgIsVarargOrFuncCall := false

    cgExp(fi, node.PrefixExp, a, 1)
```

```
    if node.NameExp != nil {
        c := 0x100 + fi.indexOfConstant(node.NameExp.Str)
        fi.emitSelf(a, a, c)
    }
    for i, arg := range node.Args {
        tmp := fi.allocReg()
        if i == nArgs-1 && isVarargOrFuncCall(arg) {
            lastArgIsVarargOrFuncCall = true
            cgExp(fi, arg, tmp, -1)
        } else {
            cgExp(fi, arg, tmp, 1)
        }
    }
    fi.freeRegs(nArgs)

    if node.NameExp != nil { nArgs++ }
    if lastArgIsVarargOrFuncCall { nArgs = -1 }

    return nArgs
}
```

这个函数也不算特别复杂，这里就不解释具体细节了，请读者结合第 8 章对 SELF 和 CALL 指令的介绍来理解它的代码。

17.5　生成函数原型

相比把 AST 转换为中间结构，把这个中间结构转换为函数原型就容易多了。请读者在 codegen 目录下创建 fi2proto.go 文件，在里面定义 **toProto()** 函数，代码如下所示。

```
package codegen

import . "luago/binchunk"

func toProto(fi *funcInfo) *Prototype {
    proto := &binchunk.Prototype{
        NumParams:    byte(fi.numParams),
        MaxStackSize: byte(fi.maxRegs),
        Code:         fi.insts,
        Constants:    getConstants(fi),
        Upvalues:     getUpvalues(fi),
        Protos:       toProtos(fi.subFuncs),
        LineInfo:     []uint32{}, // debug
        LocVars:      []LocVar{}, // debug
        UpvalueNames: []string{}, // debug
```

```
    }
    if fi.isVararg { proto.IsVararg = 1 }
    return proto
}
```

函数原型的 `NumParams`、`MaxStackSize` 和 `Code` 字段直接取 `funcInfo` 的相应字段即可，子函数原型则需要调用 `toProtos()` 函数进行转换，下面是它的代码。

```
func toProtos(fis []*funcInfo) []*Prototype {
    protos := make([]*Prototype, len(fis))
    for i, fi := range fis {
        protos[i] = toProto(fi)
    }
    return protos
}
```

常量表需要调用 `getConstants()` 函数进行转换，下面是它的代码。

```
func getConstants(fi *funcInfo) []interface{} {
    consts := make([]interface{}, len(fi.constants))
    for k, idx := range fi.constants {
        consts[idx] = k
    }
    return consts
}
```

Upvalue 表需要调用 `getUpvalues()` 函数进行转换，下面是它的代码。

```
func getUpvalues(fi *funcInfo) []Upvalue {
    upvals := make([]Upvalue, len(fi.upvalues))
    for _, uv := range fi.upvalues {
        if uv.locVarSlot >= 0 { // instack
            upvals[uv.index] = Upvalue{1, byte(uv.locVarSlot)}
        } else {
            upvals[uv.index] = Upvalue{0, byte(uv.upvalIndex)}
        }
    }
    return upvals
}
```

最后，请读者在 codegen 目录下创建 code_gen.go 文件，在里面定义 `GenProto()` 函数，把我们的中间结构和处理过程隐藏起来，代码如下所示。

```
package codegen

import . "luago/binchunk"
```

```
import . "luago/compiler/ast"

func GenProto(chunk *Block) *Prototype {
    fd := &FuncDefExp{IsVararg: true, Block: chunk}
    fi := newFuncInfo(nil, fd)
    fi.addLocVar("_ENV")
    cgFuncDefExp(fi, fd, 0)
    return toProto(fi.subFuncs[0])
}
```

到此，代码生成器就基本上完成了。不过为了简化讨论以及节约篇幅，前面给出的许多代码都经过了裁减，尤其是去掉了指令的行号等各种调试信息和一些优化。感兴趣的读者可以在随书源代码中找到 go/ch17x 目录，里面有未经裁剪的代码。

17.6 使用编译器

词法分析器、语法分析器、代码生成器都已经实现好了，请读者在 compiler 目录下创建 compiler.go 文件，在里面定义 Compile() 函数，把语法分析和代码生成阶段合二为一，代码如下所示。

```
package compiler

import "luago/binchunk"
import "luago/compiler/codegen"
import "luago/compiler/parser"

func Compile(chunk, chunkName string) *binchunk.Prototype {
    ast := parser.Parse(chunk, chunkName)
    return codegen.GenProto(ast)
}
```

请读者打开 $LUAGO/go/ch17/src/luago/state/api_call.go 文件，添加一条 import 语句。

```
import "luago/compiler"
```

然后修改 Load() 方法，让它可以加载（编译）Lua 源代码，改动如下所示。

```
func (self *luaState) Load(chunk []byte, chunkName, mode string) int {
    var proto *binchunk.Prototype
    if binchunk.IsBinaryChunk(chunk) {
        proto = binchunk.Undump(chunk)
```

```
    } else {
        proto = compiler.Compile(string(chunk), chunkName)
    }
    ... // 其他代码不变
}
```

请读者在 $LUAGO/go/ch17/src/luago/binchunk/binary_chunk.go 文件中添加 `IsBinary-Chunk()` 函数，代码如下所示。

```
func IsBinaryChunk(data []byte) bool {
    return len(data) > 4 && string(data[:4]) == LUA_SIGNATURE
}
```

这样，我们的 Lua 解释器终于有了自己的编译器，下面就赶紧来测试一下吧！

17.7　测试本章代码

请读者把本章的 main.go 文件恢复成第 13 章的样子（为了节约篇幅，这里就不给出代码了），然后执行下面的命令编译本章代码。

```
$ cd $LUAGO/go/
$ export GOPATH=$PWD/ch17
$ go install luago
```

如果看不到任何输出，那就表示编译成功了，在 ch17/bin 目录下会出现可执行文件 luago。请读者执行下面的命令，用第 2 章的 "Hello, World!" 脚本测试我们的 Lua 解释器。

```
./ch17/bin/luago ../lua/ch02/hello_world.lua
Hello, World!
```

我们的解释器终于可以凭借自己的本事执行 Lua 脚本了。

17.8　本章小结

在本章我们编写了代码生成器，并最终完成了 Lua 编译器。虽然我们的 Lua 编译器还远不能和 Lua 官方实现提供的编译器相媲美，但是对于巩固 Lua 语法、进一步理解 Lua 虚拟机指令集以及学习编译器开发来说，已经足够了。本章也是本书第三部分的最后一章，从下一章开始，我们将进入本书的第四部分，重点对 Lua 标准库进行讨论。

Lua 标准库

第 18 章　辅助 API 和基础库

标准库（Standard Library）是一门编程语言非常重要的组成部分，如果没有标准库，语言的可用性和易用性都会大打折扣。本书的剩余部分将围绕 Lua 标准库展开讨论。本章主要讨论基础库，第 19 章讨论数学和字符串等工具库，第 20 章讨论包和模块，第 21 章讨论协程。在继续往下阅读之前，请读者运行下面的命令，把本章所需的目录结构和编译环境准备好。

```
$ cd $LUAGO/go/
$ cp -r ch17/ ch18
$ export GOPATH=$PWD/ch18
$ mkdir -p ch18/src/luago/stdlib
```

18.1　Lua 标准库介绍

如前所述，标准库是编程语言重要的组成部分，不过到底重要到什么程度却是因语言而异。一些语言严重依赖标准库，以 Java 语言为例，其字符串类型就是由标准库 java.lang.String 类提供的。另外一些语言则完全不依赖标准库，以 Lua 语言为例，标准库完全是可选的。其他语言则介于这两者之间。

Lua 标准库包括基础库、数学库（math）、字符串库（string）、UTF-8 库（utf8）、表操作库（table）、输入输出库（IO）、操作系统库（OS）、包和模块库（package）、协程库（coroutine）、调式库（debug）这十个。其中基础库是直接以全局变量的形式提供的，因此我们可以在 Lua 脚本里直接使用 `print()` 和 `pairs()` 等基础库里的函数。其他库则是以模块（详见第 20 章）的形式提供，使用时需要带上具体模块的前缀，例如 `math.random()`。

    Lua 标准库里的函数完全是用 Lua API 和辅助 API 实现的，由于我们已经在本书的第二部分实现了大部分的 Lua API（辅助 API 在 18.2 节介绍），因此标准库里的许多函数编写起来都非常容易，只要照搬 Lua 官方实现里的 C 语言代码，然后改成 Go 语言语法即可。以基础库里的 `assert()` 函数为例，下面是它的 C 语言实现（在 Lua 源文件 lbaselib.c 里）。

```
static int luaB_assert (lua_State *L) {
    if (lua_toboolean(L, 1))  /* condition is true? */
        return lua_gettop(L);  /* return all arguments */
    else {  /* error */
        luaL_checkany(L, 1);  /* there must be a condition */
        lua_remove(L, 1);  /* remove it */
        lua_pushliteral(L, "assertion failed!");  /* default message */
        lua_settop(L, 1);  /* leave only message (default if no other one) */
        return luaB_error(L);  /* call 'error' */
    }
}
```

下面是我们的 Go 语言实现。

```
func baseAssert(ls LuaState) int {
    if ls.ToBoolean(1) { /* condition is true? */
        return ls.GetTop() /* return all arguments */
    } else { /* error */
        ls.CheckAny(1) /* there must be a condition */
        ls.Remove(1) /* remove it */
        ls.PushString("assertion failed!") /* default message */
        ls.SetTop(1) /* leave only message (default if no other one) */
        return baseError(ls) /* call 'error' */
    }
}
```

    鉴于以上原因，后面仅仅会挑选一些有代表性的标准库函数进行介绍。对于其他的标准库函数，请读者参考 Lua 官方实现的源代码，或者本书随书源代码。18.2 节会介绍辅助 API，18.3 节会介绍基础库，数学、字符串、UTF-8、表、OS 这五个库放在第 19 章统一介绍，第 20 章会介绍包和模块机制，并实现 package 库，第 21 章会介绍协程，并实现协程库。IO 和调试库不在本书讨论范围之内，留给读者作为练习。

18.2　辅助 API

本书第一部分花了大量篇幅对 Lua API 进行了介绍，为了区别于这一节将要介绍的辅助 API，我们称其为基础 API。基础 API 之所以"基础"，是因为里面的大部分方法都是非常底层的，只提供了必要的功能，但是用起来可能不是很方便。

辅助 API（在 Lua 官方文档中叫作 Auxiliary Library，不过为了与标准库相区别，我们称其为辅助 API 而非辅助库）就是为了解决基础 API 的易用性而存在的。辅助 API 完全建立在基础 API 之上，对一些常用的操作进行了封装。换句话说，没有什么是辅助 API 能做但基础 API 做不了的，只不过有些操作用辅助 API 更方便而已。基础 API、辅助 API、标准库三者之间的关系如图 18-1 所示。

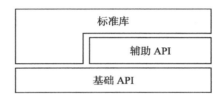

图 18-1　基础 API、辅助 API、标准库之间的关系

和基础 API 类似，辅助 API 在 Lua 官方实现里也表现为一系列的类型和函数（或者宏），这些类型和函数均以 luaL_ 开头。为了提高代码的可读性，我们采用和基础 API 一样的做法，把这些函数收集到一个接口里。请读者在 $LUAGO/go/ch18/src/luago/api 目录下创建 lua_auxlib.go 文件，在里面定义这个接口，代码如下所示。

```go
package api

type FuncReg map[string]GoFunction

type AuxLib interface {
    /* Error-report functions */
    Error2(fmt string, a ...interface{}) int
    ArgError(arg int, extraMsg string) int
    /* Argument check functions */
    CheckStack2(sz int, msg string)
    ArgCheck(cond bool, arg int, extraMsg string)
    CheckAny(arg int)
    CheckType(arg int, t LuaType)
    CheckInteger(arg int) int64
    CheckNumber(arg int) float64
    CheckString(arg int) string
```

```
    OptInteger(arg int, d int64) int64
    OptNumber(arg int, d float64) float64
    OptString(arg int, d string) string
    /* Load functions */
    DoFile(filename string) bool
    DoString(str string) bool
    LoadFile(filename string) int
    LoadFileX(filename, mode string) int
    LoadString(s string) int
    /* Other functions */
    TypeName2(idx int) string
    ToString2(idx int) string
    Len2(idx int) int64
    GetSubTable(idx int, fname string) bool
    GetMetafield(obj int, e string) LuaType
    CallMeta(obj int, e string) bool
    OpenLibs()
    RequireF(modname string, openf GoFunction, glb bool)
    NewLib(l FuncReg)
    NewLibTable(l FuncReg)
    SetFuncs(l FuncReg, nup int)
}
```

辅助 API 中包含的类型和函数远比上面列出的多，不过为了节约篇幅，用户数据
（userdata）、字符串缓冲（luaL_Buffer）、流（luaL_Stream）、引用（luaL_ref()
和 luaL_unref()）等相关的类型和函数都被省略掉了，感兴趣的读者可以通过 Lua
手册和源代码了解这些类型和函数。接下来请读者打开 api/lua_state.go 文件，把原来的
LuaState 接口重命名为 BasicAPI 接口，改动如下所示。

```
type BasicAPI interface {
    ... // 原来 LuaState 接口里的方法
}
```

然后重新定义 LuaState 接口，让其扩展 BasicAPI 和 AuxLib 接口，代码如下
所示。

```
type LuaState interface {
    BasicAPI
    AuxLib
}
```

由于辅助 API 是建立在基础 API 之上的，所以其中的大部分方法实现起来也很简单，
照搬 Lua 官方实现里的 C 语言代码（在 lauxlib.c 文件里），然后改成 Go 语言语法即可。鉴
于这个原因，本节也不会详细介绍每一个辅助 API 方法的实现，请读者参考 Lua 官方源代

码，或者本章随书源代码。下面我们分四个节来讨论辅助 API，并给出一些有代表性的方法的实现（代码都在 auxlib.go 文件里，请读者在 $LUAGO/go/ch18/src/luago/state 目录下创建这个文件）。

18.2.1　增强版方法

TypeName2()、Len2()、ToString2()、Error2() 和 CheckStack2() 这五个方法是基础 API 里相应方法的增强版本，由于 Go 语言不支持方法重载，所以我们在方法名后面添加了数字 2。其中 **TypeName2()** 方法返回指定索引处的值的类型名，代码如下所示。

```go
func (self *luaState) TypeName2(idx int) string {
    return self.TypeName(self.Type(idx))
}
```

Len2() 方法取指定索引处的值的长度，并以整数形式返还。如果获取到的长度不是整数（如果调用了 `__len` 元方法，可能会出现这种情况）则抛出错误。代码如下所示。

```go
func (self *luaState) Len2(idx int) int64 {
    self.Len(idx)
    i, isNum := self.ToIntegerX(-1)
    if !isNum { self.Error2("object length is not an integer") }
    self.Pop(1)
    return i
}
```

CheckStack2() 方法调用 **CheckStack()** 方法确保栈里还有足够的剩余空间（必要时对栈进行扩容）。如果空间不足且扩容失败，则调用 **Error2()** 方法抛出错误。代码如下所示。

```go
func (self *luaState) CheckStack2(sz int, msg string) {
    if !self.CheckStack(sz) {
        if msg != "" {
            self.Error2("stack overflow (%s)", msg)
        } else {
            self.Error2("stack overflow")
        }
    }
}
```

Error2() 方法先调用 **PushFString()** 方法往栈顶推入一个格式化好的字符串，

然后调用 **Error()** 方法抛出错误。代码如下所示。

```
func (self *luaState) Error2(fmt string, a ...interface{}) int {
    self.PushFString(fmt, a...)
    return self.Error()
}
```

PushFString() 方法属于基础 API，之前没有介绍过。请读者在 **BasicAPI** 接口里添加这个方法，并在 api_push.go 文件里实现。实现代码如下所示。

```
func (self *luaState) PushFString(fmtStr string, a ...interface{}) {
    str := fmt.Sprintf(fmtStr, a...)
    self.stack.push(str)
}
```

基础 API 里的 **ToString()** 方法只适用于数字和字符串，**ToString2()** 方法则适用于任何类型的值。此外，**ToString2()** 方法在将值转换为字符串时，还会优先使用 **__tostring()** 元方法。由于这个方法的实现比较长，为了节约篇幅，这里就不予展示了。

18.2.2　加载方法

LoadString()、**LoadFileX()** 和 **LoadFile()** 这三个方法是对 **Load()** 方法的包装，其中 **LoadString()** 方法加载字符串，代码如下所示。

```
func (self *luaState) LoadString(s string) int {
    return self.Load([]byte(s), s, "bt")
}
```

LoadFileX() 方法加载文件，代码如下所示。

```
func (self *luaState) LoadFileX(filename, mode string) int {
    if data, err := ioutil.ReadFile(filename); err == nil {
        return self.Load(data, "@" + filename, mode)
    }
    return LUA_ERRFILE
}
```

LoadFile() 以默认模式加载文件，代码如下所示。

```
func (self *luaState) LoadFile(filename string) int {
    return self.LoadFileX(filename, "bt")
}
```

DoString() 加载并使用保护模式执行字符串，代码如下所示（**LUA_MULTRET** 是常量，定义在 api/consts.go 文件里，值是 -1）。

```
func (self *luaState) DoString(str string) bool {
    return self.LoadString(str) == LUA_OK &&
        self.PCall(0, LUA_MULTRET, 0) == LUA_OK
}
```

DoFile() 加载并使用保护模式执行文件，代码如下所示。

```
func (self *luaState) DoFile(filename string) bool {
    return self.LoadFile(filename) == LUA_OK &&
        self.PCall(0, LUA_MULTRET, 0) == LUA_OK
}
```

18.2.3　参数检查方法

参数检查方法用于检查传递给 Go 函数的参数。如果非可选参数缺失，或者参数类型和预期不匹配，可以调用 ArgError() 方法抛出错误。下面是 ArgError() 方法的代码。

```
func (self *luaState) ArgError(arg int, extraMsg string) int {
    return self.Error2("bad argument #%d (%s)", arg, extraMsg)
}
```

ArgCheck() 是通用的参数检查方法，其第一个参数表示检查是否通过，第二个参数表示被检查参数索引，第三个参数是附加信息。下面是 ArgCheck() 方法的代码。

```
func (self *luaState) ArgCheck(cond bool, arg int, extraMsg string) {
    if !cond { self.ArgError(arg, extraMsg) }
}
```

CheckAny() 方法确保某个参数一定存在，代码如下所示。

```
func (self *luaState) CheckAny(arg int) {
    if self.Type(arg) == LUA_TNONE { self.ArgError(arg, "value expected") }
}
```

CheckType() 方法确保某个参数值属于指定类型，代码如下所示。

```
func (self *luaState) CheckType(arg int, t LuaType) {
    if self.Type(arg) != t { self.tagError(arg, t) }
}
```

CheckInteger()、CheckNumber() 和 CheckString() 这三个方法确保某个参

数值属于指定类型，并返回该值。以 `CheckNumber()` 方法为例，代码如下所示。

```go
func (self *luaState) CheckNumber(arg int) float64 {
    f, ok := self.ToNumberX(arg)
    if !ok { self.tagError(arg, LUA_TNUMBER) }
    return f
}
```

`OptInteger()`、`OptNumber()` 和 `OptString()` 这三个方法对可选参数进行检查，如果可选参数有值，确保参数值属于指定类型，并返回该值，否则返回默认值。以 `OptNumber()` 为例，代码如下所示。

```go
func (self *luaState) OptNumber(arg int, def float64) float64 {
    if self.IsNoneOrNil(arg) { return def }
    return self.CheckNumber(arg)
}
```

上面的方法用到了 `tagError()` 这个帮助方法，该方法抛出类似 "bad argument #1 (string expected, got table)" 这样的错误，这里就不进行介绍，请读者参考本章随书源代码。

18.2.4　标准库开启方法

如前所述，Lua 标准库完全是可选的。如果想在 Lua 脚本里使用标准库函数，需要在创建 Lua 解释器实例之后显式开启各个标准库。辅助 API 提供了 `OpenLibs()` 方法，可以开启全部的标准库，其代码如下所示。

```go
func (self *luaState) OpenLibs() {
    libs := map[string]GoFunction{
        "_G": stdlib.OpenBaseLib,
        // TODO
    }

    for name, fun := range libs {
        self.RequireF(name, fun, true)
        self.Pop(1)
    }
}
```

该方法实际上就是循环调用各个标准库的开启函数而已，其中 `OpenBaseLib` 函数用于开启基础库，将在 18.3 节介绍，其他标准库的开启函数在后续章节介绍。`RequireF()` 方法用于开启单个标准库，代码如下所示。

```go
func (self *luaState) RequireF(modname string, openf GoFunction, glb bool) {
    self.GetSubTable(LUA_REGISTRYINDEX, "_LOADED")
    self.GetField(-1, modname)          /* _LOADED[modname] */
    if !self.ToBoolean(-1) {            /* package not already loaded? */
        self.Pop(1)                     /* remove field */
        self.PushGoFunction(openf)
        self.PushString(modname)        /* argument to open function */
        self.Call(1, 1)                 /* call 'openf' to open module */
        self.PushValue(-1)              /* make copy of module (call result) */
        self.SetField(-3, modname)      /* _LOADED[modname] = module */
    }
    self.Remove(-2)                     /* remove _LOADED table */
    if glb {
        self.PushValue(-1)              /* copy of module */
        self.SetGlobal(modname)         /* _G[modname] = module */
    }
}
```

由于注释已经写得很清楚了，这里就不多解释了，请读者结合第 20 章对包和模块的讨论来理解这个方法。GetSubTable() 方法检查指定索引处的表的某个字段是否是表，如果是则把该子表推入栈顶并返回 true；否则创建一个空表赋值给该字段并返回 false，下面是它的代码。

```go
func (self *luaState) GetSubTable(idx int, fname string) bool {
    if self.GetField(idx, fname) == LUA_TTABLE {
        return true                     /* table already there */
    }
    self.Pop(1)                         /* remove previous result */
    idx = self.stack.absIndex(idx)
    self.NewTable()
    self.PushValue(-1)                  /* copy to be left at top */
    self.SetField(idx, fname)           /* assign new table to field */
    return false                        /* false, because did not find table there */
}
```

由于篇幅限制，对辅助 API 的讨论到此为止，接下来我们讨论基础库。

18.3　基础库

基础库为 Lua 语言提供了最基本的扩展，这一节先简单介绍基础库包含的变量和函数，然后介绍基础库实现。

18.3.1 基础库介绍

如前所述，基础库是通过全局变量的形式提供的。具体而言，基础库一共提供了 24 个全局变量。其中 _VERSION 是字符串类型的变量，表示 Lua 的版本号。_G 是表类型的变量，由第 10 章可知，全局变量实际上是某个表的字段，这个表就是 _G。剩下的 22 个全局变量是函数类型，后面称它们为全局函数。下面的例子演示了 _VERSION 和 _G 这两个全局变量的用法。

```
print(_VERSION)     --> Lua 5.3
print(_G._VERSION)  --> Lua 5.3
print(_G)           --> 0x7fce7e402710
print(_G._G)        --> 0x7fce7e402710
print(print)        --> 0x1073e2b90
print(_G.print)     --> 0x1073e2b90
```

这 22 个全局函数大致上又可以分为类型相关、错误处理相关、迭代器相关、元编程相关、加载等六类。

元编程相关函数包括 getmetatable()、setmetatable()、rawget()、rawset()、rawlen() 和 rawequal() 这 六 个。 其 中 getmetatable() 和 setmetatable() 这两个函数已经在第 11 章介绍过，这里不再赘述。rawget(t, k) 基本上等同于 t[k]，rawset(t, k, v) 基本上等同于 t[k] = v，rawlen(v) 基本上等同于 #v，rawequal(u, v) 基本上等同于 u == v，但是会忽略元方法。

迭代器相关函数包括 next()、pairs() 和 ipairs() 这三个，这些函数已经在第 12 章介绍过，这里不再赘述。错误处理相关函数包括 error()、pcall()、xpcall() 和 assert() 这四个。其中 error() 和 pcall() 这两个函数已经在第 13 章介绍过，这里不再赘述。xpcall() 和 pcall() 用法类似。assert() 函数提供了最基本的断言功能，代码已经在前面给出。

类型相关函数包括 type()、tonumber() 和 tostring() 这三个。加载函数包括 load()、loadfile() 和 dofile() 这三个。其他函数包括 print()、select() 和 require() 这三个，其中 type() 和 print() 函数我们已经很熟悉了，select() 函数会在 18.3.2 节讨论，require() 函数实际上是由 package 库提供的，推迟到第 20 章讨论，其他函数请读者参考 Lua 手册和本章随书源代码。

18.3.2 基础库实现

请读者在 $LUAGO/go/ch18/src/luago/stdlib 目录下创建 lib_basic.go 文件，在里面定义

基础库函数，并把这些函数收集到一个 map 里，代码如下所示。

```
package stdlib

import "fmt"
import . "luago/api"
import "luago/number"

var baseFuncs = map[string]GoFunction{
    "print":        basePrint,
    "assert":       baseAssert,
    "error":        baseError,
    "select":       baseSelect,
    "ipairs":       baseIPairs,
    "pairs":        basePairs,
    "next":         baseNext,
    "load":         baseLoad,
    "loadfile":     baseLoadFile,
    "dofile":       baseDoFile,
    "pcall":        basePCall,
    "xpcall":       baseXPCall,
    "getmetatable": baseGetMetatable,
    "setmetatable": baseSetMetatable,
    "rawequal":     baseRawEqual,
    "rawlen":       baseRawLen,
    "rawget":       baseRawGet,
    "rawset":       baseRawSet,
    "type":         baseType,
    "tostring":     baseToString,
    "tonumber":     baseToNumber,
}

func basePrint(ls LuaState) int { /* 代码省略 */ }
... // 其他函数省略
```

接下来我们实现前面提到过的 **OpenBaseLib()** 函数，代码如下所示。

```
func OpenBaseLib(ls LuaState) int {
    /* open lib into global table */
    ls.PushGlobalTable()
    ls.SetFuncs(baseFuncs, 0)
    /* set global _G */
    ls.PushValue(-1)
    ls.SetField(-2, "_G")
    /* set global _VERSION */
```

```
        ls.PushString("Lua 5.3")
        ls.SetField(-2, "_VERSION")
        return 1
}
```

这个函数其实就是把基础库函数全部注册进全局变量表而已，请读者结合注释来理解代码。由于篇幅的原因，下面仅以 select() 函数为例，简单介绍一下标准库函数实现的一些细节，请读者参考本章随书源代码来了解其他函数。我们先来看一下 select() 函数的签名，如下所示。

```
select (index, ···)
```

select() 函数可以接收一个固定参数 index 和任意个可选参数。如果传入的固定参数 index 是数字，该函数返回从 index 开始的全部可选参数（index 也可以是负数，–1 表示最后一个参数，–2 表示倒数第二个参数，以此类推）。否则，传入的 index 必须是字符串 "#"，该函数返回可选参数的数量。下面是一些例子。

```
print(select(1, "a", "b", "c"))      --> a    b    c
print(select(2, "a", "b", "c"))      --> b    c
print(select(3, "a", "b", "c"))      --> c
print(select(-1, "a", "b", "c"))     --> c
print(select("#", "a", "b", "c"))    --> 3
```

了解了 select() 函数的用法之后，我们来看它的实现，代码如下所示。

```
func baseSelect(ls LuaState) int {
    n := int64(ls.GetTop())
    if ls.Type(1) == LUA_TSTRING && ls.CheckString(1) == "#" {
        ls.PushInteger(n - 1)
        return 1
    } else {
        i := ls.CheckInteger(1)
        if i < 0 {
            i = n + i
        } else if i > n {
            i = n
        }
        ls.ArgCheck(1 <= i, 1, "index out of range")
        return int(n - i)
    }
}
```

我们先调用 GetTop() 方法获得传入参数的数量，然后调用 Type() 方法和 CheckString 方法判断第一个参数是否是字符串 "#"。如果是，则调用 PushInteger() 方法把参数数量减 1 推入栈顶，然后返回 1，这样把可选参数的数量返回给了 Lua，否则，第一个参数必须是整数，CheckInteger() 方法可以保证这一点。接下来我们对负数索引进行处理，并调用 ArgCheck() 方法在索引超出范围时抛出错误。最后将末尾适当数量的参数当作返回值返回给 Lua 即可。

到此本章的主要内容就都结束了，下面我们来进行测试。

18.4 测试本章代码

请读者打开本章的 main.go 文件，把原先的内容全部删掉，把下面的代码输入进去。

```
package main

import "os"
import "luago/state"

func main() {
    if len(os.Args) > 1 {
        ls := state.New()
        ls.OpenLibs()
        ls.LoadFile(os.Args[1])
        ls.Call(0, -1)
    }
}
```

在辅助 API 和基础库的帮助下，整个代码得到了简化。我们还是先创建 luaState 实例，然后调用 OpenLibs() 方法打开标准库（目前只会打开基础库），接着调用 LoadFile() 方法加载测试脚本文件，最后调用 Call() 方法执行脚本。请读者执行下面的命令编译本章代码。

```
$ cd $LUAGO/go/
$ export GOPATH=$PWD/ch18
$ go install luago
```

如果看不到任何输出，那就表示编译成功了，在 ch18/bin 目录下会出现可执行文件 luago。请读者执行下面的命令，用第 2 章的 “ Hello, World! ”脚本测试我们的新版 Lua 解释器。

```
./ch18/bin/luago ../lua/ch02/hello_world.lua
Hello, World!
```

看到"Hello，World!"出现就可以放心了，说明一切正常，请读者再测试一下其他脚本吧。

18.5　本章小结

虽然标准库是 Lua 语言的可选部分，但是如果没有标准库的帮助，Lua 的许多能力（比如迭代器，元编程等）都无法充分发挥。本章我们首先讨论并实现了 Lua 辅助 API，然后在基础 API 和辅助 API 之上构建了 Lua 基础库，并以 select() 函数为例讨论了标准库函数的一般实现方式。第 19 章我们将对数学和字符串等五个标准库进行讨论。

第 19 章　工　具　库

前一章介绍了 Lua 辅助 API 和基础库，本章将介绍数学、字符串、UTF-8、表和 OS 这五个标准库。这几个标准库并没有基础库那么重要，只是提供一些实用的方法，因此也称它们为工具库。在继续往下阅读之前，请读者运行下面的命令，把本章所需的目录结构和编译环境准备好。

```
$ cd $LUAGO/go/
$ cp -r ch18/ ch19
$ export GOPATH=$PWD/ch19
```

19.1　数学库

数学库通过全局变量 math 提供了数学相关的常量和函数。其中常量有 4 个，分别表示整数最大值、整数最小值、浮点数正无穷以及圆周率 PI。函数包括三角函数、对数和指数的计算、随机数计算、绝对值计算、最大值最小值计算、取整、开平方等 23 个。

请读者在 $LUAGO/go/ch19/src/luago/stdlib 目录下创建 lib_math.go 文件，在里面定义这 23 个数学函数，并把它们收集到一个 map 里，代码如下所示。

```
package stdlib
```

```go
import "math"
import "math/rand"
import . "luago/api"
import "luago/number"

var mathLib = map[string]GoFunction{
    "random":     mathRandom,     // 计算随机数
    "randomseed": mathRandomSeed, // 设置随机数种子
    "max":        mathMax,        // 求最大值
    "min":        mathMin,        // 求最小值
    "exp":        mathExp,        // 计算 e 的指数
    "log":        mathLog,        // 计算对数
    "deg":        mathDeg,        // 把弧度转为角度
    "rad":        mathRad,        // 把角度转为弧度
    "sin":        mathSin,        // 正弦函数
    "cos":        mathCos,        // 余弦函数
    "tan":        mathTan,        // 正切函数
    "asin":       mathAsin,       // 反正弦函数
    "acos":       mathAcos,       // 反余弦函数
    "atan":       mathAtan,       // 反正切函数
    "ceil":       mathCeil,       // 向上取整
    "floor":      mathFloor,      // 向下取整
    "abs":        mathAbs,        // 求绝对值
    "sqrt":       mathSqrt,       // 开平方
    "fmod":       mathFmod,       // 请参考 Lua 手册
    "modf":       mathModf,       // 请参考 Lua 手册
    "ult":        mathUlt,        // 请参考 Lua 手册
    "tointeger":  mathToInt,      //
    "type":       mathType,       //
}

func mathRandom(ls LuaState) int { /* 代码省略 */ }
... // 其他函数省略
```

这些函数大部分都很常见，可以利用 Go 语言 math 标准库里的相应函数来实现。以正弦函数为例，下面是它的代码。

```go
func mathSin(ls LuaState) int {
    x := ls.CheckNumber(1)
    ls.PushNumber(math.Sin(x))
    return 1
}
```

其余函数就不一一介绍了，请读者参考 Lua 手册和本章随书源代码。这里只说明一下 math.type() 和 math.tointeger() 这两个函数。我们已经知道，Lua 语言层面只有数字类型，并不区分整数还是浮点数。不过利用 math.type() 函数，可以进一步对数字

的类型进行区分。而 `math.tointeger()` 函数则可以把能够转换为整数的值转换为整数。下面的例子演示了这两个函数的用法。

```
print(math.type(100))              --> integer
print(math.type(3.14))             --> float
print(math.type("100"))            --> nil
print(math.tointeger(100.0))       --> 100
print(math.tointeger("100.0"))     --> 100
print(math.tointeger(3.14))        --> nil
```

最后请读者在 lib_math.go 文件里定义数学库开启函数，代码如下所示。

```
func OpenMathLib(ls LuaState) int {
    ls.NewLib(mathLib)
    ls.PushNumber(math.Pi);        ls.SetField(-2, "pi")
    ls.PushNumber(math.Inf(1));    ls.SetField(-2, "huge")
    ls.PushInteger(math.MaxInt64); ls.SetField(-2, "maxinteger")
    ls.PushInteger(math.MinInt64); ls.SetField(-2, "mininteger")
    return 1
}
```

数学库就介绍到这里，下面来看表库。

19.2　表库

虽然名为表库，其函数也是通过全局变量 `table` 提供的，但是这些函数其实都是针对**数组**（或者列表，详见第 7 章）进行操作，而非关联表。表库一共提供了七个函数，其中 `move()` 函数用于在同一个数组中或者两个数组之间移动元素，`insert()` 函数用于往数组中插入元素，`remove()` 函数用于从数组中删除元素，`sort()` 函数用于对数组排序，`concat()` 函数可以把数组拼接为字符串，`pack()` 函数把参数打包为数组，`unpack()` 函数把数组解包后返回。

这里就不对每一个函数的用法进行详细介绍了，请读者参考 Lua 手册，下面是一些例子。

```
t = table.pack(1, 2, 3, 4, 5); print(table.unpack(t)) --> 1 2 3 4 5
table.move(t, 4, 5, 1);        print(table.unpack(t)) --> 4 5 3 4 5
table.insert(t, 3, 2);         print(table.unpack(t)) --> 4 5 2 3 4 5
table.remove(t, 2);            print(table.unpack(t)) --> 4 2 3 4 5
table.sort(t);                 print(table.unpack(t)) --> 2 3 4 4 5
print(table.concat(t, ","))                           --> 2,3,4,4,5
```

请读者在 stdlib 目录下创建 lib_table.go 文件，在里面定义这七个函数，并把它们收集到一个 map 里，代码如下所示。

```go
package stdlib

import "sort"
import "strings"
import . "luago/api"

var tabFuncs = map[string]GoFunction{
    "move":   tabMove,   // table.move (a1, f, e, t [,a2])
    "insert": tabInsert, // table.insert (list, [pos,] value)
    "remove": tabRemove, // table.remove (list [, pos])
    "sort":   tabSort,   // table.sort (list [, comp])
    "concat": tabConcat, // table.concat (list [, sep [, i [, j]]])
    "pack":   tabPack,   // table.pack (···)
    "unpack": tabUnpack, // table.unpack (list [, i [, j]])
}

func tabMove(ls LuaState) int { /* 代码省略 */ }
... // 其他函数省略
```

表库只提供了函数，没有提供变量，所以开启函数就比较简单，代码如下所示。

```go
func OpenTableLib(ls LuaState) int {
    ls.NewLib(tabFuncs)
    return 1
}
```

下面我们以 concat() 和 sort() 函数为例，看一下表库函数的实现。先来看 concat() 函数，实现代码如下所示。

```go
func tabConcat(ls LuaState) int {
    tabLen := ls.Len2(n)
    sep := ls.OptString(2, "")
    i := ls.OptInteger(3, 1)
    j := ls.OptInteger(4, tabLen)
    if i > j {
        ls.PushString(""); return 1
    }

    buf := make([]string, j-i+1)
    for k := i; k <= j; k++ {
        ls.GetI(1, k)
        if !ls.IsString(-1) {
            ls.Error2("invalid value (%s) at index %d in table for 'concat'",
```

```
                ls.TypeName2(-1), i)
        }
        buf[k-1] = ls.ToString(-1)
        ls.Pop(1)
    }
    ls.PushString(strings.Join(buf, sep))
    return 1
}
```

这里有三点值得说明：第一，虽然 Lua 也提供了拼接运算符，但是如果要拼接的值比较多，还是先把它们收集到数组里，然后再通过 `table.concat()` 函数拼接效率更高一些；第二，数组中的元素必须全部是字符串或者数字，否则 `table.concat()` 函数会抛出错误；第三，Go 语言 strings 标准库提供了一个 `Join()` 函数，正好可以用来实现 `table.concat()` 函数。再来看 `table.sort()` 函数，代码如下所示。

```
func tabSort(ls LuaState) int {
    sort.Sort(wrapper{ls})
    return 0
}
```

我们可以利用 Go 语言 sort 标准库里的 `Sort()` 函数来实现 `table.sort()` 函数，不过需要对 LuaState 接口进行一个简单地包装，提供 `Len()`、`Less()` 和 `Swap()` 这三个方法。下面是结构体 `wrapper` 的代码。

```
type wrapper struct {
    ls LuaState
}
```

`Len()` 方法非常简单，直接返回需要进行排序的数组的长度即可，代码如下所示。

```
func (self wrapper) Len() int {
    return int(self.ls.Len2(1))
}
```

`Less()` 方法稍微复杂一些，代码如下所示。

```
func (self wrapper) Less(i, j int) bool {
    ls := self.ls
    if ls.IsFunction(2) { // cmp is given
        ls.PushValue(2)
        ls.GetI(1, int64(i+1))
        ls.GetI(1, int64(j+1))
        ls.Call(2, 1)
        b := ls.ToBoolean(-1)
```

```
            ls.Pop(1)
            return b
    } else { // cmp is missing
            ls.GetI(1, int64(i+1))
            ls.GetI(1, int64(j+1))
            b := ls.Compare(-2, -1, LUA_OPLT)
            ls.Pop(2)
            return b
    }
}
```

如果用户提供了比较函数，则通过该函数对两个数组元素进行比较，否则默认通过小于运算符对两个数组元素进行比较。最后来看 **Swap()** 方法，代码如下所示。

```
func (self wrapper) Swap(i, j int) {
    ls := self.ls
    ls.GetI(1, int64(i+1))
    ls.GetI(1, int64(j+1))
    ls.SetI(1, int64(i+1))
    ls.SetI(1, int64(j+1))
}
```

表库就介绍到这里，下面来看字符串库。

19.3　字符串库

字符串库通过全局变量 **string** 提供了一些常用的字符串操作函数，比如反转、提取子串、格式化等等。另外还可以进行模式匹配，通过类似正则表达式的模式对字符串进行搜索和替换等操作。模式匹配等函数超出了本章讨论范围，请读者参考 Lua 手册和本章随书源代码。下面是一些对字符串进行基本操作的例子。

```
print(string.len("abc"))            --> 3
print(string.rep("a", 3, ","))      --> a,a,a
print(string.reverse("abc"))        --> cba
print(string.lower("ABC"))          --> abc
print(string.upper("abc"))          --> ABC
print(string.sub("abcdefg", 3, 5))  --> cde
print(string.byte("abcdefg", 3, 5)) --> 99 100 101
print(string.char(99, 100, 101))    --> cde
```

值得一提的是，字符串库还给字符串类型设置了元表和 **__index** 元方法，这样我们就可以通过面相对象的方式来使用字符串库，下面是一些例子。

```
s = "aBc"
print(s:len())         --> 2
print(s:rep(3, ","))   --> aBc,aBc,aBc
print(s:reverse())     --> cBa
print(s:upper())       --> ABC
print(s:lower())       --> abc
print(s:sub(1, 2))     --> aB
print(s:byte(1, 2))    --> 97 66
```

请读者在 stdlib 目录下创建 lib_string.go 文件，在里面定义这七个函数，并把它们收集到一个 map 里，代码如下所示。

```
package stdlib

import "fmt"
import "strings"
import . "luago/api"

var strLib = map[string]GoFunction{
    "len":     strLen,     // string.len (s)
    "rep":     strRep,     // string.rep (s, n [, sep])
    "reverse": strReverse, // string.reverse (s)
    "lower":   strLower,   // string.lower (s)
    "upper":   strUpper,   // string.upper (s)
    "sub":     strSub,     // string.sub (s, i [, j])
    "byte":    strByte,    // string.byte (s [, i [, j]])
    "char":    strChar,    // string.char (·)
    "format":  strFormat,  // string.format (formatstring, ·)
    ... // 其他函数省略
}

func strLen(ls LuaState) int { /* 代码省略 */ }
... // 其他函数省略
```

字符串库也只提供了函数，没有提供变量，所以开启函数也比较简单，代码如下所示。

```
func OpenStringLib(ls LuaState) int {
    ls.NewLib(strLib)
    createMetatable(ls)
    return 1
}
```

createMetatable() 函数给字符串类型设置元表和 __index 元方法，代码如下所示。

```
func createMetatable(ls LuaState) {
    ls.CreateTable(0, 1)        /* table to be metatable for strings */
    ls.PushString("dummy")      /* dummy string */
    ls.PushValue(-2)            /* copy table */
    ls.SetMetatable(-2)         /* set table as metatable for strings */
    ls.Pop(1)                   /* pop dummy string */
    ls.PushValue(-2)            /* get string library */
    ls.SetField(-2, "__index") /* metatable.__index = string */
    ls.Pop(1)                   /* pop metatable */
}
```

注释写得非常详细，就不多解释了。我们以 **string.upper()** 函数为例，了解一下字符串函数的实现，代码如下所示。

```
func strLower(ls LuaState) int {
    s := ls.CheckString(1)
    ls.PushString(strings.ToLower(s))
    return 1
}
```

字符串库就简单介绍到这里，下面来看 UTF-8 库。

19.4　UTF-8 库

Lua 字符串实际上就是一串字节，可以包含任意信息。UTF-8 库通过全局变量 utf8 对字符串提供了基本的 UTF-8 编码支持。UTF-8 库一共包含 5 个函数，其中 **utf8. len()** 函数和 **string.len()** 函数类似，只不过返回的是字符串中的 UTF-8 字符数，而非字节数，请看下面的例子（假定字符串字面量会以 UTF-8 编码）。

```
print(string.len("你好，世界！")) --> 18
print(utf8.len("你好，世界！"))   --> 6
```

"你好世界"这四个汉字和逗号叹号的 UTF-8 编码都占 3 个字节，所以总长度是 18。**utf8.char()** 函数和 **string.char()** 函数类似，只不过参数是任意个 Unicode 代码点，而非字节，请看下面的例子。

```
print(utf8.char(0x4f60, 0x597d)) --> 你好
print("\u{4f60}\u{597d}")        --> 你好
```

"你"和"好"这两个汉字的 Unicode 代码点分别是 0x4f60 和 0x597d，**utf8. char()** 函数会对代码点进行 UTF-8 编码，并生成字符串，其效果和使用 Unicode 转义序

列的字面量 "\u{4f60}\u{597d}" 一样。utf8.offset() 函数返回某个 UTF-8 字符在字符串中的字节偏移量，请看下面的例子。

```
print(utf8.offset("你好，世界！ ", 2)) --> 4
print(utf8.offset("你好，世界！ ", 5)) --> 13
```

"好"在字符串中的偏移量是 4，"界"在字符串中的偏移量是 13。请读者注意，Lua 数组下标是从 1 开始的，所以偏移量也是从 1 开始。utf8.codepoint() 函数和 utf8.offset() 函数刚好相反，返回偏移量处的 Unicode 字符代码点，请看下面的例子。

```
print(utf8.codepoint("你好，世界！ ", 4))  --> 22909 (0x597d)
print(utf8.codepoint("你好，世界！ ", 13)) --> 30028 (0x754c)
```

最后一个函数是 utf8.codes()，该函数允许我们对 UTF-8 字符串中的 Unicode 代码点进行迭代，请看下面的例子。

```
for p, c in utf8.codes("你好，世界！ ") do
    print(p, c)
end
```

执行上面的脚本会打印出。

```
1     20320
4     22909
7     65292
10    19990
13    30028
16    65281
```

UTF-8 库的用法就简单介绍到这里，请读者在 stdlib 目录下创建 lib_utf8.go 文件，在里面定义这五个函数，并把它们收集到一个 map 里，代码如下所示。

```go
package stdlib

import "unicode/utf8"
import . "luago/api"

var utf8Lib = map[string]GoFunction{
    "len":       utfLen,       // utf8.len (s [, i [, j]])
    "offset":    utfByteOffset, // utf8.offset (s, n [, i])
    "codepoint": utfCodePoint, // utf8.codepoint (s [, i [, j]])
    "char":      utfChar,      // utf8.char (·)
    "codes":     utfIterCodes, // utf8.codes (s)
}
```

```
func utfLen(ls LuaState) int { /* 代码省略 */ }
... // 其他函数省略
```

UTF-8 库函数可以利用 Go 语言标准库 unicode/utf8 实现，以 `utf8.char()` 函数为例，下面是它的代码。

```
func utfChar(ls LuaState) int {
    n := ls.GetTop() /* number of arguments */
    codePoints := make([]rune, n)

    for i := 1; i <= n; i++ {
        cp := ls.CheckInteger(i)
        ls.ArgCheck(0 <= cp && cp <= 0x10FFFF, i, "value out of range")
        codePoints[i-1] = rune(cp)
    }

    ls.PushString(_encodeUtf8(codePoints))
    return 1
}
```

我们先把 Unicode 代码点都收集到一个数组里，然后调用 `_encodeUtf8()` 函数把代码点编码为 UTF-8 格式的字符串。具体的 UTF-8 编码由 Go 语言 UTF-8 库的 `EncodeRune()` 函数完成，代码如下所示。

```
func _encodeUtf8(codePoints []rune) string {
    buf := make([]byte, 6)
    str := make([]byte, 0, len(codePoints))

    for _, cp := range codePoints {
        n := utf8.EncodeRune(buf, cp)
        str = append(str, buf[0:n]...)
    }

    return string(str)
}
```

UTF-8 库的开启函数比较简单（和表库开启函数类似），这里就不给出代码了，下面来看 OS 库。

19.5　OS 库

OS 库通过全局变量 os 提供操作系统相关的一些函数，这些函数主要用于获取或者格式化时间和日期、删除或重命名文件、执行外部命令等，共 11 个。本节重点介绍一下

os.time() 和 os.date() 这两个函数，其中 os.time() 函数用于获取当前时刻或者由参数指定某个时刻的时间戳，请看下面的例子。

```
print(os.time()) --> 1518322224
print(os.time{year=2018, month=2, day=14,
    hour=12, min=30, sec=30}) --> 1518582630
```

其中传入表的 year、month 和 day 字段是必填的，hour 字段的默认值是 12，min 和 sec 字段的默认值是 0。os.date() 函数格式化当前时刻或者指定时刻，请看下面的例子。

```
print(os.date()) --> Sun Feb 11 11:49:28 2018
t = os.date("*t", )
print(t.year)   --> 2018
print(t.month)  --> 02
print(t.day)    --> 11
print(t.hour)   --> 12
print(t.min)    --> 10
print(t.sec)    --> 24
```

如果格式是 "*t"，则返回一个表，里面有 year、month、day、hour、min、sec 等字段，其他细节请读者参考 Lua 手册。请读者在 stdlib 目录下创建 lib_os.go 文件，在里面定义 OS 相关函数，并把它们收集到一个 map 里，代码如下所示。

```
package stdlib

import "os"
import "time"
import . "luago/api"

var sysLib = map[string]GoFunction{
    "time": osTime, // os.time ([table])
    "date": osDate, // os.date ([format [, time]])
    ... // 其他函数省略
}

func osTime(ls LuaState) int { /* 代码省略 */ }
... // 其他函数省略
```

我们以 os.time() 函数为例，看一下 OS 库函数的实现，下面是它的代码。

```
func osTime(ls LuaState) int {
    if ls.IsNoneOrNil(1) { /* called without args? */
        t := time.Now().Unix() /* get current time */
```

```
            ls.PushInteger(t)
    } else {
        ls.CheckType(1, LUA_TTABLE)
        sec   := _getField(ls, "sec",     0)
        min   := _getField(ls, "min",     0)
        hour  := _getField(ls, "hour",   12)
        day   := _getField(ls, "day",    -1)
        month := _getField(ls, "month", -1)
        year  := _getField(ls, "year",   -1)
        t := time.Date(year, time.Month(month), day,
            hour, min, sec, 0, time.Local).Unix()
        ls.PushInteger(t)
    }
    return 1
}
```

如果没有传入任何参数，我们调用 Go 语言 time 库提供的 `Now()` 函数获取当前时间，并转换为 Unix 时间戳返回给 Lua 即可。否则，可以调用 Go 语言 time 库提供的 `Date()` 函数获取指定时间，并转换为 Unix 时间戳。`_getField()` 函数从用户传入的表里提取参数，代码如下所示。

```
func _getField(ls LuaState, key string, dft int64) int {
    t := ls.GetField(-1, key) /* get field and its type */
    res, isNum := ls.ToIntegerX(-1)
    if !isNum { /* field is not an integer? */
        if t != LUA_TNIL { /* some other value? */
            return ls.Error2("field '%s' is not an integer", key)
        } else if dft < 0 { /* absent field; no default? */
            return ls.Error2("field '%s' missing in date table", key)
        }
        res = dft
    }
    ls.Pop(1)
    return int(res)
}
```

OS 库的开启函数也比较简单（和表库开启函数类似），这里就不给出代码了。请读者打开 auxlib.go 文件（在 $LUAGO/go/ch19/src/luago/state 目录下），修改 `OpenLibs()` 方法，在里面开启数学、表、字符串、UTF-8 和 OS 这五个标准库，改动如下所示。

```
func (self *luaState) OpenLibs() {
    libs := map[string]GoFunction{
        "_G":    stdlib.OpenBaseLib,
        "math":  stdlib.OpenMathLib,
        "table": stdlib.OpenTableLib,
```

```
            "string": stdlib.OpenStringLib,
            "utf8":   stdlib.OpenUTF8Lib,
            "os":     stdlib.OpenOSLib,
        }
        ... // 其他代码不变
    }
```

到这里，本章的主要内容就结束了。由于我们只是添加了标准库，所以 main.go 文件不用做任何修改，请读者自行编译并测试本章代码。

19.6　本章小结

由于本章的主要目的仍然是通过标准库函数的实现，让读者进一步了解 Lua 基础 API 和辅助 API 的用法，所以只是走马观花式地介绍了数学、表、字符串、UTF-8 和 OS 这五个工具库。第 20 章，我们将详细讨论 Lua 包和模块机制，并实现包库。

第 20 章　包 和 模 块

前一章介绍了数学、表、字符串等五个标准库。我们已经知道，这些标准库提供的常量或者函数都被封装在各自的表里，这些表又被赋值给了全局变量，所以我们才能以类似 `math.random()` 这样的方式来使用这些库。实际上，更正式地说，这些库都是都以模块的形式提供的。本章我们就来讨论 Lua 的包和模块机制，在继续往下阅读之前，请读者运行下面的命令，把本章所需的目录结构和编译环境准备好。

```
$ cd $LUAGO/go/
$ cp -r ch19/ ch20
$ export GOPATH=$PWD/ch20
$ mkdir $LUAGO/lua/ch20
```

20.1　包和模块介绍

包（Package）和模块（Module）是模块化编程（Modular Programming）里的基本概念，不过在不同的编程语言里，包和模块也有不同的含义。比如在 Python 语言里，模块是较小的单位，包由模块构成。但是在 Java 9 里，包是较小的单位，模块由包构成。在 Lua 里，函数是代码重用的最小单位，把一系列函数和相关常量等收集起来，放在单独的命名空间内，就构成了模块，多个模块又可以进一步构成包，这一点和 Python 类似。

为了避免名字冲突，很多编程语言都会在语法层面对命名空间（Namespace）给予支持。比如 C++ 和 C# 语言提供了 namespace/using 语法，Java 和 Go 语言提供了 package/import 语法，Ruby 语言提供了 module/require 语法。C 语言是一个反例，由于 C 语言不支持命名空间，所以 Lua 基础 API 才全部以 `lua_` 前缀开头，辅助 API 全部以 `luaL_` 前缀开头。Lua 也没有从语法层面支持命名空间，不过使用表完全可以达到这个目的。下面来看一个例子。

```
local t = {}
t.foo = function() print("foo") end
t.bar = function() print("bar") end
return t
```

以上定义了一个简单的模块，里面只有两个函数。假如我们把上面的脚本写在 mymod.lua 这个文件里，则可以通过 `dofile()` 函数来使用该模块。

```
mymod = dofile("path/to/mymod.lua")
mymod.foo() --> foo
mymod.bar() --> bar
```

虽然上面的方法简单有效，但存在的问题也很多。比如，该从哪里寻找定义模块的文件？如果需要多次加载模块该怎样处理等等。为了解决这些问题，Lua 5.1 通过 package 标准库提供了一个统一的包和模块机制。这一节将从 `require()` 函数入手，介绍 Lua 包和模块机制，20.2 节将给出 package 库的实现代码。

require() 函数

简单来说，`require()` 函数用于加载模块。该函数以模块名（字符串类型）为参数，返回加载后的模块（一般而言是个表）。为了让模块加载看起来更像是语法层面的支持，`require()` 函数是作为全局变量提供的。我们可以把上面的例子中的 `dofile()` 函数替换为 `require()` 函数，如下所示。

```
mymod = require "mymod" -- 省略了方法调用的圆括号
mymod.foo() --> foo
mymod.bar() --> bar
```

请读者注意，我们提供给 `require()` 函数的是模块名而非文件名，因此不需要指定路径，`.lua` 后缀也需要去掉。那么 `require()` 函数究竟是怎么把模块名和具体的文件联系起来的呢？这个后面会介绍。这里首先要说明的是，`require()` 函数在真正加载模块之前，会先去 `package.loaded` 表里按名字查找模块，如果找到的话（不一定是表），就认为模块已经加载，直接返回模块即可。下面这段脚本可以证明这一点。

```
package.loaded.mymod = "hello"
mymod = require "mymod"
print(mymod)  --> hello
```

如前所述，标准库全部都是以模块的形式提供。Lua 发布版携带的解释器已经默认打开了全部标准库（通过调用辅助 API 提供的 `OpenLibs()` 方法），因此这些库应该已经在 `package.loaded` 表里。执行下面的命令可以证明这一点。

```
$ lua -e 'for k,v in pairs(package.loaded) do print(k,v) end'
math        table: 0x7fa93c405210
io          table: 0x7fa93c404200
utf8        table: 0x7fa93c4056f0
os          table: 0x7fa93c403c70
coroutine   table: 0x7fa93c403d50
string      table: 0x7fa93c404f60
bit32       table: 0x7fa93c405d60
table       table: 0x7fa93c403650
package     table: 0x7fa93c403210
debug       table: 0x7fa93c404b20
_G          table: 0x7fa93c402710
```

假如某个模块已经加载，要想重新加载也容易，直接把它从 `package.loaded` 表里抹掉即可。

搜索器

假如某个模块还不曾加载，那么 `require` 函数也不会亲自去加载，而是会请加载器（Loader）代劳。加载器实际上就是普通的函数，具体后面再介绍。这里先要了解的是，为了找到与模块对应的加载器，`require()` 函数需要先求助搜索器（Searcher）。搜索器也是普通的函数，接收的唯一参数是模块名，如果搜索器可以找到加载器，则返回加载器和一个额外值，该值会传递给加载器，否则，返回一个字符串，解释为什么搜索失败，或者直接返回 `nil`。

搜索器可以有多个，按顺序存储在 `package.searchers` 数组里。Lua 官方实现预定义了四个搜索器，按顺序分别是 preload 搜索器、Lua 搜索器、C 搜索器和 CRoot 搜索器。执行下面的命令可以列出这四个搜索器。

```
$ lua -e 'for k,v in pairs(package.searchers) do print(k,v) end'
1       function: 0x7fa07bd03750
2       function: 0x7fa07bd03780
3       function: 0x7fa07bd037b0
4       function: 0x7fa07bd037e0
```

其中 preload 搜索器只是简单地搜索 `package.preload` 表，看能否根据模块名从中找到加载器。如果用 Lua 实现 preload 搜索器，其代码类似下面这样。

```
function preloadSearcher(modname)
    if package.preload[modname] ~= nil then
        return package.preload[modname]
    else
        return "\n\tno field package.preload['" .. modname .. "']"
    end
end
```

Lua 搜索器用于搜索 Lua 模块加载器，这个搜索器试图从 `package.path` 变量指定的路径里找到一个 Lua 文件，然后加载该文件，加载后的函数就是加载器。文件查找逻辑和 `package.searchpath()` 函数一致，具体后面再介绍。如果用 Lua 实现 Lua 搜索器，其代码类似下面这样。

```
function luaSearcher(modname)
    local file, err = package.searchpath(modname, package.path)
    if file ~= nil then
        return loadfile(file), modname
    else
        return err
    end
end
```

C 和 CRoot 搜索器用于搜索 C 模块加载器，对于本书来讲，应该是 Go 模块加载器。为了节约篇幅，我们不讨论这两个搜索器（以及 `package.cpath` 变量和 `package.loadlib()` 函数），感兴趣的读者请参考 Lua 手册。

package.path

如前所述，`package.path` 变量提供的搜索路径决定了 Lua 搜索器从哪里搜索 Lua 库文件。执行下面的命令可以打印出这个路径。

```
$ lua -e "print(package.path)"
/usr/local/share/lua/5.3/?.lua;/usr/local/share/lua/5.3/?/init.lua;/usr/local/
```

```
lib/lua/5.3/?.lua;/usr/local/lib/lua/5.3/?/init.lua;./?.lua;./?/init.lua
```

可见，搜索路径是由多个子路径构成的，默认按照分号分隔。`package.
searchpath()` 函数负责将这个路径分解，并把问号用模块名替换，得到一系列真正的文件路径，然后返回实际存在的第一个文件路径，或者 `nil` 和错误信息。另外，模块名里包含的点号还会被替换为平台相关的路径分隔符（在 Windows 里是 `\`，在其他系统里是 `/`）。下面的命令演示了 `package.searchpath()` 函数的用法。

```
$ lua -e "print(package.searchpath('foo.bar', package.path))"
nil
    no file '/usr/local/share/lua/5.3/foo/bar.lua'
    no file '/usr/local/share/lua/5.3/foo/bar/init.lua'
    no file '/usr/local/lib/lua/5.3/foo/bar.lua'
    no file '/usr/local/lib/lua/5.3/foo/bar/init.lua'
    no file './foo/bar.lua'
    no file './foo/bar/init.lua'
```

由于模块名可以用点号分隔，最后又会被转换为目录结构等形式，所以模块之间可以形成一种树状层次结构。例如，可以认为 **a.b.c** 和 **a.b.d** 模块是 **a.b** 模块的子模块，**a.b** 模块又是 **a** 模块的子模块。一组相互关联的模块按照这种层次结构组织起来就构成了一个包。

文件目录分隔符、搜索路径分隔符、模块名占位符（默认是问号）等记录在 `package.config` 变量里（字符串，用换行符分隔），执行下面的命令可以打印出这些符号。

```
$ lua -e "print(package.config)"
/
;
?
!
-
```

包和模块机制就先介绍到这里，为了方便读者理解模块的整个加载过程，下面给出 `require()` 函数的 Lua 伪代码，在 20.2 节我们将使用 Go 语言真正实现该函数。

```
function require(modname)
    if package.loaded[nodname] ~= nil then
        return package.loaded[modname]
    end

    local err = "module '" .. name .. "' not found:"
```

```
    for i, searcher in ipairs(package.searchers) do
        local loader, extra = searcher(modname)
        if type(loader) == "function" then
            local mod = loader(modname, extra)
            package.loaded[modname] = mod
            return mod
        else
            err = err .. loader
        end
    end
    error(err)
end
```

20.2　实现包库

请读者在 $LUAGO/go/ch20/src/luago/stdlib 目录下创建 lib_package.go 文件，在里面输入 package 和 import 和语句，并定义后面会用到的七个常量，代码如下所示。

```
package stdlib

import "os"
import "strings"
import . "luago/api"


/* key, in the registry, for table of loaded modules */
const LUA_LOADED_TABLE = "_LOADED"
/* key, in the registry, for table of preloaded loaders */
const LUA_PRELOAD_TABLE = "_PRELOAD"

const ( // package.config 默认值
    LUA_DIRSEP    = string(os.PathSeparator)
    LUA_PATH_SEP  = ";"
    LUA_PATH_MARK = "?"
    LUA_EXEC_DIR  = "!"
    LUA_IGMARK    = "-"
)
```

然后定义 require() 和 searchpath() 这两个函数，代码如下所示。

```
var llFuncs = map[string]GoFunction{
    "require": pkgRequire,
}
var pkgFuncs = map[string]GoFunction{
    "searchpath": pkgSearchPath,
```

```
}

func pkgRequire(ls LuaState)    int { /* 代码后面给出 */ }
func pkgSearchPath(ls LuaState) int { /* 代码后面给出 */ }
```

这两个函数的代码后面再介绍，我们先来看包模块开启函数，代码如下所示。

```go
func OpenPackageLib(ls LuaState) int {
    ls.NewLib(pkgFuncs) /* create 'package' table */
    createSearchersTable(ls)
    /* set paths */
    ls.PushString("./?.lua;./?/init.lua")
    ls.SetField(-2, "path")
    /* store config information */
    ls.PushString(LUA_DIRSEP + "\n" + LUA_PATH_SEP + "\n"
        + LUA_PATH_MARK + "\n" + LUA_EXEC_DIR + "\n" + LUA_IGMARK + "\n")
    ls.SetField(-2, "config")
    /* set field 'loaded' */
    ls.GetSubTable(LUA_REGISTRYINDEX, LUA_LOADED_TABLE)
    ls.SetField(-2, "loaded")
    /* set field 'preload' */
    ls.GetSubTable(LUA_REGISTRYINDEX, LUA_PRELOAD_TABLE)
    ls.SetField(-2, "preload")
    ls.PushGlobalTable()
    ls.PushValue(-2)           /* set 'package' as upvalue for next lib */
    ls.SetFuncs(llFuncs, 1)    /* open lib into global table */
    ls.Pop(1)                  /* pop global table */
    return 1                   /* return 'package' table */
}
```

代码虽然长，但很好理解，就是把 package 包以及里面的函数和变量准备好，并把 require() 函数注册到全局表里。另外可以看到，package.loaded 和 package.preload 这两个表实际上也被放进了注册表（详见第 9 章）里。createSearchersTable() 负责初始化 package.searchers 表，下面是它的代码。

```go
func createSearchersTable(ls LuaState) {
    searchers := []GoFunction{
        preloadSearcher,
        luaSearcher,
    }
    /* create 'searchers' table */
    ls.CreateTable(len(searchers), 0)
    /* fill it with predefined searchers */
    for idx, searcher := range searchers {
```

```
        ls.PushValue(-2) /* set 'package' as upvalue for all searchers */
        ls.PushGoClosure(searcher, 1)
        ls.RawSetI(-2, int64(idx+1))
    }
    ls.SetField(-2, "searchers") /* put it in field 'searchers' */
}
```

我们只在里面放了 preload 和 Lua 这两个搜索器，并且把 **package** 表设置成了这两个搜索器的 Upvalue（详见第 10 章）。下面是 preload 搜索器的代码。

```
func preloadSearcher(ls LuaState) int {
    name := ls.CheckString(1)
    ls.GetField(LUA_REGISTRYINDEX, "_PRELOAD")
    if ls.GetField(-1, name) == LUA_TNIL { /* not found? */
        ls.PushString("\n\tno field package.preload['" + name + "']")
    }
    return 1
}
```

搜索器通过 Upvalue 能够访问到 **package.preload** 表，然后在里面查找加载器即可。下面再来看 Lua 加载器的代码。

```
func luaSearcher(ls LuaState) int {
    name := ls.CheckString(1)
    ls.GetField(LuaUpvalueIndex(1), "path")
    path, ok := ls.ToStringX(-1)
    if !ok { ls.Error2("'package.path' must be a string") }

    filename, errMsg := _searchPath(name, path, ".", LUA_DIRSEP)
    if errMsg != "" { ls.PushString(errMsg); return 1 }

    if ls.LoadFile(filename) == LUA_OK { /* module loaded successfully? */
        ls.PushString(filename) /* will be 2nd argument to module */
        return 2                 /* return open function and file name */
    } else {
        return ls.Error2("error loading module '%s' from file '%s':\n\t%s",
            ls.CheckString(1), filename, ls.CheckString(-1))
    }
}
```

这个搜索器稍微复杂一些，请读者结合注释和前面给出的 Lua 版实现来理解该加载器。在搜索路径中搜索 Lua 文件的功能由 **_searchPath()** 函数提供，下面是它的代码。

```
func _searchPath(name, path, sep, dirSep string) (filename, errMsg string) {
```

```
    if sep != "" { name = strings.Replace(name, sep, dirSep, -1) }

    for _, filename := range strings.Split(path, LUA_PATH_SEP) {
        filename = strings.Replace(filename, LUA_PATH_MARK, name, -1)
        if _, err := os.Stat(filename); !os.IsNotExist(err) {
            return filename, ""
        }
        errMsg += "\n\tno file '" + filename + "'"
    }

    return "", errMsg
}
```

到这里，`OpenPackageLib()` 函数的相关代码就全部给出了。下面我们来看 `searchpath()` 函数的实现代码。

```
func pkgSearchPath(ls LuaState) int {
    name := ls.CheckString(1)
    path := ls.CheckString(2)
    sep := ls.OptString(3, ".")
    rep := ls.OptString(4, LUA_DIRSEP)
    if filename, errMsg := _searchPath(name, path, sep, rep); errMsg == "" {
        ls.PushString(filename)
        return 1
    } else {
        ls.PushNil()
        ls.PushString(errMsg)
        return 2
    }
}
```

由于 `_searchPath()` 函数已经承担了大部分的工作，所以 `searchpath()` 函数实现起来也并不复杂。最后我们来看一下 `require()` 函数的实现代码。

```
func pkgRequire(ls LuaState) int {
    name := ls.CheckString(1)
    ls.SetTop(1) /* LOADED table will be at index 2 */
    ls.GetField(LUA_REGISTRYINDEX, LUA_LOADED_TABLE)
    ls.GetField(2, name)  /* LOADED[name] */
    if ls.ToBoolean(-1) { /* is it there? */
        return 1 /* package is already loaded */
    }
    /* else must load package */
    ls.Pop(1) /* remove 'getfield' result */
    _findLoader(ls, name)
```

```
    ls.PushString(name) /* pass name as argument to module loader */
    ls.Insert(-2)       /* name is 1st argument (before search data) */
    ls.Call(2, 1)       /* run loader to load module */
    if !ls.IsNil(-1) {  /* non-nil return? */
        ls.SetField(2, name) /* LOADED[name] = returned value */
    }
    if ls.GetField(2, name) == LUA_TNIL { /* module set no value? */
        ls.PushBoolean(true) /* use true as result */
        ls.PushValue(-1)     /* extra copy to be returned */
        ls.SetField(2, name) /* LOADED[name] = true */
    }
    return 1
}
```

请读者结合注释和前面给出的 Lua 版实现来理解上面的代码。搜索加载器的逻辑在 _
findLoader() 函数里，下面是它的代码。

```
func _findLoader(ls LuaState, name string) {
    /* push 'package.searchers' to index 3 in the stack */
    if ls.GetField(LuaUpvalueIndex(1), "searchers") != LUA_TTABLE {
        ls.Error2("'package.searchers' must be a table")
    }

    /* to build error message */
    errMsg := "module '" + name + "' not found:"

    /*  iterate over available searchers to find a loader */
    for i := int64(1); ; i++ {
        if ls.RawGetI(3, i) == LUA_TNIL { /* no more searchers? */
            ls.Pop(1)          /* remove nil */
            ls.Error2(errMsg) /* create error message */
        }

        ls.PushString(name)
        ls.Call(1, 2)          /* call it */
        if ls.IsFunction(-2) { /* did it find a loader? */
            return /* module loader found */
        } else if ls.IsString(-2) { /* searcher returned error message? */
            ls.Pop(1)                /* remove extra return */
            errMsg += ls.CheckString(-1) /* concatenate error message */
        } else {
            ls.Pop(2) /* remove both returns */
        }
    }
}
```

到这里，精简版的 package 库就算是实现好了，我们还需要修改辅助 API 里的 `OpenLibs()` 方法（在 $LUAGO/go/ch20/src/luago/state/auxlib.go 文件里），在里面开启 package 库，改动如下所示。

```go
func (self *luaState) OpenLibs() {
    libs := map[string]GoFunction{
        "_G":      stdlib.OpenBaseLib,
        "math":    stdlib.OpenMathLib,
        "table":   stdlib.OpenTableLib,
        "string":  stdlib.OpenStringLib,
        "utf8":    stdlib.OpenUTF8Lib,
        "os":      stdlib.OpenOSLib,
        "package": stdlib.OpenPackageLib,
    }
    ... // 其他代码不变
}
```

包和模块机制已经就绪，下面就来进行测试吧。

20.3　测试本章代码

本章不修改 main.go 文件，只要准备好 Lua 测试脚本就可以了。请读者在 $LUAGO/lua/ch20 目录下创建 mymod.lua 文件，把 20.1 节开头的例子输入进去。然后创建 test.lua 文件，在里面输入下面的代码。

```lua
local mymod = require "mymod"
mymod.foo()
mymod.bar()
```

请读者执行下面的命令编译本章代码。

```
$ cd $LUAGO/go/
$ export GOPATH=$PWD/ch20
$ go install luago
```

如果看不到任何输出，那就表示编译成功了，在 ch20/bin 目录下会出现可执行文件 luago。由于我们的模块搜索路径只包含当前目录，所以需要切换到 $LUAGO/lua/ch20 目录进行测试。

```
$ cd $LUAGO/lua/ch20
```

```
$ ../../go/ch20/bin/luago test.lua
foo
bar
```

这个简单的例子算是测试通过了，读者可以进一步测试一些更复杂的脚本。

20.4 本章小结

虽然 require() 函数用起来很简单，但是其内部机制较为复杂。本章我们讨论了 Lua 包和模块机制，了解了加载器、搜索器、搜索路径等与模块加载相关的内部细节，并初步实现了 package 标准库。在第 21 章，也就是本书的最后一章，我们将讨论 Lua 协程，实现 coroutine 标准库，并对全书进行总结。

第 21 章　协　　程

Lua 通过协程库（coroutine）对协作式[⊖]（Co-operative）多任务（Multitasking）执行提供了支持。本章是本书的最后一章，在 21.1 节我们先讨论 Lua 协程和协程库的用法，21.2 节会讨论并实现协程相关的 Lua API，22.3 节会实现协程标准库。在继续往下阅读之前，还是请读者运行下面的命令，把本章所需的目录结构和编译环境准备好。

```
$ cd $LUAGO/go/
$ cp -r ch20/ ch21
$ export GOPATH=$PWD/ch21
$ mkdir $LUAGO/lua/ch21
```

21.1　协程介绍

协程标准库是 Lua 5.0 引入的，最初包括 `create()`、`resume()`、`yield()`、`status()` 和 `wrap()` 这五个函数，Lua 5.1 添加了一个 `running()` 函数，Lua 5.3 又添加了一个 `isyieldable()` 函数，这些函数全部封装在 `coroutine` 表里。我们可以通过 `create()` 函数创建新的协程，请看下面的例子。

⊖　又叫非抢占式（Non-preemptive）。

```
co = coroutine.create(function() print("hello") end)
print(type(co)) --> thread
```

新创建的协程和 Java 等语言里的线程（Thread）非常相似，是一个独立的执行单位，拥有自己的调用栈、程序计数器（PC）、局部变量等，不过全局变量是多个协程共享的。不同之处在于，Java 等语言里的线程是由调度器（比如 OS 等）根据时间片和优先级等来进行调度的，而 Lua 协程则需要相互协作来完成工作（具体在后面会进行说明）。

从上面的例子可以看到，协程在 Lua 里的类型就是线程，更准确地说是非抢占式线程。不过为了便于讨论，在没有歧义的前提下，后文出现的线程和协程代表相同的含义，均指 Lua 里的非抢占式线程。协程在 Lua 里是一等公民，我们可以把协程赋值给变量、存在表里、作为参数传递给函数或者作为返回值从函数里返回等等。

协程有四个状态：运行（running）、挂起（suspended）、正常（normal）和死亡（dead）。任何时刻，只能有一个协程处于运行状态，通过 `running()` 函数可以获取这个协程，通过 `status()` 函数则可以获取任意协程的状态。即使完全不使用协程库，我们的脚本也是在一个协程内执行，这个协程被称为主线程。下面的例子可以说明这一点。

```
main = coroutine.running()
print(type(main))            --> thread
print(coroutine.status(main)) --> running
```

刚刚创建的协程处于挂起状态。处于运行状态的协程可以通过 `resume()` 函数让某个处于挂起状态的协程开始或恢复运行（进入运行状态），自己则进入正常状态。被恢复而处于运行状态的协程可以通过 `yield()` 函数挂起自己，等待下一次被恢复。如果协程正常执行而结束，则处于死亡状态。协程的状态迁移如图 21-1 所示。

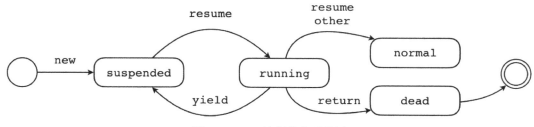

图 21-1　Lua 协程状态迁移图

不难看出，`resume()` 和 `yield()` 是协程库中最主要的两个函数，协程之间通过这两个函数相互协作，完成工作，这就是协作式多任务的含义所在。下面的例子演示了协程在四种状态之间的迁移。

```
co = coroutine.create(function()
    print(coroutine.status(co)) --> running
    coroutine.resume(coroutine.create(function()
        print(coroutine.status(co)) --> normal
    end))
end)
print(coroutine.status(co)) --> suspended
coroutine.resume(co)
print(coroutine.status(co)) --> dead
```

在上面的例子中，协程 co 会先后进入挂起、运行、正常和死亡这四个状态。当然，要想真正进行协作，光靠挂起和恢复是远远不够的。实际上，resume() 和 yield() 这两个函数之间的配合是非常默契的。对于 resume() 来讲，它可以给即将开始或者恢复运行的协程传递参数。如果协程首次开始运行，参数会传递给创建该协程时提供的函数，否则参数会作为 yield() 调用的返回值返回，下面来看一个例子。

```
co = coroutine.create(function(a, b, c)
    print(a, b, c)
    while true do
        print(coroutine.yield())
    end
end)
coroutine.resume(co, 1, 2, 3) --> 1 2 3
coroutine.resume(co, 4, 5, 6) --> 4 5 6
coroutine.resume(co, 7, 8, 9) --> 7 8 9
```

另一个方面 resume() 调用也有返回值，如果被恢复的协程调用了 yield()，则 resume() 返回 true 和 yield() 接收到的参数。如果被恢复的协程正常返回，则 resume() 返回 true 和这些返回值。如果被恢复的协程出现执行错误等情况，则 resume() 返回 false 和一个错误消息。下面来看一个例子。

```
co = coroutine.create(function()
    for k, v in pairs({"a", "b", "c"}) do
        coroutine.yield(k, v)
    end
    return "d", 4
end)
print(coroutine.resume(co)) --> true  1  a
print(coroutine.resume(co)) --> true  2  b
print(coroutine.resume(co)) --> true  3  c
print(coroutine.resume(co)) --> true  d  4
```

```
print(coroutine.resume(co)) --> false cannot resume dead coroutin
```

到这里，协程标准库的主要函数就都介绍完了。`isyieldable()` 和 `wrap()` 函数就不进行介绍了，请读者参考 Lua 手册。如果想进一步了解协程的各种用法，请参考《Programming in Lua, Fourth Edition》。

21.2　协程 API

这一节我们将扩展 Lua API，从底层对协程提供支持，21.3 节将在本节的基础之上，实现协程标准库。请读者打开 $LUAGO/go/ch21/src/luago/api/lua_state.go 文件，给 `BasicAPI` 接口添加九个方法，改动如下所示。

```
type BasicAPI interface {
    NewThread() LuaState
    Resume(from LuaState, nArgs int) int
    Yield(nResults int) int
    Status() int
    IsYieldable() bool
    ToThread(idx int) LuaState
    PushThread() bool
    XMove(to LuaState, n int)
    GetStack() bool // debug
}
```

其中 `NewThread()`、`Resume()`、`Yield()`、`Status()` 和 `IsYieldable()` 这五个方法基本上与前面介绍的协程标准库中的 `create()` 和 `resume()` 等函数相对应，这些方法以及 `GetStack()` 方法将在 21.2.2 节讨论。`ToThread()` 和 `PushThread()` 是线程类型相关的方法，将在 21.2.2 节讨论。`XMove()` 方法属于栈操作方法，用于在两个线程的栈之间移动元素。请读者在 api_stack.go 文件（在 $LUAGO/go/ch21/src/luago/state 目录下）里实现该函数，代码如下所示。

```
func (self *luaState) XMove(to LuaState, n int) {
    vals := self.stack.popN(n)
    to.(*luaState).stack.pushN(vals, n)
}
```

21.2.1　支持线程类型

我们已经知道，Lua 一共有八种数据类型。其中 nil、布尔、数字（包括整数和浮点数两种）和字符串类型早在第 4 章就已经得到支持，表类型在第 7 章得到支持，函数类型在第 8 章得到支持。本书不讨论用户数据，那么还剩下一个**线程类型**，将在这一节提供支持。

其实线程类型很早就已经部分实现了，只不过一直没有表明身份而已，那就是 `luaState` 结构体。请读者打开 lua_state.go 文件（和 api_stack.go 文件在同一目录下），修改 `luaState` 结构体，添加三个字段，改动如下所示。

```go
type luaState struct {
    ... // 其他字段省略
    coStatus int
    coCaller *luaState
    coChan   chan int
}
```

这三个字段的用途后面再介绍，接下来修改 `New()` 函数，改动如下所示。

```go
func New() LuaState {
    ls := &luaState{}

    registry := newLuaTable(8, 0)
    registry.put(LUA_RIDX_MAINTHREAD, ls)
    registry.put(LUA_RIDX_GLOBALS, newLuaTable(0, 20))

    ls.registry = registry
    ls.pushLuaStack(newLuaStack(LUA_MINSTACK, ls))
    return ls
}
```

通过 `New()` 函数创建的线程就是前面提到的主线程，我们把它记录在 Lua 注册表里（详见第 9 章），放在索引 1 处（请读者在 api/consts.go 文件里定义 LUA_RIDX_MAINTHREAD 常量），其他线程通过 `NewThread()` 方法创建，这个方法在 21.2.2 节介绍。我们再添加一个 `isMainThread()` 方法，用于判断线程是否为主线程，代码如下所示。

```go
func (self *luaState) isMainThread() bool {
    return self.registry.get(LUA_RIDX_MAINTHREAD) == self
}
```

请读者打开 lua_value.go 文件（和 lua_state.go 文件在同一目录下），修改 `typeOf()` 函数，添加线程类型的支持，改动如下所示。

```go
func typeOf(val luaValue) LuaType {
```

```
    switch val.(type) {
    case *luaState: return LUA_TTHREAD // 新增加的 case 语句
    ... // 其他 case 语句省略
    }
}
```

线程相关的变动就到此为止了，本节先实现 **PushThread()** 和 **ToThread()** 这两个方法，其余方法在 21.2.2 节实现。其中 **PushThread()** 方法把线程推入栈顶，返回的布尔值表示线程是否为主线程。请读者在 api_push.go 文件（和 lua_state.go 文件在同一目录下）里实现这个方法，代码如下所示。

```
func (self *luaState) PushThread() bool {
    self.stack.push(self)
    return self.isMainThread()
}
```

ToThread() 方法把指定索引处的值转换为线程并返回，如果值不是线程，就返回 **nil**。请读者在 api_access.go 文件（和 lua_state.go 文件在同一目录下）里实现这个方法，代码如下所示。

```
func (self *luaState) ToThread(idx int) LuaState {
    val := self.stack.get(idx)
    if val != nil {
        if ls, ok := val.(*luaState); ok {
            return ls
        }
    }
    return nil
}
```

到这里，对于线程类型的支持就结束了，下面来实现线程操作。

21.2.2 支持协程操作

请读者在 $LUAGO/go/ch21/src/luago/state 目录下创建 api_coroutine.go 文件，我们将把协程操作相关的方法实现在这个文件里。

先来看 **NewThread()** 方法，代码如下所示。

```
package state

import . "luago/api"
```

```
func (self *luaState) NewThread() LuaState {
    t := &luaState{registry: self.registry}
    t.pushLuaStack(newLuaStack(LUA_MINSTACK, t))
    self.stack.push(t)
    return t
}
```

这个函数创建一个新的线程，把它推入栈顶，同时也作为返回值返回。新创建的线程和创建它的线程共享相同的全局变量，但是有各自的调用栈。新创建的线程处于挂起状态，`Resume()` 方法让它进入运行状态，代码如下所示。

```
func (self *luaState) Resume(from LuaState, nArgs int) int {
    lsFrom := from.(*luaState)
    if lsFrom.coChan == nil {
        lsFrom.coChan = make(chan int)
    }

    if self.coChan == nil { // start coroutine
        self.coChan = make(chan int)
        self.coCaller = lsFrom
        go func() {
            self.coStatus = self.PCall(nArgs, -1, 0)
            lsFrom.coChan <- 1
        }()
    } else { // resume coroutine
        self.coStatus = LUA_OK
        self.coChan <- 1
    }

    <-lsFrom.coChan // wait coroutine to finish or yield
    return self.coStatus
}
```

两个线程通过彼此的 `coChan` 字段来相互协作，所以需要在首次用到该字段时进行初始化。对于将要进入运行状态的线程，如果其 `coChan` 字段是 `nil`，说明是首次开始运行，需要启动一个 Go 语言协程（Goroutine）来执行其主函数；否则，线程恢复运行，往它的 `coChan` 里随便写入一个值即可。不管线程是首次还是恢复运行，从它的 `coChan` 里接收一个值可以等待它执行结束或者挂起。`Yield()` 方法可以挂起线程，代码如下所示。

```
func (self *luaState) Yield(nResults int) int {
    self.coStatus = LUA_YIELD
    self.coCaller.coChan <- 1
    <-self.coChan
    return self.GetTop()
}
```

首先把线程状态设置为挂起，然后通知协作方恢复运行，最后等待再一次恢复运行。`Status()` 方法返回线程的当前状态，这个状态保存在 `coStatus` 字段里，它的值可能是 `LUA_OK`（正常状态）、`LUA_YIELD`（挂起状态）或者某种错误码（表示线程执行过程中遇到了某种错误），代码如下所示。

```
func (self *luaState) Status() int {
    return self.coStatus
}
```

最后来看一下 `GetStack()` 方法，这个方法其实是 Lua 调试 API 提供的，不过由于本书不讨论调试 API，所以我们临时提供一个简化版本，返回线程是否还在执行当中（还有调用栈），代码如下所示。

```
func (self *luaState) GetStack() bool {
    return self.stack.prev != nil
}
```

到这里，协程 API 就实现好了，下面我们来实现协程标准库。

21.3　实现协程库

协程相关的 API 方法准备好之后，协程标准库实现起来就不是什么难事了。像以前一样，请读者在 \$LUAGO/go/ch21/src/luago/stdlib 目录下创建 lib_coroutine.go 文件，在里面定义协程库函数，并把它们收集到一个 map 里，代码如下所示。

```
package stdlib

import . "luago/api"

var coFuncs = map[string]GoFunction{
    "create":      coCreate,      // coroutine.create (f)
    "resume":      coResume,      // coroutine.resume (co [, val1, ·])
    "yield":       coYield,       // coroutine.yield (·)
    "status":      coStatus,      // coroutine.status (co)
    "isyieldable": coYieldable,   // coroutine.isyieldable ()
    "running":     coRunning,     // coroutine.running ()
    "wrap":        coWrap,        // coroutine.wrap (f)
}

func coCreate(ls LuaState) int { /* 代码省略 */}
... // 其他函数省略
```

我们重点看一下 create()、resume()、yield() 和 status() 这四个函数，其他的函数请参考本章随书源代码。先来看 create() 函数，代码如下所示。

```
func coCreate(ls LuaState) int {
    ls.CheckType(1, LUA_TFUNCTION)
    ls2 := ls.NewThread()
    ls.PushValue(1)  /* move function to top */
    ls.XMove(ls2, 1) /* move function from ls to ls2 */
    return 1
}
```

由于代码比较简单，请读者结合注释进行理解。再来看 resume() 函数，代码如下所示。

```
func coResume(ls LuaState) int {
    co := ls.ToThread(1)
    ls.ArgCheck(co != nil, 1, "thread expected")

    if r := _auxResume(ls, co, ls.GetTop()-1); r < 0 {
        ls.PushBoolean(false)
        ls.Insert(-2)
        return 2 /* return false + error message */
    } else {
        ls.PushBoolean(true)
        ls.Insert(-(r + 1))
        return r + 1 /* return true + 'resume' returns */
    }
}
```

主要的逻辑在 _auxResume() 辅助函数里，代码如下所示。

```
func _auxResume(ls, co LuaState, narg int) int {
    if !ls.CheckStack(narg) {
        ls.PushString("too many arguments to resume")
        return -1 /* error flag */
    }
    if co.Status() == LUA_OK && co.GetTop() == 0 {
        ls.PushString("cannot resume dead coroutine")
        return -1 /* error flag */
    }
    ls.XMove(co, narg)
    status := co.Resume(ls, narg)
    if status == LUA_OK || status == LUA_YIELD {
        nres := co.GetTop()
        if !ls.CheckStack(nres + 1) {
            co.Pop(nres) /* remove results anyway */
```

```
            ls.PushString("too many results to resume")
            return -1 /* error flag */
        }
        co.XMove(ls, nres) /* move yielded values */
        return nres
    } else {
        co.XMove(ls, 1) /* move error message */
        return -1        /* error flag */
    }
}
```

相比 resume() 函数，yield() 函数就简单多了，直接调用相应的 API 方法即可，
代码如下所示。

```
func coYield(ls LuaState) int {
    return ls.Yield(ls.GetTop())
}
```

最后再来看一下 status() 函数，代码如下所示。

```
func coStatus(ls LuaState) int {
    co := ls.ToThread(1)
    ls.ArgCheck(co != nil, 1, "thread expected")
    if ls == co {
        ls.PushString("running")
    } else {
        switch co.Status() {
        case LUA_YIELD:
            ls.PushString("suspended")
        case LUA_OK:
            if co.GetStack() { /* does it have frames? */
                ls.PushString("normal") /* it is running */
            } else if co.GetTop() == 0 {
                ls.PushString("dead")
            } else {
                ls.PushString("suspended")
            }
        default: /* some error occurred */
            ls.PushString("dead")
        }
    }

    return 1
}
```

协程库函数实现好之后，还需要实现协程库开启函数，代码也比较简单，如下所示。

```
func OpenCoroutineLib(ls LuaState) int {
    ls.NewLib(coFuncs)
    return 1
}
```

另外别忘了修改 OpenLibs() 函数（在 auxlib.go 文件里），在里面打开协程库，这个和前几章的做法一样，这里就不给出代码了。协程库实现好了，下面我们来进行测试吧。

21.4　测试本章代码

《 Programming in Lua, Fourth Edition 》第 24 章详细介绍了协程的用法和使用场景，其中有一个例子（Figure 24.2）可以打印出数组元素的排列组合，我们就借用这个例子来测试本章代码。请读者在 $LUAGO/lua/ch21 目录下创建 test.lua，在里面输入下面的脚本。

```
function permgen (a, n)
    n = n or #a          -- default for 'n' is size of 'a'
    if n <= 1 then        -- nothing to change?
        coroutine.yield(a)
    else
        for i = 1, n do
            -- put i-th element as the last one
            a[n], a[i] = a[i], a[n]
            -- generate all permutations of the other elements
            permgen(a, n - 1)
            -- restore i-th element
            a[n], a[i] = a[i], a[n]
        end
    end
end

function permutations (a)
    local co = coroutine.create(function () permgen(a) end)
    return function ()   -- iterator
        local code, res = coroutine.resume(co)
        return res
    end
end

for p in permutations{"a", "b", "c"} do
    print(table.concat(p, ","))
end
```

请读者执行下面的命令编译本章代码。

```
$ cd $LUAGO/go/
$ export GOPATH=$PWD/ch21
$ go install luago
```

如果看不到任何输出，那就表示编译成功了，在 ch21/bin 目录下会出现可执行文件 luago。我们通过下面的命令执行测试脚本。

```
$ ./ch21/bin/luago ../lua/ch21/test.lua
b,c,a
c,b,a
c,a,b
a,c,b
b,a,c
a,b,c
```

从输出来看一切都妥妥的。

21.5　本章小结

本章首先简要介绍了 Lua 协程，然后在 API 层面对协程提供了底层支持，最后实现了协程标准库。在适当的地方使用协程可以大幅简化逻辑，达到事半功倍的效果。不过由于篇幅的限制，我们并没有讨论这些场景，感兴趣的读者可以参考《 Programming in Lua, Fourth Edition 》或者其他资料。

附录 A   Lua 虚拟机指令集

助记符	操作码	章节	助记符	操作码	章节
OP_MOVE	0x00	6.2.1	OP_SHL	0x17	6.2.3
OP_LOADK	0x01	6.2.2	OP_SHR	0x18	6.2.3
OP_LOADKX	0x02	6.2.2	OP_UNM	0x19	6.2.3
OP_LOADBOOL	0x03	6.2.2	OP_BNOT	0x1A	6.2.3
OP_LOADNIL	0x04	6.2.2	OP_NOT	0x1B	6.2.6
OP_GETUPVAL	0x05	10.3.1	OP_LEN	0x1C	6.2.4
OP_GETTABUP	0x06	10.3.3	OP_CONCAT	0x1D	6.2.4
OP_GETTABLE	0x07	7.4.2	OP_JMP	0x1E	6.2.1/10.3.5
OP_SETTABUP	0x08	10.3.4	OP_EQ	0x1F	6.2.5
OP_SETUPVAL	0x09	10.3.2	OP_LT	0x20	6.2.5
OP_SETTABLE	0x0A	7.4.3	OP_LE	0x21	6.2.5
OP_NEWTABLE	0x0B	7.4.1	OP_TEST	0x22	6.2.6
OP_SELF	0x0C	8.4.6	OP_TESTSET	0x23	6.2.6
OP_ADD	0x0D	6.2.3	OP_CALL	0x24	8.4.2
OP_SUB	0x0E	6.2.3	OP_TAILCALL	0x25	8.4.5
OP_MUL	0x0F	6.2.3	OP_RETURN	0x26	8.4.3
OP_MOD	0x10	6.2.3	OP_FORLOOP	0x27	6.2.7
OP_POW	0x11	6.2.3	OP_FORPREP	0x28	6.2.7
OP_DIV	0x12	6.2.3	OP_TFORCALL	0x29	12.3
OP_IDIV	0x13	6.2.3	OP_TFORLOOP	0x2A	12.3
OP_BAND	0x14	6.2.3	OP_SETLIST	0x2B	7.4.4/8.4.8
OP_BOR	0x15	6.2.3	OP_CLOSURE	0x2C	8.4.1
OP_BXOR	0x16	6.2.3	OP_VARARG	0x2D	8.4.4
			OP_EXTRAARG	0x2E	6.2.2/7.4.4

附录 B Lua 语法 EBNF 描述

```
chunk ::= block

block ::= {stat} [retstat]

stat ::=  ';' |
    varlist '=' explist |
    functioncall |
    label |
    break |
    goto Name |
    do block end |
    while exp do block end |
    repeat block until exp |
    if exp then block {elseif exp then block} [else block] end |
    for Name '=' exp ',' exp [',' exp] do block end |
    for namelist in explist do block end |
    function funcname funcbody |
    local function Name funcbody |
    local namelist ['=' explist]

retstat ::= return [explist] [';']

label ::= '::' Name '::'

funcname ::= Name {'.' Name} [':' Name]

varlist ::= var {',' var}

var ::=  Name | prefixexp '[' exp ']' | prefixexp '.' Name

namelist ::= Name {',' Name}

explist ::= exp {',' exp}

exp ::=  nil | false | true | Numeral | LiteralString | '...' | functiondef |
    prefixexp | tableconstructor | exp binop exp | unop exp

prefixexp ::= var | functioncall | '(' exp ')'
```

```
functioncall ::=  prefixexp args | prefixexp ':' Name args

args ::=  '(' [explist] ')' | tableconstructor | LiteralString

functiondef ::= function funcbody

funcbody ::= '(' [parlist] ')' block end

parlist ::= namelist [',' '...'] | '...'

tableconstructor ::= '{' [fieldlist] '}'

fieldlist ::= field {fieldsep field} [fieldsep]

field ::= '[' exp ']' '=' exp | Name '=' exp | exp

fieldsep ::= ',' | ';'

binop ::=  '+' | '-' | '*' | '/' | '//' | '^' | '%' |
    '&' | '~' | '|' | '>>' | '<<' | '..' |
    '<' | '<=' | '>' | '>=' | '==' | '~=' |
    and | or

unop ::= '-' | not | '#' | '~'
```

后　记

在本书的第二部分，我们对 Lua 二进制 chunk 格式、基础 API 和虚拟机指令集进行了详细讨论，并在此基础上实现了 Lua 虚拟机。在第三部分，我们对 Lua 语法进行了详细讨论，并实现了 Lua 编译器。在第四部分，我们主要对 Lua 辅助 API 和标准库进行了讨论，实现了基础库、字符串、包、协程等标准库。虽然 Lua 是一门非常简洁的语言，但遗憾的是，我们仍然没办法在一本书的篇幅内覆盖到所有的细节。下面简单介绍一些遗漏的部分。

标签和 goto 语句

Lua 的控制结构并不算很丰富，例如缺少大家所熟悉的 continue 语句，而 break 语句也只能跳出最内层循环，不能像 Java 等语言那样，通过标签跳出外层循环。为了弥补这些缺陷，Lua 5.2 增加了更为灵活的标签和 goto 语句。下面的例子演示了如何使用标签和 goto 语句来模拟其他语言中的 continue 语句。

```
for i=1,10 do
    if i ~= 5 then
        goto continue
    end
    print(i)
    ::continue:: -- 这是一个标签
end
```

众所周知，goto 语句是把双刃剑。如果使用得当，可以事半功倍，但是如果用不好，很容易写出难以理解和维护的代码。因此 Lua 的 goto 语句也增加了很多限制。首先，标签和标识符采用同样的可见性规则，所以 goto 无法跳进语句块或者内部函数里面；第二，也不能跳出到函数外面；第三，也不能直接跳到某个局部变量的作用域里。

为了简化讨论，本书第三部分刻意忽略了标签和 goto 语句。但是在我们已经实现的编译器基础上添加标签和 goto 语句并非难事，具体就留给读者作为练习了。标签和 goto 语句就简单介绍这么多，读者可以从《Programming in Lua》[^1]第 8 章获取更多信息。

[^1]: ⊖ 本书中出现的《Programming in Lua》均指该书的第 4 版。

垃圾回收

为了提高开发效率，把程序员从繁琐的内存管理工作中解放出来，脚本语言一般都会包含垃圾回收机制。在版本 5.1 之前，Lua 使用的一个简单的标记 – 清除收集器（mark-and-sweep collector）。由于这种收集器在回收垃圾时会完全暂停解释器，所以也叫作 STW 收集器（Stop-The-World collector）。Lua 5.1 引入了增量收集器（incremental collector），这种收集器会和解释器交错执行（每次执行一小步），因此不再需要长时间暂停解释器。为了使用户能够更好地控制增量收集器的工作，Lua 5.1 新增加了一个 API 函数 `lua_gc()`，与之相对应的标准库函数是 `collectgarbage()`。

与垃圾回收相关的两个重要的概念是弱表（weak tables）和终结器（finalizers）。弱表可以模拟类似 Java 语言里的 "弱引用（weak reference）"，通过元表实现，元表里必须有 `__mode` 字段，字段值可以是 `"k"``"v"`，或者 `"kv"`。`"k"` 表示键是弱引用，`"v"` 表示值是弱引用，`"kv"` 表示键和值都是弱引用。下面的例子⊖演示了弱表的用法。

```
a = {}
setmetatable(a, {__mode = "k"})
key = {}; a[key] = 1
key = {}; a[key] = 2
collectgarbage()
for k, v in pairs(a) do print(v) end --> 2
```

终结器在对象被回收时触发，可以作为最后的保障来释放一些重要的资源。终结器也是通过元表实现，元表里必须有 `__gc` 字段，字段值必须是函数。下面的例子演示了终结器的用法。

```
o = {x = "hi"}
setmetatable(o, {__gc = function (o) print(o.x) end})
o = nil
collectgarbage() --> hi
```

关于 Lua 垃圾回收就先简单介绍这么多，更多内容请参考《Programming in Lua》第 23 章和《Lua 5.3 参考手册》2.5 节。由于 Go 语言也内置了垃圾收集机制，而我们将 Lua 语言里的对象（表、闭包等）直接映射为 Go 的结构体，因此我们的 Lua 实现便自动获得了垃圾收集能力，不过要想实现弱表和终结器还是挺有难度的，具体留给读者作为思考。

⊖　弱表和终结器的例子来自于《Programming in Lua》第 23 章。

Userdata 和 IO 库

我们已经知道，Lua 一共有 8 种基本数据类型：nil、boolean、number、string、table、function、thread 和 userdata。前面七种类型本书都已经详细介绍过了，这里简单介绍一下 userdata。userdata 其实又可以进一步分为 full userdata 和 lightuserdata 两种。其中 full userdata 就是一块内存空间，和 table、function、thread 一样，属于对象类型，由 Lua 管理和回收。而 lightuserdata 则是用户提供的指针，和 boolean、number、string 一样属于值类型，Lua 只负责保管。

userdata 只能通过 Lua API 操作，例如可以使用 lua_newuserdata() 创建 full userdata，可以使用 lua_pushlightuserdata() 把 lightuserdata 推入栈顶。和表一样，full userdata 可以拥有自己单独的元表，full userdata 和元表配合，可以用来扩展 Lua 所能支持的数据类型。最典型的例子就是 IO 标准库，使用 full userdata 来表示文件句柄（file handle）。下面的代码演示了 IO 标准库的用法。

```
f = io.tmpfile()
print(type(f)) --> userdata
mt = getmetatable(f)
for k,v in pairs(mt) do print(k,v) end
```

上面的例子输出如下。

```
userdata
close        function: 0x106e46280
seek         function: 0x106e478d0
lines        function: 0x106e47830
__name       FILE*
read         function: 0x106e47880
setvbuf      function: 0x106e47990
__index      table: 0x7f889c404580
__tostring   function: 0x106e47af0
__gc         function: 0x106e47a90
write        function: 0x106e47a30
flush        function: 0x106e477d0
```

userdata 就简单介绍这么多，更多的内容请参考《Programming in Lua》第 31 章。

调试 API 和调试库

作为动态脚本语言，Lua 自然拥有许多反射能力。比如可以通过 _G 访问全部全局变量，可以通过 type() 函数获取变量类型，可以通过 load() 等函数运行任意代码。如果需要更为强大的反射能力（比如想要实现一个调试器），那就需要借助 debug 标准库了。在背后，debug 标准库是通过调试 API 实现的。下表列出了调试 API 和标准库比较重要的一些函数。

debug library	debug API
debug.gethook()	lua_sethook()
debug.sethook()	lua_gethook()
debug.getinfo()	lua_getinfo()
debug.getlocal()	lua_getlocal()
debug.setlocal()	lua_setlocal()
debug.getupvalue()	lua_getupvalue()
debug.setupvalue()	lua_setupvalue()
debug.upvalueid()	lua_upvalueid()
debug.upvaluejoin()	lua_upvaluejoin()

　　读者可以从《 Programming in Lua 》第 25 章以及《 Lua 5.3 参考手册》4.9 节和 6.10 节获取调试 API 和标准库的更多信息。

　　还有很多地方我们没有讨论到，但这里无法一一列举。如果本书有机会出版第二版，希望届时能与读者探讨这些缺失的内容，谢谢！

推荐阅读

推 荐 阅 读